JISにもとづく
標準製図法

工学博士 津村利光 閲序
大西 清 著

第15全訂版

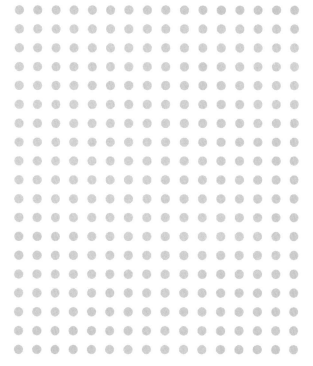

Ohmsha

本書を発行するにあたって、内容に誤りのないようできる限りの注意を払いましたが、本書の内容を適用した結果生じたこと、また、適用できなかった結果について、著者、出版社とも一切の責任を負いませんのでご了承ください。

本書に掲載されている会社名・製品名は一般に各社の登録商標または商標です。

　本書は、「著作権法」によって、著作権等の権利が保護されている著作物です。本書の複製権・翻訳権・上映権・譲渡権・公衆送信権（送信可能化権を含む）は著作権者が保有しています。本書の全部または一部につき、無断で転載、複写複製、電子的装置への入力等をされると、著作権等の権利侵害となる場合があります。また、代行業者等の第三者によるスキャンやデジタル化は、たとえ個人や家庭内での利用であっても著作権法上認められておりませんので、ご注意ください。

　本書の無断複写は、著作権法上の制限事項を除き、禁じられています。本書の複写複製を希望される場合は、そのつど事前に下記へ連絡して許諾を得てください。

出版者著作権管理機構
（電話 03-5244-5088、FAX 03-5244-5089、e-mail：info@jcopy.or.jp）

JCOPY ＜出版者著作権管理機構 委託出版物＞

序

　本書の著者，大西　清君は，かつて JIS 製図規格原案作成委員として，その会議とその専門委員会に出席し，原案の作成に従事する一方，数年来私の研究室にあって，真しな学究を継続した有能実学の徒である．また同君は，以前教職と工場における設計製図の第一線にあって，永年にわたり製図研究に没頭し，製図法におけるうん蓄は，まことに豊富なものがある．従って，製図学上の知識と，工場における実際的な経験とが，今やようやく結実して，ここに，同君の "JIS にもとづく標準製図法" の出版を見るにいたったことは，私の心から同慶とするところである．

　工業標準化の諸問題が法律化され，新国家規格 JIS が制定された現在，新国家規格にもとづく製図教育の重要なことは無論のことであるが，著者がこれによる製図法を，わが国従来の製図法の変遷過程のなかにとらえて解説し，また絶えず欧米諸国のそれと対比しつつ説明を加えて，国家規格を徹底させ，同時に，将来への示唆を与えたことは，実に，著者の真価が完全に発揮されたところであると思う．この意味において，私は，本書が新方向に進む製図法，並びに工業技術の一指針となることを深く信じ，また，好適の著者として，同君を得たことを心から喜び，ここに本書を推薦する次第である．

　　　1952 年 6 月

　　　　　　　　　　　　　　　　　　　　　　　　　　　　津　村　利　光

初版の序

　工業製品をつくる図面の役目は，ちょうど私たちが登山をするときに地図を案内役としたり，また美しい音楽を奏でるために楽譜を必要とするように，終始生産過程を導いて，よい製品をつくる案内の役目をするものです．

　そして，地図でも楽譜でも，それを描く一定の規則があるため，私たちは誰がそれをみてもわかると同じように，図面にもそのような規則がなくてはなりません．それが製図法です．正しい製図法によらない図面は，誤りのある地図や楽譜と同じように，製品の生産を誤らせることになりましょう．したがって製図法こそ図面の生命です．図面が工業生産にあずかっている重要性は，これでおわかりになることと思います．そして，この図面作成の基礎となる製図法も，生産技術のいちじるしい発展に伴って改良され，変化してきました．つまり工業の進展と製図法の歩みとは密接な関係で進んできたわけです．すでにみなさんもご存じのように，現在の生産は大量生産方式によっています．そのために，製品を統一する共通な，製品の標準規格というものがきめられてきました．製図法は当然この規格に従ってきめられています．それですから，その規格が改められれば，製図法も改められるのは，また当然です．

　つまり製図法の歩みは，この標準規格の歩みに従っているわけです．欧米諸国はもちろんですが，日本でも，製図規格は昭和5年に初めて日本標準規格（JES 119）がきめられてから，いままでに，昭和18年に臨時日本標準規格（臨JES 428）で改良され，昭和24年には国会で工業標準化法が通って，新しい国家規格が定められました．これがもっとも新しい標準規格である日本工業規格（JIS）なのです．したがって従来の製図規格もこのJISにもとづいて改良されました．

　そこで，この新しい標準製図法に対する理解と認識を一日でも早く普及したいと思ったのが本書刊行の動機でした．これは私にとって過ぎる大役でしたが，わが国の工業界を担おうとしている工場実務者や学生諸君の間に，新しい製図法を少しでも普及徹底させることが急務であると考えて，非力をもかえりみずこの実現を企てたわけであります．

　本書の刊行にあたって，絶大なご指導を賜わった恩師　津村　利光先生に対しては，衷心から感謝の意を捧げ，またJIS製図規格原案作成委員会および専門委員会の諸先生，ならびに工業技術院の担当技官諸氏に対して深甚な謝意を表します．さらに，この著作にあたって，参照させていただいた参考書著者の方がた，つねに協力を惜しまれなかった友人，忍足　健夫，小林　重仁両氏および教え子諸君の労もあわせて謝するものであります．最後に，本書の出版を快諾され，今日まで，鼓舞べんたつをいただいた理工学社社長　中川　乃信氏のご厚意に感謝いたします．

　1952年　初夏，東京大岡山にて

著　　者

第 15 全訂版の刊行にあたって

　本書は，1952 年の初版発行以来，設計・製図技術者の圧倒的な支持により増刷を重ね，このたびの改訂版において通算 177 刷，67 年に及ぶ超ロングセラー（累計 100 万部発行）となりました．この間，主要な JIS の改正または新制定，あるいはその他の事情により見直しを行い，著者の大西清先生ならびに著者の良き伴奏者であった理工学社 元編集部長 故 冨田宏氏とで，その都度，内容の刷新をはかってまいりました．

　先生は，惜しくも 2008 年師走に永眠されましたが，生前，とくに 1984 年，日本の近代製図の礎であった JIS Z 8302（製図通則）がその使命を終え，それに代わって JIS Z 8310 をはじめとする新しい体系的製図規則が制定されたとき，これに伴う大幅な改訂を実施（第 8 全訂版）し，読者のみなさまのご期待に応えることができたことが，感慨無量であったと語っておられました．

　時の経過とともに編集スタッフも世代交替をしましたが，先生から受け継いできた製図に対する理解とその豊富なノウハウは，これまでの改訂作業において，連綿と活かされてきたと自負しております．

　このたびの本書の主な改訂は，2019 年 5 月に「機械製図」が JIS B 0001：2019 として改正されたこと，および「日本工業規格（JIS）」がその規格の対象を広げ，「日本産業規格（JIS）」と改称されたこと（2019 年 7 月 1 日施行）を受けてのものです．

　過去の大きな改正の流れとして，2010 年 2 月に「製図総則」（JIS Z 8310：2010）が，次いで同年 4 月に「機械製図」（JIS B 0001：2010）が改正されたことは記憶に新しいところですが，このたびの 2019 年の「機械製図」改正に際し，あらためてデジタル化・グローバル化時代の「製図」とは何か，その根幹を，わが国の「製図」に携わる読者のみなさまと共に考えたいと思う次第です．

　ここに，本改訂版の刊行を故 大西清先生にご報告するとともに，本書がこれまでと同様，日本の製造現場を支える製図の指導書として，読者のみなさまのお役に立つことを願ってやみません．

2019 年 7 月

大西清設計製図研究会

大西清設計製図研究会

大西正敏　愛知工科大学教授

平野重雄　東京都市大学名誉教授

主要参考文献

ANSI：—— American National Standards Institute.
Bevard & Waters：—— Machine Design.
BS：—— British Standards Institution.
ブッカー（原　正敏訳）：—— 製図の歴史
DIN：—— Deutsches Institut fur Normung, GERMANY.
French, T. E. ：—— A Manual of Engineering Drawing for Student and Draftman.
French & Vierck：—— Graphic Science.
General Motors Co.：—— Engineering Standards.
Grant, H. E.：—— Engineering Drawing.
藤井義信：—— 機械製図
ISO R128：—— Engineering Drawing Principles of Presentation.
ISO R129：—— Engineering Drawing Dimensioning.
ISO R406：—— Inscription of Liner and Angular Tolerances.
磯田　浩他：—— 製図基本
Luzader, W. J.：—— Foundamental of Engineering Drawing.
大西　清：—— JIS にもとづく機械設計製図便覧
大西　清：—— 製図学への招待
Schneider, W：—— Techniches Zeichen.
吉沢武男編：—— 機械要素設計

資料提供

株式会社武田製図機械製作所
日野自動車株式会社
ミサワホーム株式会社

目次

1章 製図について

1・1 製図の意義とその重要性・・・・・・・・ 001
1・2 製図の起源・・・・・・・・・・・・・・・・・・ 002
1・3 設計，製図から製品までの工程 003
1・4 製図規格の成り立ち・・・・・・・・・・・ 004
1・5 日本産業規格(JIS)について ・・・・ 007

   1. 日本産業規格(JIS)ができるまで *007*
   2. JIS の部門記号と分類番号 *009*
1・6 各国の工業規格とその国際的統
    一化運動・・・・・・・・・・・・・・・・・・・・ 009

2章 図面の構成について

2・1 製図用紙のサイズ・・・・・・・・・・・・・ 011
2・2 図面の様式・・・・・・・・・・・・・・・・・・ 012
   1. 図面の輪郭 *012*
   2. 表題欄の位置 *012*
   3. 中心マーク *012*
   4. 方向マーク *013*
   5. 比較目盛 *013*
   6. 格子参照方式 *013*
   7. 裁断マーク *013*
2・3 図面の折り方・・・・・・・・・・・・・・・・ 014

2・4 尺度・・・・・・・・・・・・・・・・・・・・・・・ 014
2・5 線・・・・・・・・・・・・・・・・・・・・・・・・ 015
   1. 線の種類 *015*
   2. 線の太さ *015*
   3. 線と線の間のすきま *017*
   4. 重なる線の優先順位 *017*
2・6 文字・・・・・・・・・・・・・・・・・・・・・・ 018
   1. 文字の種類 *018*
   2. ラテン文字，数字および記号 *018*
   3. 平仮名，片仮名および漢字 *019*

3章 図法幾何学と投影法

3・1 図法幾何学・・・・・・・・・・・・・・・・・ 023
   1. 平面幾何画法 *023*
   2. 立体の展開図 *026*
   3. 立体の相貫 *027*

3・2 投影法の種類・・・・・・・・・・・・・・・・ 028
   1. 正投影 *028*
   2. 軸測投影 *028*
   3. 透視投影 *029*

viii 目次

4章 図形の表し方

4·1 投影図の種類・・・・・・・・・・・・・・ 031
　1. 投影によって得られる投影図の
　　　種類 *031*
　2. 第一角法と第三角法 *032*
　3. 矢示法 *034*
　4. 正面図（主投影図）の選び方 *035*
　5. 補足の投影図の選び方 *035*
　6. 図形の向き *036*
4·2 補助となる図法・・・・・・・・・・・・・ 037
　1. 補助となる投影図 *037*
　2. 部分拡大図 *038*

　3. 回転投影図 *038*
　4. 展開図 *038*
　5. 想像図 *039*
　6. 断面図 *039*
4·3 省略ならびに慣用図示法・・・・・・・・ 044
　1. かくれた線の省略 *044*
　2. 対称図形の省略 *045*
　3. 繰返し図形の省略 *045*
　4. 中間部分の省略 *045*
　5. 必要部分だけの図示 *046*
　6. 慣用図示法 *046*

5章 寸法記入法

5·1 寸法記入について・・・・・・・・・・・・ 051
5·2 寸法と角度について・・・・・・・・・・ 051
5·3 寸法線の記入法・・・・・・・・・・・・・ 052
　1. 寸法線, 寸法補助線 *052*
　2. 矢印（端末記号） *053*
　3. 引出線と参照線 *053*
5·4 寸法数値の記入法・・・・・・・・・・・ 054
5·5 寸法補助記号・・・・・・・・・・・・・・ 055
　1. 直径の記号 φ *055*
　2. 正方形の記号□ *055*
　3. 半径の記号 R *056*
　4. 球面の記号 Sφ および SR *057*
　5. コントロール半径 CR *057*
　6. 面取りの記号 C *057*
　7. 円すい（台）状の面取り記号 ⌒ *058*
　8. 板の厚さの記号 t *058*
5·6 細部への寸法記入法・・・・・・・・・・ 058
　1. 狭小な部分への寸法記入法 *058*
　2. 円弧の寸法記入法 *059*

　3. 曲線の寸法記入法 *060*
　4. 穴の寸法記入法 *061*
　5. キー溝および止め輪溝の寸法記
　　　入法 *064*
　6. こう配とテーパの記入法 *068*
　7. 薄肉部の表し方 *069*
5·7 寸法記入の簡便法・・・・・・・・・・・・ 069
　1. 図形が対称の場合 *069*
　2. 図形は対象物と比例関係を保つ *070*
　3. 非比例寸法の場合 *070*
　4. 同種の穴が同一間隔で連続する
　　　場合 *070*
　5. 鋼材などの寸法 *070*
　6. 文字記号または説明文字による
　　　寸法表示 *071*
5·8 寸法記入上の注意・・・・・・・・・・・ 072
　1. 寸法記入箇所の選択 *072*
　2. その他の注意事項 *077*

6章 | サイズ公差の表示法

6・1 サイズ公差について・・・・・・・・・・・079
6・2 ISO はめあい方式・・・・・・・・・・・・079
　1. はめあいについて **079**
　2. 限界ゲージ **079**
　3. はめあいの種類 **081**
　4. 実際のすきまおよびしめしろ **081**
　5. 穴基準はめあい方式と軸基準はめあい方式 **082**
　6. 図示サイズ **083**
　7. 上および下の許容差 **083**
　8. 図示サイズの区分 **083**

　9. 基本サイズ公差の基本数値および基本サイズ公差等級 **084**
　10. 許容差によって分類した，穴と軸の種類，表示 **084**
　11. 許容差の見方 **089**
　12. はめあいの適用 **089**
6・3 ISO はめあい方式の表示法・・・・・・092
6・4 ISO はめあい方式によらない場合のサイズ公差の記入法・・・・・・・・092
6・5 普通公差・・・・・・・・・・・・・・・・・・094

7章 | 幾何公差の表示法

7・1 幾何公差の種類とその記号・・・・・・097
7・2 公差域・・・・・・・・・・・・・・・・・・・・098
7・3 データム・・・・・・・・・・・・・・・・・・098
7・4 幾何公差の図示法・・・・・・・・・・・099
　1. 公差記入枠 **099**
　2. 公差により規制される形体の示し方 **099**
　3. データムの図示方法 **099**
　4. 理論的に正確な寸法 **100**
　5. サイズ公差方式と幾何公差方式の比較 **100**
　6. 幾何公差の図示例とその公差域 **102**

7・5 最大実体公差方式について・・・・・・102
　1. 最大実体とは **102**
　2. 最大実体公差方式の適用 **103**
　3. 動的公差線図 **104**
7・6 普通幾何公差・・・・・・・・・・・・・・・・105
　1. 真直度および平面度 **105**
　2. 真円度 **105**
　3. 平行度 **106**
　4. 直角度 **106**
　5. 対称度 **106**
　6. 円周振れ **106**
　7. 図面上の指示 **106**

8章 | 表面性状の図示方法

8・1 表面性状について・・・・・・・・・・・107
8・2 輪郭曲線，断面曲線，粗さ曲線，うねり曲線・・・・・・・・・・・・・108

8・3 輪郭曲線パラメータ・・・・・・・・・・109
　1. 輪郭曲線から計算されたパラメータ **109**

x | 目次

　2．その他の用語解説　*111*

8·4 表面性状の図示方法・・・・・・・・・・・ *111*

　1．表面性状の図示記号　*111*

　2．パラメータの標準数列　*112*

　3．表面性状の要求事項の指示位置　*113*

　4．表面性状の図面上の指示　*113*

　5．表面性状図示記号の記入法　*114*

　6．表面性状の要求事項の簡略図示　*116*

　7．図示記号の記入例　*118*

9章 | 溶接記号とその表示法

9·1 溶接の種類・・・・・・・・・・・・・・・・ *119*

9·2 溶接の特殊な用語・・・・・・・・・・・・ *119*

9·3 溶接記号の構成・・・・・・・・・・・・・・ *120*

9·4 寸法の指示・・・・・・・・・・・・・・・・・ *124*

10章 | 材料表示法

10·1 材料とその記号・・・・・・・・・・・・・ *127*

10·2 JIS に規定された金属材料記号
　　の見方・・・・・・・・・・・・・・・・・・・ *127*

11章 | 主要な機械部品・部分の図示法

11·1 ねじおよびねじ部品の製図・・・・・・ *133*

　1．ねじについて　*133*

　2．ねじの用途　*133*

　3．ねじの標準形の種類　*133*

　4．ねじの表し方　*136*

　5．ねじおよびねじ部品の製図規格　*139*

　6．ねじおよびねじ部品の図示方法　*139*

　7．ボルト，ナットの知識　*143*

11·2 ばね製図・・・・・・・・・・・・・・・・・ *145*

　1．コイルばね　*145*

　2．重ね板ばね　*147*

　3．竹の子ばね　*147*

　4．渦巻きばね　*148*

　5．皿ばね　*148*

11·3 歯車製図・・・・・・・・・・・・・・・・・ *148*

　1．歯車について　*148*

　2．歯車の種類　*149*

　3．歯車の歯形　*150*

　4．歯形各部の名称　*151*

　5．歯形の大きさ　*151*

　6．基準ラック　*152*

　7．標準歯車と転位歯車　*153*

　8．歯車の図示方法　*154*

　9．歯車の製作図および要目表につ
　　いて　*156*

11·4 転がり軸受製図・・・・・・・・・・・・・ *158*

　1．転がり軸受の種類　*158*

　2．転がり軸受の図示方法　*158*

　3．旧規格による転がり軸受の略画
　　法　*161*

11·5 センタ穴の簡略図示方法・・・・・・・ *162*

12章 CAD 機械製図

12・1 CAD 製図について ············ 163

12・2 CAD 機械製図規格の内容 ······ 163

  1. CAD 製図の具備すべき情報と
基本要件 *163*

  2. 図面の大きさおよび様式 *164*

  3. 線 *164*

  4. 文字 *166*

  5. 尺度 *166*

  6. 金属硬さ *166*

  7. 熱処理 *166*

13章 図面管理

13・1 図面管理について ············· 167

13・2 照合番号 ··················· 167

13・3 表題欄，部品欄および明細表···· 168

  1. 表題欄，部品欄 *168*

  2. 明細表 *170*

13・4 図面の訂正・変更············· 170

13・5 検図 ····················· 171

13・6 標準数······················ 173

  1. 標準数について *173*

  2. 標準数の説明 *173*

  3. 標準数の利用による効果 *174*

  4. 標準数の使用法 *174*

  5. 標準数の適用例 *175*

  6. 円筒型容器の例 *175*

14章 スケッチ

14・1 スケッチの意義··············· 177

14・2 スケッチ作成の用具··········· 177

14・3 スケッチ作成の順序と方法······ 177

14・4 形状のスケッチと寸法の測定
記入····················· 178

  1. フリーハンドによる方法 *178*

  2. プリントによる方法 *178*

  3. 型取りによる方法 *178*

  4. カメラを用いる方法 *179*

14・5 材料の見分け方··············· 179

  1. 色沢および肌合いによる材質の
判別 *179*

  2. 硬さによる材質の判別 *179*

14・6 スケッチに対する表面性状図示
記号····················· 180

14・7 はめあい部品のスケッチ········ 180

14・8 スケッチ上の注意事項········· 180

14・9 スケッチ図の描き方··········· 180

  1. 直線の描き方 *181*

  2. 円弧の描き方 *182*

xii 目次

15章 その他の工業部門製図

15・1 建築製図・・・・・・・・・・・・・・・・・・・・ 183
   1. 建築図面の種類 *183*
   2. 図面の構成について *184*
   3. 位置の表示 *184*
   4. 平面表示記号 *185*
   5. 材料構造表示記号 *185*
   6. 寸法記入法 *185*

15・2 土木製図・・・・・・・・・・・・・・・・・・・・ 186
   1. ランドスケープ製図 *186*

   2. 構造図 *186*

15・3 電気製図・・・・・・・・・・・・・・・・・・・・ 188
   1. 電気図面 *188*
   2. 電路線図 *188*

15・4 配管製図・・・・・・・・・・・・・・・・・・・・ 190
   1. 配管図について *190*
   2. 正投影図による配管図 *191*
   3. 等角投影法による配管図 *192*

付録1 製図器材とその使い方 *193*

付1・1 製図器材・・・・・・・・・・・・・・・・・・・・ 193
   1. 製図器械 *193*
   2. 製図板 *193*
   3. 定規類 *194*
   4. 製図機械 *194*

   5. その他の器具と材料 *195*

付1・2 図面の描き方・・・・・・・・・・・・・・・・・ 196
   1. 製図者と用具の位置 *196*
   2. 製図用紙の張りつけ方 *196*
   3. 線の引き方 *197*

付録2 JISにもとづく標準図集 *203*

付録3 製図者に必要なJIS規格表 *215*

製品の幾何特性仕様（GPS）
   （**JIS B 0401 - 1 : 2016**）について
   ・・・・・・・・・・・・・・・・・・・・・・・・・・ 233

索引 ・・・・・・・・・・・・・・・・・・・・・・・ 235

1

製図について

1·1 | 製図の意義とその重要性

　機械，器具，建物などをつくるには，まず，それらの製作物の形状，構造，寸法，材料その他が全般にわたって慎重に考慮される．これらのことが決定すると，形状，構造などは，点，線によって紙面に図形で描き表し，また寸法，材料その他の事項は，文字によって図形に付記し，製作物の概要を示す図面を作成する．この図面は，いいかえると，製作物を仮想した草案にほかならないが，この草案を作成することを**設計**といい，一方，草案を示した図面のことを**設計図**と呼んでいる．

　設計図は，ふつう，製作物の図形を方眼紙にフリーハンドで描き，これに必要事項を設計者が了解できる程度に簡単に付記したもので，製作物の概略を示したものに過ぎない．したがって，製作者がこの図面を見ただけでは，はたして充分に製作物の詳細を理解できるかは疑問であり，品物を正確かつ能率的につくるための図面としては不充分である．

　そこで，設計図は，製作するのに最も有効な図面として，さらに正確に，かつくわしく鮮明に描き改められる．これを**製作図**（または**工作図**）といい，この図面を作成することを**製図**，製図する人を**製図者**という．

　なお，製作図は，設計図と同様に，線，文字，記号などによって表現されることには変わりはないが，設計図と異なるところは，図形は製図用具によって正確に図示され，かつ理解しやすいように，図面の表示方式が一定の規約に従っているので，容易にその製作物の全貌を知ることができるということである．

　製作図には，製作物の細部にわたって詳細に図示してあるので，製作図を見ただけで，品物の形状，寸法はもとより，その製作工程，製品の性能から原価に至るまで，およその想像ができる．すなわち，製作図は，設計者の意図を，言語や形象の代わりに，線，文字，記号などによって表現したものである．その上，一定の規約にもとづいて製図されているから，どの国の人が見ても容易に理解できる．この点を考えれば，地図や楽譜によく似ている．図面が工業上の言葉であるといわれるのは，このような理由によるのである．

1・2 製図の起源

製図の起源は，遠くギリシャ時代に始まる．すでに当時の技術者は，今日見るようなスケッチと説明書をつくり，製作計画がたてられたのちに，詳細な見取り図を描いたことが文献によって知られている．古代エジプトの幾何学を完成したギリシャ時代の作図はもちろん幾何画法であった．

レオナルド・ダ・ヴィンチ

ガスパール・モンジュ

その後，時代の要求に応じて，幾何画法は実生活に種々利用されるようになった．

降ってルネッサンスに，有名なレオナルド・ダ・ヴィンチ（Leonardo da Vinci, 1452～1519）が，製図の発達史上，見逃せない文献を残している．

図1・1は，西暦1500年代に，彼が考案したボール盤のスケッチ図で，現今のものと比較してもほとんど原理的な相違はない．彼の図法は，古代ギリシャ以降の透視法よりもはるかに洗練されており，また物体を見取って描いたのではなく，彼が考案した機械の完成予想図を描いたということが重要なのである．

レオナルドと同時代の人に，ゲオルグ・アグリコーラ（Georgius Agricola, 1494～1555）があり，有名な鉱山学の書，『De Re Metallica』（1556）を著しているが，これには，滑車，水車，ポンプ，起重機，ピストンなど入念な挿図が豊富につけられている．

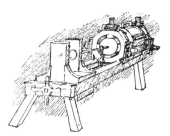
図1・1 レオナルド・ダ・ヴィンチの描いたボール盤

近世に入ると，フランスの数学者であり，また技術者であったガスパール・モンジュ（Gaspard Monge, 1746～1818）が，画法幾何学を創始した．彼は築城の設計に際して，複雑な計算をやめて幾何学的方法を用いたが，これが後述（p.31）する正投影法による**第一角法の始まり**である．

このように，モンジュの創始した正投影法第一角法が，今日の製図原理の起原となって，製図を科学の重要な一分科としたのである．

1·3 設計,製図から製品までの工程

設計図は,**予備設計図**と**決定設計図**とに大別される.

予備設計図とは,既製現品の見取り図を改良,修正するか,あるいは要求される性能にもとづいて新しい考案と計画をあらかじめ描いた設計図をいう.

決定設計図とは,予備設計図を土台にして,機構や運動に関する主要寸法の決定,重要部門の計算,その性質の調査,使用材料の選択などを行ったのち,作成した図面をいう.

製作図(または**工作図**)は,この決定設計図にもと

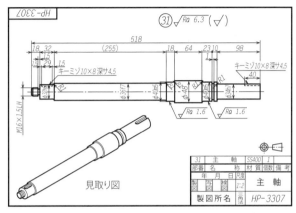

図 1·2 部品図の例(見取り図は参考のために示す)

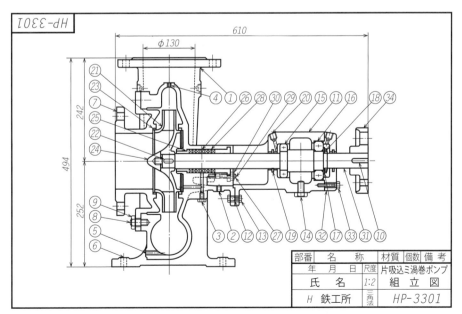

図 1·3 組立図の例

づいて作成した図面であり，直接，製作に必要な図面である．製作図には，次のようなものがある．

① **部品図** 部品を製作するときに必要な図面である（図 **1・2**）．

② **組立図** 機械を組み立てるときに必要な図面である（図 **1・3**）．

③ **部分組立図** 大きく複雑な機械をつくるとき，1枚の図面では細部を表すことはむずかしいので，これをいくつかに分け，それぞれの組立図を描く．これが部分組立図である．この場合，別に全体の組立図も描かれるが，これを**総組立図**という．

④ **詳細図** ある箇所をとくに詳細に示す図面である（巻末の付図 **2・7** 参照）．

さらにこのような製作図は，複写機その他の方法によって複製され，分業的作業を行う工場に分配されて，製作に寄与するのである．製品の各部分が仕上げられると，図面どおりに組み立てられ，それが完成すると試運転または最終検査が行われる．

1・4 | 製図規格の成り立ち

国家が，鉱工業製品の種類，形状，寸法，材質その他に，一定の標準を与えることがある．これを**国家規格**という．国家規格は，その国の工業の円滑な運営と統一のある発展および技術の進歩を目的としているものである．

わが国の国家規格は，戦前には **JES**（**Japanese Engineering Standards** の略：日本標準規格）というものが使用されていたが，今日では **JIS**（**Japanese Industrial Standards** の略：**日本産業規格**）という名称で，広く一般に親しまれている．

なお，国家規格の中から一工場に適する規格を選び，その工場の特殊性に従って適当に整理，補足して，その工場だけに使用する規格をつくることがある．このような規格を，**社内規格**（または**工場規格**）という．

工業品を標準化すれば，次のような利点がある．

① 同一加工による生産技術の習熟性向上．

② 大量生産にともなう品質の向上と単能機械の使用可能．

③ 製作の迅速にともなう生産能率の向上と生産費の低減．

④ 互換性の向上．

⑤ 使用者の維持費の低減，ならびに消費の合理化．

製品を規格で統一すると，以上のような種類の利益がもたらされるが，よりよい製品をより多く能率的につくるには，製作のための案内役となる図面がまずすぐれていなければならない．そのためには，なんといっても図面の表示方式，すなわち製図方式を一定にするのが最良の方法である．たとえば，図面がある会社，工場の契約書類の一部となること

があるが，その際，図面の描き方が，各会社，工場ごとに相違していては，いろいろ混乱が生じる．したがってわが国では，製図方式についても詳細な国家規格を定めている．

わが国では，製図方式について，次のような国家規格を制定し，かついくたびか改訂を加えてきた．

① **日本標準規格，製図（JES 第 119 号）**　この規格は，1929 年に着手され，1930 年 12 月 1 日，当時の商工省工業規格調査会第 9 回総会で決定されて，1933 年 9 月 29 日，製図規格第 119 号として商工省告示 59 号で公布された．

② **臨時日本標準規格，製図（臨 JES 第 428 号）**　これは，JES 第 119 号を主体とし，ドイツ規格（DIN）などを参考として，1943 年 7 月 29 日改訂された規格である．

③ **日本工業規格，製図通則（JIS Z 8302）**　終戦後（1945 年），平和産業への急転換を行ったわが国工業界において，戦前および戦時中の規格はすべて再検討されることになり，製図規格もまた，過日の臨 JES 第 428 号を再検討し，あわせて，アメリカ，イギリス，スイスなどの諸規格を参考として，1952 年 9 月 22 日，JIS 製図通則が制定された．

この JIS 製図通則は，広く一般工業用製図の大綱を示すものとして制定されたために，各部門別の製図方式からすれば，必要事項が不足していることはやむを得ないことであった．そこでその後，それらの各部門の独自性を補うべく，1958 年に機械製図（JIS B 0001），土木製図通則（JIS A 0101），建築製図通則（JIS A 0150）が，それぞれ制定された．

また，これらとは別に，機械製図にしばしば現れるねじ，歯車，ばね，転がり軸受などは，略画法を用いて描くことを定めたねじ製図（JIS B 0002-3），歯車製図（JIS B 0003），ばね製図（JIS B 0004）および転がり軸受製図（JIS B 0005-1，-2）が制定された．

一方，とくに機械工業では，急速な技術革新とともに国際化が目立つようになり，これにともない，後述する国際標準化機構（ISO）において，国際的な製図規格が制定された．また，1973 年に至り，わが国の機械製図規格も，ISO 規格に整合させるべく大幅な改訂が施された．しかし従来の製図通則（JIS Z 8302）は，ISO にもとづいて改正されることなく経過したので，その後に制定された諸製図規格とのくいちがいが目立ち，国際性にも乏しいので，1984 年 3 月に廃止されるに至った．

④ **体系的製図規格の制定（JIS Z 8310 〜 8321）**　従来の ISO の製図規格では機械製図的色彩が強かったのを改め，建築，土木の製図方式を大幅に盛り込んだ，一般工業に汎用性のある規格に改訂されたのにあわせて，わが国においても製図規格の体系そのものを大幅に見直して，製図通則という一つの規格ではなく，体系的な個々の独立規格にするという案がまとめられ，1989 年に，表 1・1 に示すような諸規格が制定されるに至った．

このような製図規格体系においては，① 基本的事項に関する規格，② 一般的事項に関する規格，③ 部門別の製図規格，④ 特殊部分，部品に関する規格，⑤ 図記号に関する規格，⑥ CAD に関する規格に大別され，またこれらの諸規格を総括する製図総則，製図用

006 | **1章** 製図について

語を定めたものである.

2010 年に至り, 製図全般においては製図総則に, また機械部門においては機械製図に, その内容を最近の生産および使用の実態を踏まえて規格内容の充実を図るため, かなりの改正が加えられ, 製図総則 (**JIS Z 8310 : 2010**) および機械製図 (**JIS B 0001 : 2010**) として制定された.

表 1・1 JIS 製図規格の体系

規格分類	規格番号	規格名称
総　則	Z 8310	製図総則
用　語	Z 8114	製図 — 製図用語
① 基本的事項に関する規格	Z 8311 Z 8312 Z 8313-0 ～ 2, -5, -10 Z 8314 Z 8315-1 ～ 4	製図 — 製図用紙のサイズ及び図面の様式 製図 — 表示の一般原則 — 線の基本原則 製図 — 文字 — 第 0 部～第 2 部, 第 5 部, 第 10 部 製図 — 尺度 製図 — 投影法 — 第 1 部～第 4 部
② 一般的事項に関する規格	Z 8316 Z 8317-1 Z 8318 B 0021 B 0022 B 0023 B 0024 *1 B 0025 B 0026 B 0031	製図 — 図形の表し方の原則 製図 — 寸法及び公差の記入方法 — 第 1 部：一般原則 製品の技術文書情報 (TPD) — 長さ寸法及び角度寸法の許容限界の指示方法 製品の幾何特性仕様 (GPS) — 幾何公差表示方式 — 形状, 姿勢, 位置及び振れの公差表示方式 幾何公差のためのデータム 製図 — 幾何公差表示方式 — 最大実体公差方式及び最小実体公差方式 製品の幾何特性仕様 (GPS) — 基本原則 — GPS 指示に関わる概念, 原則及び規則 製図 — 幾何公差表示方式 — 位置度公差方式 製図 — 寸法及び公差の表示方式 — 非剛性部品 製品の幾何特性仕様 (GPS) — 表面性状の図示方法
③ 部門別の製図規格	A 0101 A 0150 B 0001 *1	土木製図 建築製図通則 機械製図
④ 特殊部分, 部品に関する規格	B 0002-1 ～ 3 B 0003 B 0004 B 0005-1 ～ 2 B 0006 B 0011-1 ～ 3 B 0041	製図 — ねじ及びねじ部品 — 第 1 部～第 3 部 歯車製図 ばね製図 製図 — 転がり軸受 — 第 1 部～第 2 部 製図 — スプライン及びセレーションの表し方 製図 — 配管の簡略図示方法 — 第 1 部～第 3 部 製図 — センタ穴の簡略図示方法
⑤ 図記号に関する規格	Z 3021 C 0617-1 ～ 13 C 0303 Z 8207 Z 8617-1 ～ 15	溶接記号 電気用図記号　第 1 部～第 13 部 構内電気設備の配線用図記号 真空装置用図記号 ダイヤグラム用図記号 — 第 1 部～第 15 部　ほか
⑥ CAD に関する規格	B 3401 B 3402 *2	CAD 用語 CAD 機械製図

〔注〕　*1 2018 年以降改正された規格, *2 2021 年 3 月に廃止.

なお，本書の今回の改訂は，おもに機械製図（**JIS B 0001：2019**）にもとづいて行ったものである．

1・5 日本産業規格（JIS）について

1. 日本産業規格（JIS）ができるまで

わが国最初の規格は，明治の後半にできた．ただし，これは国家規格ではなく，当時の陸軍省，海軍省あるいは農商務省などの官庁が，それぞれ 1902～1905（明治 35～38）年の間に，鉄くぎ，洋くぎ，ボルトの規格，造船材料試験規格およびポルトランド セメントの試験方法などの統一を試みたものに過ぎなかった．規格の国家的統一が本格的に開始されたのは，1917（大正 6）年の"度量衡及び工業規格統一調査会"を設置したときであって，度量衡や工業品の規格統一の調査研究を行ったのである．

その後，同調査会は，1920（大正 9）年 3 月に廃止され，翌年に，常設機関として，商工省内に工業品規格統一調査会の設立が公示された．この調査会の審議によって定められた国家規格が，**日本標準規格（JES）**である．これは，1938（昭和 13）年末まで継続したが，その規格の総計は 520 件であった．

1937（昭和 12）年の日中戦争のぼっ発により，工業界にも変動が生じ，これにともなって 1939（昭和 14）年には規格が改正された．これが**臨時日本標準規格（臨 JES）**である．これは 1945（昭和 20）年の終戦まで存続し，その規格の総数は 931 件であった．なお，これとほぼ並行して日本航空規格（航規）があったが，これは臨 JES とは別の，単独のものであったといえよう．これも戦後の航空機製造事業の停止とともに廃止され，その規格の総数は 660 件であった．

1946（昭和 21）年以後は，新しい状態にもとづいて，**日本規格（新 JES）**と改められた．そして工業品規格統一調査会を廃して，新しく工業標準調査会が設立された．さらに，1949（昭和 24）年 5 月 16 日の第 5 国会では，工業標準化法が法律第 185 号として制定され，同時に工業標準調査会は日本工業標準調査会と改称され，以後，この調査会において制定された規格は，**日本工業規格（JIS）**と呼ばれるようになった．

2019（令和元）年 7 月 1 日，日本の産業構造の変化にともない，日本工業規格の対象をマネジメント分野，サービス分野，社会システム分野にまで広げ，法律の名称を「工業標準化法」から「産業標準化法」と改め，「日本工業規格」も「**日本産業規格**」と改称し，施行された．ただし，英語表記「**JIS**」（Japanese Industrial Standards）は広く定着しているため，今後も継続使用される．

図 1・4 JIS マーク

現在，日用品，たとえば鉛筆や消しゴムなどに，日本産業規格に合格したことを証明する JIS マーク（図 1・4）を多く見受ける．また，日用品に限らず，鉱工業品や輸出製品の中にも，このマークがますます普及しつつある．この制度は，1950（昭和25）年3月，国家が制定したものである．

このマークのついている製品は，日本産業規格に該当する製品であると同時に，日本の技術水準を示すものである．

表1・2 日本産業規格の分類（19部門）

部門記号	部門名	部門記号	部門名
A	土木および建築	L	繊維
B	一般機械	M	鉱山
C	電子機器および電気機械	P	パルプおよび紙
D	自動車	Q	管理システム
E	鉄道	R	窯業
F	船舶	S	日用品
G	鉄鋼	T	医療安全用具
H	非鉄金属	W	航空
K	化学	X	情報処理
		Z	その他

表1・3 JIS部門記号と分類番号（抜粋）

部門名および記号／分類記号	土木および建築 A	一般機械 B	電子機器および電気機械 C	自動車 D	鉄道 E	船舶 F	鉄鋼 G	非鉄金属 H	航空 W	情報処理 X	その他 Z
00～09	一般・構造	機械基本	一般	一般		一般	一般	一般	一般	一般	物流機器，梱包材料容器・包装方法
10～19	試験・検査・測量	機械部品類	測定および試験機械器具	試験・検査方法	線路一般		分析	分析方法	専用材料標準部品		
20～29	設計および計画		材料	共通部品	電車線路	船体	原材料	原材料	機体（装備を含む）	電子計算機用プログラム言語	共通的試験方法その他
30～39		FA共通	電線ケーブルおよび電路用品	機関	信号保安機器		鋼材（主として普通鋼材）	伸銅品			溶接関係
40～49	設備および建具	工具およびジグ類	電気機械器具	シャシ車体	鉄道車両一般		鋼材（主として合金鋼鋼材）	その他の展伸材	発動機	図形，文書構造，文書交換など	放射線（能）関係
50～59	材料および部品		通信機器電子機器および部品	電気装置計器	動力車	機関	鋳鋼鋳鉄	鋳物	プロペラ	OSI関連，LAN，データ通信など	
60～69		工作用機械		建設車両産業車両				二次製品	計器	出力機器，記録媒体など	マイクログラフィックス
70～79	施工	光学機械・精密機械	真空管電球	修理・調整・試験・検査器具	客貨車		鉄鋼のISO対応JIS	機能性材料	電気設備	応用分野	リサイクル
80～89	施工機械器具		照明器具配線器具電池		産業車両	電気機器		加工方法器具	地上施設		基本および一般
90～99	雑	機械一般	電気応用機械器具	自転車	鋼索鉄道索道	航海用機器・計器，機関用諸計測器	雑	雑	雑	その他（OCRなど）	工場管理

2. JIS の部門記号と分類番号

日本産業規格は 19 の部門に分けられ，表 1・2 のような部門記号が与えられている．また，各部門は，内容によって分類され，表 1・3 に示すような分類番号がつけられている．

したがって日本産業規格を表示するには，まずこれらの部門記号を記し，次に分類番号を 4 桁の数字で表すが，このうち前の 2 桁は各部門の分類を，次の 2 桁は原則として制定順を示している．

現在，国際規格と一致または対応する JIS については，国際規格の番号と JIS の番号を同じにしておくことが便利であるので，国際規格が 5 桁の番号を持つ場合には，それに合わせた 5 桁の番号が用いられるようになっている．

また，大きな規格は第 1 部，第 2 部といった部（part）に分かれていて，部ごとに制定，改正などが行われ，部ごとに規格票が発行される．部を識別するためには枝番号が用いられ，番号の後にハイフンおよび枝番号を記載する．そして，規格番号の後にコロンおよび制定または改正の年を西暦で記載する．

〔例〕 **JIS B 1101**（日本産業規格，一般機械部門，すりわり付き小ねじ）

JIS B 0002–3 製図 – ねじ及びねじ部品 – 第 3 部：簡略図示方法

JIS B 0001：2010

1·6 各国の工業規格とその国際的統一化運動

工業品の規格統一は，現在，世界各国で実施されているが，中でもイギリスは，1901（明治 34）年，世界最初に，ついでドイツは 1917（大正 6）年に，これに着手した．それから世界各国は，おのおのの国情を考慮しながら，イギリス式，ドイツ式，あるいはこれら両者の標準規格を手本とするようになった．

その後，工業品の規格統一ということが，一国に限らず，国際的な性質をもつものであることが広く認識されるに至り，このことを主題にして，1926（大正 15）年，ニューヨークに，世界の 18 か国の代表者が参集して会議を開いた．日本も，この会議に参加した．この会議の結果，1928（昭和 3）年，**万国規格統一協会** ─ **ISA**（**International Federation of the National Standardizing Associations**）が創立され，スイスに本部を置いたが，第二次大戦と同時に，その機能を中止した．しかし第二次大戦後，上記の機関は，**国際標準化機構** ─ **ISO**（**International Organization for Standardization**）と改称して復活した．

その構成は 27 か国からなり，1949（昭和 24）年 7 月，フランスで会議が開かれた．その機能は，各国の標準化運動の情報交換，および規格の国際化，啓蒙を主眼としたものであって，日本工業標準調査会も，1952（昭和 27）年 9 月 10 日付で **ISO** に正式に加盟して

表1·4 国際, 主要各国の規格略号および制定機関

規格略号	国 別	制 定 機 関
ANSI	アメリカ規格	American National Standards Institute
BS	イギリス規格	British Standards Institution
DIN	ドイツ規格	Deutsches Institut für Normung
GOST	ロシア規格	Gosudarstvennyj Komitet Standartov
IEC	国際電気規格	International Electrotechnical Commission
ISO	国際規格	International Organization for Standardization
MIL	アメリカ軍用規格	Military Specifications and Standards
NF	フランス規格	Association française de normalisation
UNI	イタリア規格	Ente Nazionale Italiano di Unificazione
VSM	スイス規格	Verein Schweizerischer Maschinenindustrieller

おり, 2018年では, **ISO**加盟国は162か国に達している.

　一方, 電気関係では, 1904年, アメリカのセントルイスで国際電気会議が開かれ, 電気機器に関する用語および定格の標準化を促進するため, 各国技術団体間の協調を求めた勧告が採択された. これが契機となり, 1908年, ロンドンに13か国の代表が集まって会議を開いた結果, 国際電気標準会議 ― **IEC**（**International Electrotechnical Commission**）が正式に発足した. わが国も当初からこれに加盟しており, 2018年現在, 84か国が加盟入している. 表**1·4**に, 国際規格および主要各国規格の略号とその制定機関を示す.

2

図面の構成について

　この章では，製図用紙のサイズ，図面の様式，尺度，図面の折り方，線，文字など，図面を構成することがらについて説明する．

2・1 製図用紙のサイズ

　製図用紙には，原図用紙，複写用紙，マイクロフィルム用印画紙などがあるが，これには，白紙のものと，輪郭や表題欄などが印刷されたものとがあり，必要に応じていくつかのサイズのものが用いられている．

　製図用紙のサイズは，**JIS Z 8311**（製図用紙のサイズ及び図面の様式）において，一般には表 2・1 に示すA0～A4（**A列サイズ**）のうちから選ぶことになっているが，原図には，必要とする明瞭さおよび細かさを保つことができる最小の用紙を用いるのがよい．ただし，一連の図面において用紙の大きさをそろえるなど，取扱い上の便宜を優先するときはこの限りではない．

　また，長い品物を製図する場合などでは，必ずしも大判サイズを用いる必要はなく，このような場合は表 2・2 に示す**特別延長サイズ**の用紙から選んで用いればよい．これらのサイズは，それぞれ基礎であるA列の用紙の短辺を，3，4，5のような整数倍の長さに延長したものである．ちなみに，縦に長い品物の場合でも，これを横に倒して横

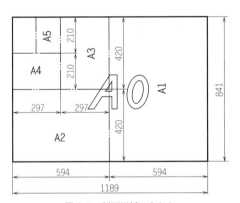

図 2・1　製図用紙の大きさ

表 2・1　製図用紙のサイズ
（A列サイズ：第1優先）

呼び方	寸法 (mm)
A0	841×1189
A1	594× 841
A2	420× 594
A3	297× 420
A4	210× 297

表 2・2　特別延長サイズ
（第2優先）

呼び方	寸法 (mm)
A3×3	420× 891
A3×4	420×1189
A4×3	297× 630
A4×4	297× 841
A4×5	297×1051

長の図面として製図するのがよい．

なお，非常に大きいサイズ用などには，例外延長サイズ（第3優先）がある．

2・2 図面の様式

1. 図面の輪郭

製図用紙の周辺は，使用中に破損などが生じやすいので，すべてのサイズの図面に**輪郭**を設けておくことが必要である．輪郭には，輪郭線を引いてこれを明示するのがよい．この輪郭線は，最小 0.5 mm の太さの実線で描けばよい．

これらの輪郭の幅は，図 2・2 に示すように，A0 および A1 サイズに対しては最小 20 mm，A2，A3 および A4 サイズに対しては最小 10 mm であることが望ましく，またとじる場合のとじ代は，輪郭を含む最小幅 20 mm とし，一般に図面の左側に設ける．

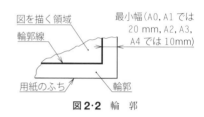

図 2・2　輪郭

2. 表題欄の位置

図面には，図面番号，図名，作成元など，図面の内容を端的に表示する記入を行うために**表題欄**を設ける（**p.168** 参照）が，その位置は，図 2・3 に示す用紙の長辺を横方向にした X 形，または長辺を縦方向にした Y 形のいずれにおいても，輪郭内の右下にくるようにし，かつ表題欄を見る向きは，図面の向きと一致するようにするのがよい．なお，表題欄の長さは 170 mm 以下とすることに定められている．

輪郭，表題欄などが印刷された製図用紙を使用する場合には，その用紙を無駄にしないために，図 2・4 に示すように，**X 形用紙**を縦に，また **Y 形用紙**を横にして用いてもよい．

（a）長辺を横方向にした X 形用紙　（b）長辺を縦方向にした Y 形用紙　　（a）長辺を縦方向にした X 形用紙　（b）長辺を横方向にした Y 形用紙

図 2・3　表題欄の位置　　　　　　図 2・4　輪郭などが印刷されている場合

3. 中心マーク

中心マークは，複写またはマイクロフィルム撮影の際の図面の位置決めに便利なように設けるもので，図 2・5 に示すように，裁断された用紙の 2 本の対称軸の両端に，用紙の

端から輪郭線の内側約 5 mm まで，最小 0.5 mm の太さの直線を用いて，天地左右に合計 4 個施すことになっている．

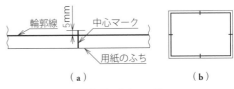

図 2·5　中心マーク

4. 方向マーク

製図板上の製図用紙の向きを示したいときには，図 2·6(a) に示すような正三角形の**方向マーク**を設ければよいことになっている．

方向マークは，同図(b)のように，製図用紙の一つの長辺側に 1 個，一つの短辺側に 1 個を中心マークに一致させて輪郭線を横切っておけばよい．このとき，方向マークの一つが常に製図者を指すようにしておく．

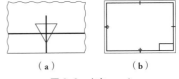

図 2·6　方向マーク

5. 比較目盛

比較目盛は，図面を縮小，拡大したとき，その程度を知るために設けるもので，図 2·7 のように，太さ最小 0.5 mm の実線を用い，長さ最小 100 mm，幅最大 5 mm とし，10 mm 間隔に目盛を施した，数字の記載がないものである．

この比較目盛は，輪郭内で輪郭線に近く，なるべく中心マークに対称に配置すればよい．

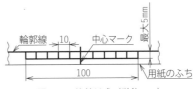

図 2·7　比較目盛（単位 mm）

6. 格子参照方式

図面の中の特定部分の位置を示す場合に便利なように，図 2·8 に示すように輪郭線を偶数等分して線を引き，記号を記入しておくのがよい．

記号は，図面の正位で左隅から横の辺に沿って順に 1, 2, 3, …の数字を，また縦の辺に沿って上から順に A, B, C, …のラテン文字の大文字を用いて，上下，左右の相対する辺に同じ記号を記入しておく．

これらの格子を呼ぶには，縦横の記号の組合わせにより，たとえば，B-2 のように呼ぶ．

図 2·8　格子参照方式

7. 裁断マーク

複写図の裁断に便利なように，原図には，その 4 隅に，図 2·9

図 2·9　裁断マーク

のような裁断マークを設けておくのがよい．裁断は，このマークの外縁を基準として行うものとし，得られた図面の大きさは，表 2・1 または表 2・2 の寸法に適合するものとする．

2・3 図面の折り方

A0～A3 の大きさに複写した図面は，A4 の大きさに折り畳んで保管されることがあるが，図面の折り方については，**JIS Z 8311** の付属書で紹介しているので，そのうちの基本折りを図 2・10 に示しておく．

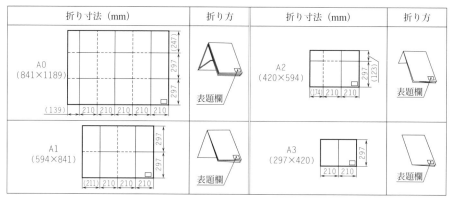

〔備考〕 実線は山折り，破線は谷折りを示す．
図 2・10 基本折り

2・4 尺度

図面は，便宜上，実物に対していろいろな大きさで描かれるが，この大きさの比率を尺度といい，**JIS Z 8314**（製図－尺度）で規定されている．尺度には，縮尺，現尺，倍尺がある．
　縮尺とは，実物よりも縮小して図形を描く場合の尺度である．
　現尺とは，実物と同じ大きさで図形を描く場合の尺度である．
　倍尺とは，実物よりも拡大して図形を描く場合の尺度である．
　これらの尺度は，図面作成の手間や，図面取扱い上の能率などのために適宜用いられる．ただし，縮尺にせよ，倍尺にせよ，図面に記載する寸法は，もちろん実物の寸法を示す数値を明記しなければならない．また，その尺度の比率は任意にせず，表 2・3 に示し

たものを使用するのがよい．この表に示すように，尺度は比の形で示すことになっている．

ちなみに，縮尺では，比が小さくなれば，尺度が小さくなるといい，倍尺では，比が大きくなれば，尺度が大きくなるという．

なお，図形の大きさは，用紙のサイズに応じてなるべく大きく描くことが好ましいので，できるだけ用紙に余白が生じない尺度を選ぶのがよい．

使用した尺度は，図面の表題欄に必ず記載する．また，同一図面で異なる尺度を用いる場合には，主となる尺度だけを表題欄に記載し，そのほかの尺度は図形ごとにその尺度を記入する．

表2·3 尺度（JIS Z 8314）

種別	推奨尺度		
倍尺	50：1	20：1	10：1
	5：1	2：1	
現尺	1：1		
縮尺	1：2	1：5	1：10
	1：20	1：50	1：100
	1：200	1：500	1：1000
	1：2000	1：5000	1：10000

2·5 線

1. 線の種類

品物の構造および形状は，線によって図形で示すが，**JIS Z 8316**（製図—図形の表し方の原則）では，その用途に応じて表**2·4**に示す線を用いて図形を作成することに定めている．ただし，必要に応じて極太線を用いることができることになっている．

また，表**2·5**は，一般に用いられる線の引き方の例を示したものである．

図**2·11**および図**2·12**は，これらの線の使用例を示したものである．

なお，特殊な分野（たとえば，工程図，電気回路図，配管図，系統図など）で，このほかの種類や用途の線を用いる場合には，それを明記しなければならない．

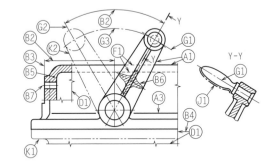

図2·11 線の種類（1）

2. 線の太さ

線の太さについては，太線，細線および極太線の三つの太さの段階があり，細線の太さを1とすれば，太線は2，極太線は4の割合の太さにすることになっている．

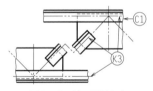

図2·12 線の種類（2）

016 2章 図面の構成について

表2·4　線の種類と太さによる用途（JIS Z 8316）

線 の 種 類	定 義	一般的な用途（図2·11, 2·12参照）
A ————	太い実線	A1　見える部分の外形線 A2　見える部分の稜を表す線 A3　仮想の相貫線
B ————	細い実線（直線または曲線）	B2　寸法線 B3　寸法補助線 B4　引出線 B5　ハッチング B6　図形内に表す回転断面の外形線 B7　短い中心線
C 〜〜〜 D*¹ 〜/〜/〜/	フリーハンドの細い実線*² 細いジグザグ線（直線）	C1, D1　対象物の一部を破った境界，または一部を取り去った境界を表す線
E – – – –	太い破線	E1　かくれた部分の外形線 E2　かくれた部分の稜を表す線
F – – – –	細い破線	F1　かくれた部分の外形線 F2　かくれた部分の稜を表す線
G —·—·—	細い一点鎖線	G1　図形の中心を表す線（中心線） G2　対称を表す線 G3　移動した軌跡を表す線
H ⌐—·⌐	細い一点鎖線で，端部および方向の変わる部分を太くしたもの	H1　断面位置を表す線
J —·—·—	太い一点鎖線	J1　特別な要求事項を適用すべき範囲を表す線
K —··—··—	細い二点鎖線	K1　隣接する部品の外形線 K2　可動部分の可動中の特定の位置または可動の限界の位置を表す線（想像線） K3　重心を連ねた線（重心線） K4　加工前の部品の外形線 K5　切断面の前方に位置する部品を表す線

〔注〕　*¹　この線の種類は，製図機械を用いた図面の作成に適す．
　　　　*²　細線および太線の二つのうち，どちらかを用いることができるが，1枚の図面の中には，1種類の線を用いるのがよい．
〔備考〕　以下，線の種類を表すには，すべてこの表による記号を用いることとする．

　線の太さは，実際には，図面の大きさや種類によって，次の9種類の中から選んで用いればよい．

　　0.13, 0.18, 0.25, 0.35, 0.5, 0.7, 1, 1.4, 2 mm

　なお，1本の線の太さは，全長にわたって一様でなければならない．

　また，1枚の図面の中で同じ用途の線の太さは，使用した尺度にかかわらず，それぞれ

等しくすることが必要である．

機械製図（JIS B 0001）では，線の太さ方向の中心は，線の理論上描くべき位置の上になければならない（図 2・13）としている．

3. 線と線の間のすきま

平行に引かれた 2 本以上の線のすきま（ハッチングを含む）は，複写あるいは複製の場合にまぎらわしくなるのを防ぐために，最も太い線の線幅の 2 倍以上とするか，0.7 mm 以上とすることが望ましい〔図 2・13（b）参照〕．また，交差線が密集する場合には，その線間の最小すきまを太い線の太さの 3 倍以上とする．

表 2・5 線の引き方（単位 mm）

線 種		説 明
実 線		連続した線
破 線		短い線をわずかな間隔で並べた線
一点鎖線		長線と一つの短線とを交互に並べた線
二点鎖線		長線と二つの短線とを交互に並べた線

〔備考〕 寸法は一例を示す．

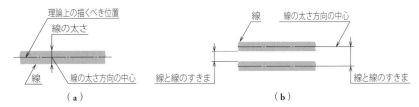

図 2・13 線の太さ方向の中心位置

4. 重なる線の優先順位

同一箇所で 2 種類以上の線が重なる場合には，次に示す順位に従って，優先する種類の線を用いて描けばよい（表 2・4 および図 2・14 参照）．

① 見える外形線および稜線（太い実線；線の種類 A）．

② かくれた外形線および稜線（破線；線の種類 E または F）．

③ 切断位置を表す線（細い一点鎖線，端部および方向の変わる部分を太くしたもの；線の種類 H）．

④ 中心線および対称を示す線（細い一点鎖線；線の種類 G）．

⑤ 重心を連ねた線（重心線）（細い二点鎖線；線の種類 K）．

⑥ 寸法補助線（細い実線；線の

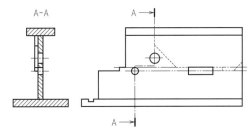

図 2・14 線の優先順位

018 2章 | 図面の構成について

種類 B).

このほか，組みつけた部品の隣接する外形線は，一致させて 1 本の実線を用いて描けばよい（図 2·14 参照）.

2·6 | 文字

図面には，図形を説明するための文字が書かれるが，文字は図形と同様に，1 字 1 字が正確に読めるように，また図形に適した大きさで，そろえて書くことが必要である．企業などでは，図面のマイクロフィルム化が行われてきたため，それに適した書き方を行うことも必要である．

1. 文字の種類

製図に用いる文字は，**JIS Z 8313**（製図—文字）で規定されている．これには，第 0 部：通則，第 1 部：ローマ字，数字及び記号，第 2 部：ギリシャ文字，第 5 部：CAD 用文字，数字及び記号，第 10 部：平仮名，片仮名及び漢字，の 5 部が定められている．

2. ラテン文字，数字および記号

これらの文字の大きさは，大文字の高さ h を基準とし，次の標準値から選ぶ．

　2.5, 3.5, 5, 7, 10, 14, 20 mm

文字の線の太さ d を，この文字の高さ h の 1/14 としたもの（$d = h/14$）を A 形書体という．

この文字の高さ h を基準として，図 2·15，図 2·16 ならびに表 2·6 に示すように，文字の各部分の比率および寸法が定められている．

なお，規格では，このほかにこれよりも太い書体（$d = h/10$）を B 形書体として定め

表 2·6 A 形書体（$d = h/14$）　　　　　　　　　（単位 mm）

区　　分	比　率	寸		法				
文字の高さ								
大文字の高さ　h	$(14/14)h$	2.5	3.5	5	7	10	14	20
小文字の高さ　c	$(10/14)h$	—	2.5	3.5	5	7	10	14
（柄部または尾部を除く）								
文字間のすきま　a	$(2/14)h$	0.35	0.5	0.7	1	1.4	2	2.8
ベースラインの最大ピッチ　b	$(20/14)h$	3.5	5	7	10	14	20	28
単語間の最小すきま　e	$(6/14)h$	1.05	1.5	2.1	3	4.2	6	8.4
文字の線の太さ　d	$(1/14)h$	0.18	0.25	0.35	0.5	0.7	1	1.4

〔備考〕　たとえば，LA および TV のような 2 文字間のすきま a は，見栄えがよくなるのなら，半分に縮小してもよい．この場合，線の太さ d に等しくする．

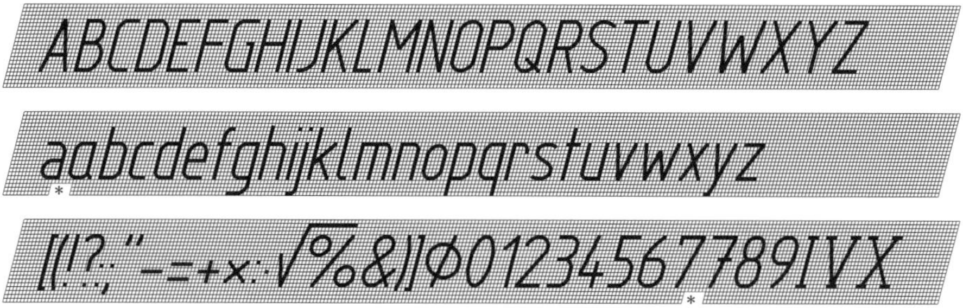
ABCDEFGHIJKLMNOPQRSTUVWXYZ
aabcdefghijklmnopqrstuvwxyz
[(!?:;"-=+×:√%&)]φ01234567789IVX

〔**注**〕 * aおよび7の字形は，いずれもレタリングの規定に一致している．
〔**参考**〕 原国際規格では，“どちらを選択するかは国家機構に任されている”としている．
この規格では，いずれの書体を用いてもよいことにする．

図 2·15 A形斜体文字の書体

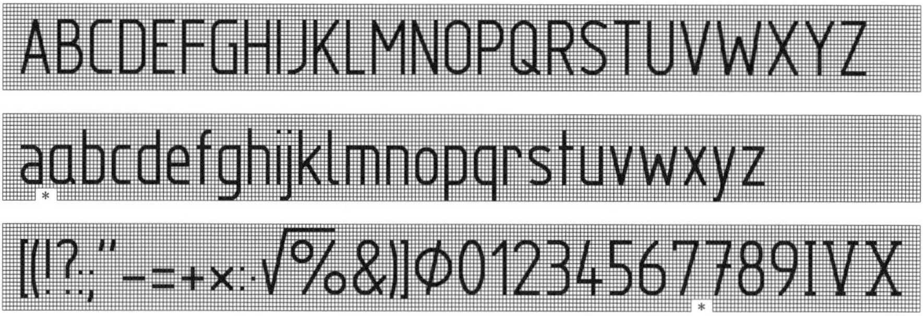
ABCDEFGHIJKLMNOPQRSTUVWXYZ
aabcdefghijklmnopqrstuvwxyz
[(!?:;"-=+×:√%&)]φ01234567789IVX

〔**注**〕 * aおよび7の字形は，いずれもレタリングの規定に一致している．
〔**参考**〕 原国際規格では，“どちらを選択するかは国家機構に任されている”としている．
この規格では，いずれの書体を用いてもよいことにする．

図 2·16 A形直立体文字の書体

ているが，本書では省略する．

これらの文字は，**直立体でも，右に 15° 傾けた斜体でもよい**ことになっている．

3. 平仮名，片仮名および漢字

これらの文字は，**ISO** には規定がないので，**JIS** 独自のものとなった．

漢字は，常用漢字表によるのがよく，16 画以上の漢字はできる限り仮名書きとする．

仮名は平仮名または片仮名のいずれかを用い，一連の図面においては混用はしない．ただし，外来語の表記に片仮名を用いることは混用とはみなさない．

h
ISO 81 ejAM
c
d
a
e
a
b
h
R
f

図 2·17 A形書体文字の大きさ

文字の大きさは，一般に，図 **2·17** に示す文字の外側輪郭が収まる基準枠の高さ h の呼

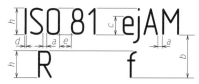

びによって表すこととし，次のうちから選んで用いる．

漢字　(3.5)，5，7，10，14，20 mm
仮名　(2.5)，3.5，5，7，10，14，20 mm

なお，上記のうち，かっこをつけた大きさのものは，ある種類の複写方法には適さないので，なるべく用いないほうがよい．とくに鉛筆書きの場合は，注意しなければならない．

図面中の一連の記述に用いる文字の大きさの比率は，次のようにすることが望ましいとされている．

(漢字)：(仮名)：(ローマ字，数字および記号) = 1.4：1.0：1.0

ただし，ほかの仮名に小さく添える拗(よう)音や促音などは，この比率において 0.7 とすればよい．

文字の線の太さ d は，文字の呼び h に対して，漢字では 1/14，仮名では 1/10 とする[1]のが望ましく，また，図 2·18 (a) に示すように，文字のすきま a は，文字の線の太さ d の 2 倍以上 ($a \geq 2d$)，ベースラインの最小ピッチ b は，用いている文字の最大の呼び h の 14/10 以上 ($b \leq 1.4h$) とするのがよい．

なお，図 2·19 は，**JIS B 0001** 機械製図に例示されている漢字および仮名の例を示したものである（ラテン文字[2]および数字は図 2·15，図 2·16 による）．同規格によれば，文字の大きさ（高さ）は基準枠の高さ h の呼びによって表し，漢字の大きさは呼び 3.5*，5，7 および 10 mm の 4 種類とし，仮名，ラテン文

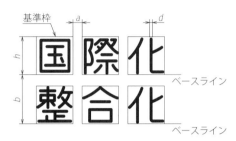

(a) 漢字

(b) 平仮名 ($h = 10$ mm の例)

(c) 片仮名 ($h = 10$ mm の例)

図 2·18 文字間のすきまとベースラインの最小ピッチ (1/2 に縮小してある)

断面詳細矢視側図計画組

(a) 漢字

アイウエオカキクケ

(b) 片仮名

あいうえおかきくけ

(c) 平仮名

図 2·19 JIS B 0001 に例示されている漢字および仮名の例

---

[1] 仮名は漢字より高さが低いので，これらは同じ太さになることに注意．
[2] 従来，「アルファベット」ならびに「ローマ字」と表記していたが，規格によっては「ラテン文字」と表記するようになってきたため，本書でも混在して表記している．

字および数字の大きさは，呼び 2.5*，3.5，5，7 および 10 mm の 5 種類とすることになっている．ただし，呼びに*印をつけたものは，ある種の複写方式では適さないので，とくに鉛筆書きの場合は注意することとしている．

3 図法幾何学と投影法

3·1 図法幾何学

製図法を学ぶには、図法幾何学をひととおり心得ておかなければならない。図法幾何学とは、製図用具を用いて、幾何学の理論にもとづき、いろいろな図形を描く方法をいう。

図法幾何学は、平面図形を描く方法と立体図形を描く方法とに大別される。前者を**平面幾何画法**、後者を**投影画法**という。

1. 平面幾何画法

（1）**定直線または定円弧の垂直2等分線**（図3·1） A, Bをそれぞれ中心として、相等しい任意の半径で円弧を描き、その交点C, Dを結ぶ。

（2）**任意の角の2等分**（図3·2） 角の交点Oを中心として任意の半径で円弧を描いてA, Bを求め、A, Bから等しい半径で円弧を描いて両円弧の交点Cを求め、O, Cを結ぶ。

（3）**定直線を任意の数に等分する**（図3·3） $\overline{AB}$の一端Aから任意の角度で直線を引き、これを、適当な長さで与えられた数に等分し、最後の点CとBを結び、各等分点から$\overline{BC}$に平行な線を引いて$\overline{AB}$との交点を求めればよい。

（4）**定線分を一辺として正三角形を描く**（図3·4） A, Bを中心として、$\overline{AB}$を半径としてそれぞれ円弧を描き、その交点CとA, Bを結ぶ。

（5）**定円に内接する正五角形**（図

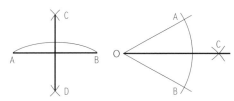

図3·1 線分の2等分　　図3·2 角の2等分

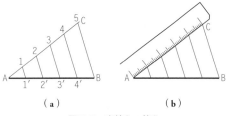

（a）　　　　　　　（b）

図3·3 定線分の等分

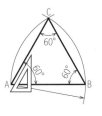

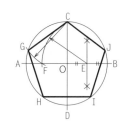

図3·4 正三角形　　図3·5 正五角形

3・5) 直交する直径 $\overline{AB}$, $\overline{CD}$ を引き，$\overline{OB}$ の中点 E を求め，E を中心として $\overline{CE}$ を半径とする円弧を描いて $\overline{AB}$ との交点を F とする．次に，C を中心として $\overline{CF}$ を半径とする円弧で定円を切れば，$\overline{CG}$ が求める正五角形の一辺となる．

(6) 定円に内接または外接する正六角形（図3・6） 定円 O に直径 $\overline{AB}$ を引き，定円の半径の長さで定円を順次に切り，得られた点を順に結べば正六角形が得られる．なお，対辺距離が与えられた場合は，$\overline{AB}$ を直径とする円を描き，同図(b)に示すように60°と30°の三角定規を使用して外接する正六角形をつくることができる．

(7) 定正方形に内接する正八角形（図3・7） 定正方形 ABCD に対角線 AC, BD を引き，交点を O とする．$\overline{AO}$ を半径とし，定正方形の各頂点から円弧を描いて得られた1, 2, …, 8 の各点を順に結べば，正八角形が得られる．また，円に内接する正八角形は，同図(b)のように，互いに45°に交わる直径を引けば描くことができる．

(8) 与えられた3点を通る円（図3・8） 与えられた3点 A, B, C を結び，$\overline{AB}$, $\overline{BC}$ の各垂直2等分線を描いてその交点 O を求め，$\overline{OA}$ を半径とする円を描けばよい．

(9) 与えられた円弧の長さにほぼ等しい直線（図3・9） 与えられた円弧 $\overset{\frown}{AB}$ の一端 A から接線 AC を引く．次に，点 A, B を直線で結び，その延長上に A から $\frac{1}{2}\overline{AB}$ に等しい点 D をとり，D を中心として $\overline{DB}$ を半径とする円弧を描き，$\overline{AC}$ との交点 C を求めれば，$\overline{AC}$ と $\overset{\frown}{AB}$ はほぼ等しい．

(10) だ円の描き方（図3・10） 2軸 $\overline{AB}$, $\overline{CD}$ をそれぞれ直径とする同心円を描き，これらの円周を任意の数に分割する．これらの大，小両円周上の各分割点からそれぞれ $\overline{AB}$, $\overline{CD}$ に平行線を引いて交点を求め，それらの交点をなめらかに結べばよい．なお，同図(b)は，だ円の近似画

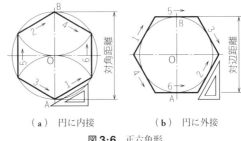

(a) 円に内接　　(b) 円に外接

図3・6　正六角形

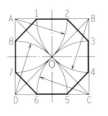
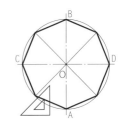

(a) 正方形に内接　　(b) 円に内接

図3・7　正八角形

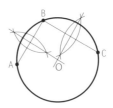
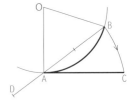

図3・8　3点を通る円　　図3・9　円弧の長さの近似直線

法を示したものである．最近では各種のだ円定規が市販されているから，これを使用すれば簡単にきれいなだ円を描くことができる．

(11) 放物線の描き方（図3·11） Aを頂点，$\overline{AB}$を軸，Pを与えられた一点とする．Pから$\overline{AB}$に垂線PBを引き，$\overline{AB}$および$\overline{PB}$を2辺とする長方形ABPQをつくり，$\overline{AQ}$，$\overline{PQ}$を任意の同数に，それぞれ1, 2, …, 5および1′, 2′, …, 5′のように等分する．次に，1′, 2′, …, 5′とAを結び，1, 2, …, 5から$\overline{AB}$に平行に引いた直線との交点をなめらかに結べば，放物線の片側が得られる．

(12) 正弦曲線（サイン カーブ）の描き方（図3·12）
定円Oの円周を任意の数に等分（図では12等分）して1, 2, …, 12とし，これらの各点から定円の直径$\overline{AB}$に平行な線$\overline{JK}$, …, $\overline{EH}$を引き，かつ$\overline{JK}$の長さを波長の長さに等しくとる．次に，$\overline{JK}$を定円の分割数と同数1′, 2′, …, 12′に分割し，

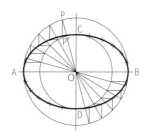
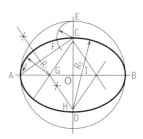

（a） 2軸を与えてだ円を描く　　（b） 近似画法

図3·10　だ円

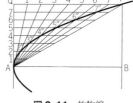

図3·11　放物線

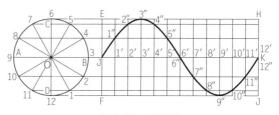

図3·12　正弦曲線

それぞれの点から$\overline{JK}$に垂線を立て，それぞれの平行線の交点1″, 2″, …, 12″をなめらかに結べば，正弦曲線が得られる．

(13) インボリュート曲線の描き方（図3·13） 定円Oの円周を任意の数に等分（図では12等分）し，各等分点を1, 2, …, 12とし，これらの点から定円に接線を引く．次

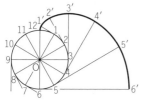

図3·13　インボリュート曲線

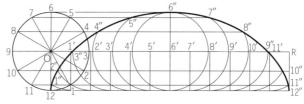

図3·14　サイクロイド曲線

に，円弧$\overparen{12\text{-}1}$の長さに等しく接線$\overline{1\text{-}1'}$をとり，円弧$\overparen{12\text{-}2}$に等しく$\overline{2\text{-}2'}$をとり，同様にして$\overline{6\text{-}6'}$をとる．これらの各点をなめらかに結べば，インボリュート曲線が得られる．

インボリュート曲線は歯車の歯形に使用されており，現在ではほとんどの歯車がこの曲線を使用している．

(14) **サイクロイド曲線の描き方**（図3·14） 定円Oの円周を任意の数に等分（図では12等分）し，1，2，…，12とする．円Oの直径を延長してORをとり，かつORの長さを円Oの円周の長さに等しくとり，このORを定円と同じ数に分割し，1′，2′，…，12′(R)とする．1′，2′，…，12′を中心として定円Oと同じ半径で円を描き，ORに平行に1，2，…，6から引いた直線との交点1″，2″，…，12″をなめらかに結べば，サイクロイド曲線が得られる．このサイクロイド曲線は，以前では歯車歯形に用いられたことがあったが，現在では，ほとんど上記のインボリュート曲線にとってかわられている．

2. 立体の展開図

立体の表面を切り開いて，1平面上にのばして描いた図形を**展開図**という．展開図は，

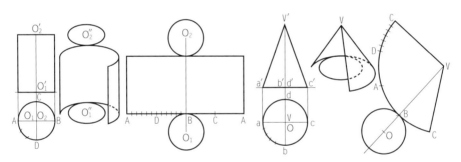

図3·15 円柱の展開図　　　　　　　　　　　図3·16 円すいの展開図

  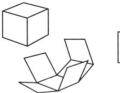

図3·17 正四面体の展開図　　　図3·18 正六面体の展開図

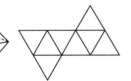 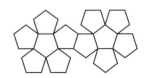

図3·19 正八面体の展開図　　　図3·20 正十二面体の展開図

図 3・21 斜めの平面で切断した角柱の展開図

図 3・22 斜めの平面で切断した円筒の展開図

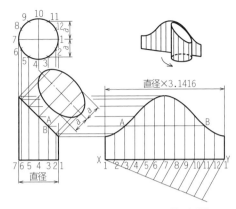

立体各面の実形の連続である．立体には，展開の可能なものと，不可能なものとがある．図 3・15 ～ 図 3・22 に各種立体の展開図を示す．

3. 立体の相貫

2個以上の立体が，相互に交わって貫通したものを**相貫体**という．この立体の交わった部分には，特殊な線が現れる．これを**相貫線**というが，相交わる立体が，ともに多面体であるときは，その相貫線はつねに直線である．その他は一般に曲線となる．

図 3・23 は**角柱の相貫**を示したもので，図 3・24 は**円柱の相貫**を示したものである．

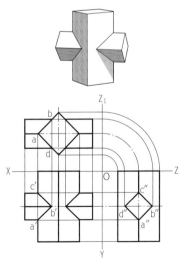

図 3・23 角柱の相貫図

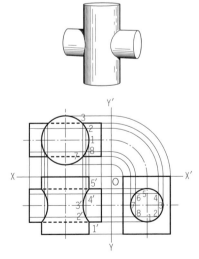

図 3・24 円柱の相貫図

3·2 投影法の種類

平らな壁の前に物体を置き,物体の後ろから壁に垂直な平行光線を当てると,その壁面に物体の画像が得られ,物体の形や大きさなどがわかる.投影法は,この原理を応用した画法である.投影法には,次のような種々の方式がある(表 3·1 参照).

表 3·1　投影法の種類

```
投影法 ─┬─ 平行投影 ─┬─ 直角投影 ─┬─ 正投影 ─┬─ 第一角法
        │ (平行光線により│ (投影面に直角│         ├─ 第三角法
        │  投影する)   │  に投影する) │         
        │              │              └─ 軸測投影 ─┬─ 等角投影
        │              └─ 斜投影                    └─ 不等角投影
        │                 (投影面に傾斜して投影する)
        │                 (軸測投影に含まれる場合もある)
        └─ 透視投影
           (放射光線により投影する)
```

1. 正投影

製図上では,主として平行光線による平行投影が用いられ,かつそのうちの**正投影**が最も広く行われている.

図 3·25 は正投影の原理を示したものである.いま,図示したように,投影する物体の $\overline{OX}$,$\overline{OY}$,$\overline{OZ}$ の三つの主軸が,互いに直角に交わっているとすると,正投影では,**投影面**(物体を投影する面)に対して,$\overline{OX}$,$\overline{OY}$ の両軸は平行,$\overline{OZ}$ は直角とし,かつ $\overline{OX}$ 軸を水平にし,投影面に垂直な平行光線によって投影する画法である.

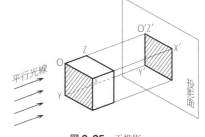

図 3·25　正投影

2. 軸測投影

軸測投影とは,平行光線を用い,1個の投影面に,立体的に品物の複数の面を作成する画法であるが,投影面と品物の相互位置関係によって次のような種類がある.

(1) **等角投影**　図 3·26 は,等角投影を示したものである.同図(b)のように,3軸 $\overline{OX}$,$\overline{OY}$,$\overline{OZ}$ の投影が互いに 120°ずつの等しい角度となるように置かれ,α,β の両傾斜角は,30°の傾きをもって投影される画法である.

(2) **不等角投影**　図 3·27 は,不等角投影を示したものである.これは,等角投影の場合の α,β の角が異なって投影される画法で,3軸 $\overline{OX}$,$\overline{OY}$,$\overline{OZ}$ の長さは一致しない.

(3) **斜投影**　斜投影は,図 3·28 に示すように,画面に対する品物の位置関係は,正

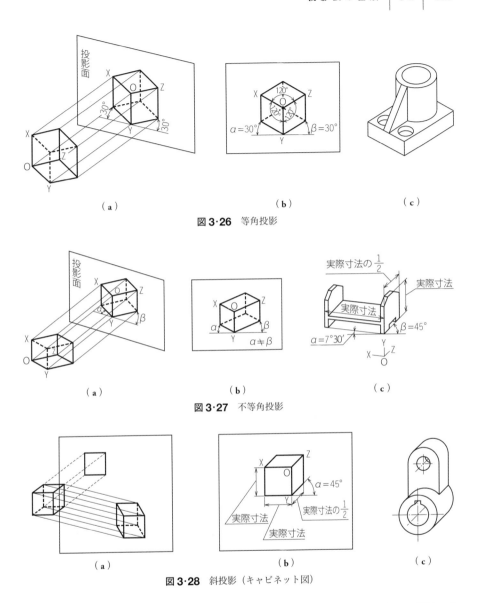

図 3·26 等角投影

図 3·27 不等角投影

図 3·28 斜投影（キャビネット図）

投影のときと同様であるが，光線を画面に対して a の角度だけ傾けて投影する画法である．この画法によって描かれた図をキャビネット図ということがある．

3. 透視投影

図 3·29（a）に示すように，視点 S と品物の各点とを結びつけ，放射状の投影線によって図形を描く方法で，視点に近い部分ほど大きく現れる画法である．この画法は，建築製

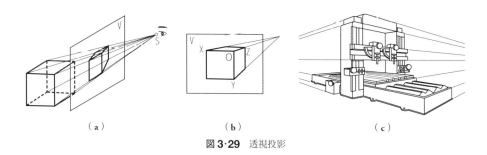

図 3・29 　透視投影

図において使用される場合が多い．しかし，物体の真の大きさを表せないことと，画法が複雑になるという欠点があるので，建築関係の図面のほかにはあまり使用されない．

4 図形の表し方

4・1 投影図の種類

1. 投影によって得られる投影図の種類

前述した図 3・25（p.28 参照）は，物体の一つの面だけを正投影で示したものであるが，これだけでは物体の一面を示したに過ぎず，その全般を知ることはできない．したがって，その全般を知るためには，図 4・1 に示すように，投影面 V のほかにいくつかの投影面を用意し，それぞれの面に投影を行い，これらを総合することによって，立体としての物体の形状を表現すればよいことになる．

いま，図 4・1 において，垂直投影面 V のほかに，これとそれぞれ直角に交わる水平投影面 H，ならびに側投影面 P を用意し，これらの面に対して投影を行えば，それぞれの投影図が得られるが，最初に用意した垂直投影面 V に得られた投影図を正面図（主投影図），水平投影面 H に得られた投影図を平面図，側投影面 P に得られた投影図を側面図（この場合は右側面図）という．

ただし，物体には，図 4・2 に示すように六つの面があって，上記のほか，左側，下側，後ろ側からも投影することができる．このようにして得られた

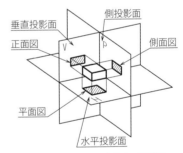

図 4・1 正面図，平面図，側面図

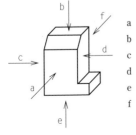

a 方向の投影＝正面図
b 方向の投影＝平面図
c 方向の投影＝左側面図
d 方向の投影＝右側面図
e 方向の投影＝下面図
f 方向の投影＝背面図

図 4・2 投影図の名称

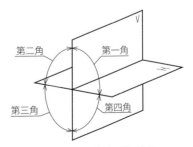

図 4・3 第一角法～第四角法

投影図を，それぞれ左側面図，下面図，背面図という．

2. 第一角法と第三角法

（1） 第一角法と第三角法の原理　図4・3に示すように，二つの平面V，Hを直角に交わらせると，交わった線を中心軸として，四つの空間に仕切られる．

製図上では，これらの空間を，図示のように，右上から反時計回りに，それぞれ第一角，第二角，第三角および第四角と名づけている．そして，この第一角内で投影する場合を第一角法と呼び，以下これに準じて，第二角法，第三角法および第四角法と名づけている．

図4・4は，これらの投影法の比較を示したものであるが，いずれの場合でも，投影図を1平面上に示すために，投影ののち，Vの垂直投影面をHの水平投影面まで反時計回りに回転させるものとする．また，投影図は，図示したように，品物を水平および垂直の方向から眺め，かつその位置において見える面を投影するよう約束する．

第一角法では，基線$\overline{XY}$の上に正面図が，$\overline{XY}$の下に平面図がくるので，対比は明確であり，理解しやすい．

第二角法では，基線$\overline{XY}$の上に正面図と平面図がきて重なってしまうので，理解しにくいものとなる．

第三角法では，第一角法と反対に，基線$\overline{XY}$の上に平面図が，下に正面図がくるが，第一角法と同様，理解しやすいものとなる．

第四角法では，基線$\overline{XY}$の下に，正面図，平面図が重なるので，第二角法と同様にわかりにくい図面となる．

以上のように，第一角法〜第四角法のうち，第二角，第四角の二つの方法は使用に耐えないので，製図においては，投影法は，**第一角法，第三角法**の

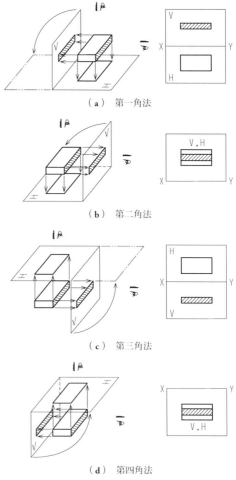

（a）第一角法

（b）第二角法

（c）第三角法

（d）第四角法

図4・4　第一角法〜第四角法の比較

いずれかが用いられている．

　第一角法は，イギリスで発達してヨーロッパに普及し，広く採用された方法であって，**イギリス式画法（E法）**とも呼ばれている．また，第三角法は，アメリカで改良され発達した方法で，**アメリカ式画法（A法）**とも呼ばれ，前者に比べて合理性を有するので，とくに機械製図では各国において広く使用されている．

　国際規格である ISO の製図規格では，これらの両画法を同時に規定しているが，規格に示す図例は，第一角法で描かれている．

　これまでわが国の JIS 製図規格では，"正投影図は，第三角法によって描く" と規定していたのであるが，1999 年の改正により，ISO に準拠して，"二つの正投影法を同等に用いることができる" ことになった〔JIS Z 8316（製図―図形の表し方の原則）〕．ただし，この規格に使用されている図例は，統一をとるため第三角法を用いている．

　なお，JIS 機械製図（JIS B 0001）では，アメリカ式画法（A法）の論理性を重要視して，より合理的な "第三角法による" と規定している．

　（2）第三角法と第一角法の比較　図 4·5 および図 4·6 は，第三角法および第一角法によって投影する方法，ならびにその配列を示したものである．

　第三角法の場合は，平面図は正面図の上に，右側面図は正面図の右にというように，見る側と同じ側に描かれることになり，対照するのに便利である．

　第一角法では，平面図は正面図の下に，左側面図は右側にというように，見る側とは反対の側に描かれることになり，対照するのにやや不便である．

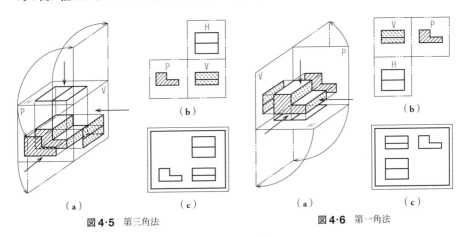

図 4·5　第三角法　　　　　　　　　図 4·6　第一角法

　（3）第三角法と第一角法による図面の基準配置　図 4·7 は，第三角法と第一角法とによって図面を描く場合の，図面の基準配置を示したものである．

　同図（b），（d）は，規格に定められた投影法を表す記号を示したものであり，この記号

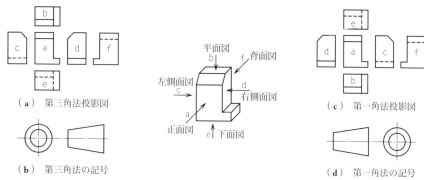

図4·7 図面の基準配置と投影法を表す記号

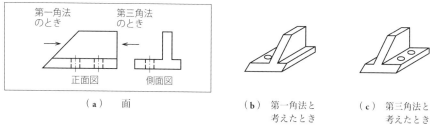

図4·8 同一図面でも違った品物を表す

を，表題欄またはその近くに明示しておくことになっている．

　第三角法と第一角法では，同じ図面でも，図4·8に示すように，違った品物を表している場合があるので，誤作の原因となりかねないから，用いた投影法は必ず明記しておかなければならない．

　また，1枚もしくは一連の図面を製図する際に，両画法を混用することは避けなければならない．

3. 矢示法

　上述のような第三角法と第一角法は，厳密な形式に従った投影図の表し方であるが，もっと自由に図形の位置を決めてもよい場合，図4·9に示すように，矢印を用いて，さまざまな方向から見た投影図を，正面図に対応しない任意の位置に置いて示すという方法が用いられる．この方法を**矢示法**（やしほう）という．

　この場合には，正面図に，見る方向を示す矢印と，それを示す記号をラテン文字の大文字で記入しておく．品物を見た方向と投影図との対応を示す記号は同

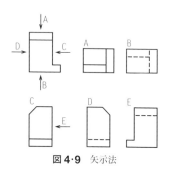

図4·9 矢示法

様の文字により，関連する投影図の真下か真上に置く．

矢示法を用いた投影図では，投影法を示す図記号は不要である．ただし，図 4・10 に示すように，第三角法または第一角法による図面の一部に矢示法を用いることはできるが，この場合は投影法を示す図記号を省略してはならない．

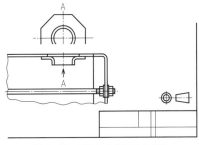

図 4・10　投影法を混用する方法

4. 正面図（主投影図）の選び方

図面は，見やすく正確に，最も効果的に作成しなければならないが，正面図の選び方によって，その効果は大きく左右される．

正面図とは，図 4・7（a）または（c）に示す 6 個の図面のうち，その品物に対する情報量が最も多い，いわば図面の主体になるものであって，これを主投影図とする．したがって，ごく簡単なものでは，主投影図だけで充分に用が足りる．これを単一図という．

単一図だけでは不充分な場合には，主投影図以外に，必要に応じて平面図，右側面図，左側面図，さらに下面図というぐあいに付加される．このように，複雑な図面になればなるほど主投影図の選び方しだいによって見やすくもなれば見にくくもなる．

それでは，製図上で主投影図をどのように選ぶかというと，日常生活の場合とは違う場合がある．たとえば，自動車の例をあげると，ふつう，われわれの日常の習慣としては，前進するほうの面を正面というが，製図上では，これを側面として表し，これに対して，ふつうは，側面といわれるほうが情報量の最も多い代表的な投影図であるから，これを主投影図として扱うのである（図 4・11）．

5. 補足の投影図の選び方

主投影図だけでは情報が不足する場合，補足の投影図を追加しなければならない．ほかの投

（a）　ステップリフトバス

側面図　　　　　　　主投影図

（b）

図 4・11　主投影図の選び方
〔日野自動車（株）カタログより〕

影図を選ぶときには，はたしてその図が必要であるか，また最適であるかどうかを見きわめて，必要かつ充分の数に限って選ばなければならない．

同程度に必要性があると思われる図が複数考えられる場合には，なるべくかくれ線（破線）で表すことを避けて，できるだけ外形線（実線）で表されるような投影図を選ぶのがよい．なぜなら，破線は実線よりも明確ではないし，また引く手間もかなりかかるからである．

図4・12はその例を示したもので，左側面図ではかくれ線を使用しなければならない

左側面図　　　主投影図　　　右側面図
（不良）　　　　　　　　　　　（良）

図4・12　図はなるべくかくれ線を避ける

左側面図　　　　　　　主投影図

図4・13　比較対照が不便な場合

が，右側面図ではその必要がないので，明確な図とすることができる．ただし，図4・13のように，比較対照が不便になるような場合は，この限りではない．

6. 図形の向き

部品図など，加工のための図では，その品物の最も加工量が多い工程を基準として，その工程のときに置かれる状態と同じ向きに描くのがよい．

たとえば，旋削する品物では，図4・14のように，旋盤に取り付けるときと同様に，その中心線を水平にし，かつ作業の重点が右方に位置するように描くのがよい．

また，平削りする品物では，図4・15のように，その長手方向を水平にし，かつ加工面が図の表面になるように描くのがよい．

そのような特別の理由がない場合には，一般に横長に置いて描くのがよい．

主投影図を補足するほかの投影図は，できるだけ少なくし，主投影図だけで表せるものに対しては，ほかの投影図は描かない（図4・16）．

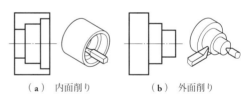

（a）内面削り　　　（b）外面削り

図4・14　旋削する品物の場合の図形の向き

図4・15　平削りする品物の場合の図形の向き

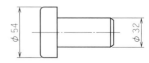

図4・16　主投影図だけの例

4・2 補助となる図法

1. 補助となる投影図

(1) 補助投影図 図4・17(a)に示すような傾斜面を有する品物などでは、そのまま投影したのでは、傾斜面の実形が現れないので、この傾斜面に平行な補助となる投影面を設けて、この面に投影させれば、同図(b)に示すように実形が得られる。このような投影図を補助投影図という。

もし、紙面の関係でこのような対抗した位置に置けない場合には、矢示法を用いて同図(c),(d)のように、矢印および文字、または折り曲げた中心線などで、その投影関係を示しておけばよい。この場合に用いる文字は、ラテン文字の大文字とし、すべて垂直に、明りょうに大きく書く。

補助投影図（必要部分の投影図も含む）の配置関係がわかりにくい場合には、同図(e)のように表示の文字のそれぞれに相手位置の図面の区域の区分記号を付記する。

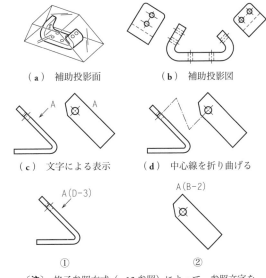

(a) 補助投影面　　(b) 補助投影図

(c) 文字による表示　　(d) 中心線を折り曲げる

① 　　　　　②

〔注〕格子参照方式（p.13参照）によって、参照文字を組み合わせた区分記号(①：D-3)は補助投影の描かれている図面の区域を示し、区分記号(②:B-2)は矢印の描かれている図面の区域を示す。

(e) 区分記号を付記する例

図4・17 補助投影図

(2) 部分投影図 図4・18のように、図の一部だけを示せば形が理解できるような場合には、全部の図を描く手間を省き、その必要な部分だけの部分投影図として表すことができる。この場合には、省いた部分との境界を、図示のように破断線で示しておく。ただし、明確な場合には破断線を省略してもよい。

(3) 局部投影図 対称もしくはそれに近い図形であって、その一部に穴、溝などを有する品物

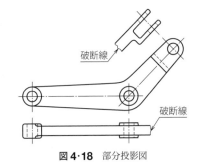

図4・18 部分投影図

では，その必要部分だけを示しておけば，全体の投影図を描かなくても図が理解できる．このような一局部だけの投影図を，局部投影図という（図4・19）．この局部投影図は，第三角法で示すのがよい．

局部投影図は，太い実線で描き，主投影図との投影関係を，中心線，基準線，寸法補助線などで結んで示しておく．

2. 部分拡大図

品物の特定部分の図形が小さいために，その部分の詳細な図示，寸法などの記入ができない場合には，図4・20のように，その該当部分を別の箇所に拡大して描き，表示の部分を細い実線で囲み，かつ，ラテン文字の大文字で表示するとともに，その文字および尺度を付記しておけばよい．

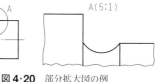

図4・19 局部投影図

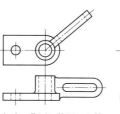

図4・20 部分拡大図の例

ただし，拡大した図の尺度を示す必要がない場合には，単に"拡大図"または"DETAIL"とだけ付記してもよい．

3. 回転投影図

図4・21のように，角度を有するアームをもつ品物などでは，このまま投影すればアームの部分の実長が現れないので，Oを中心として，OBをOAの位置まで回転させて，実長として示す．このような図を回転投影図という．この場合，作図に用いた線（細い実線）は一般には残さないが，必要があれば残してもよい．

4. 展開図

板材を折り曲げてつくる品物などでは，できあがった外観を示すだけでは工作に不便なので，図4・22のように，正面図のほかに，平面に展開した形状を描いて示しておけばよい．これを展開図という．この場合には，展開図

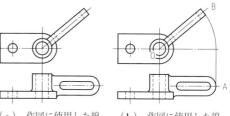

（a）作図に使用した線を残さない例　（b）作図に使用した線を残した例

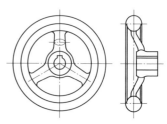

（c）アームの回転図示の例

図4・21 回転投影図の例

の上側または下側のいずれかに統一して，"展開図"
または "DEVELOPMENT" と記入するのがよい．

5. 想像図

これは，投影法上では図形に現れないが，想像もしくは暗示を与える目的で描かれるもので，たとえば隣接部分とか，可動部分の運動範囲，加工変化，あるいは切断面の手前にある部分などを参考のために描くのに用いられる．

想像図は，図 4・23 に示すように，想像線（細い二点鎖線）を用いて描けばよい．

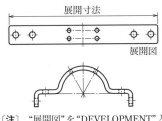

〔注〕 "展開図" を "DEVELOPMENT" としてもよい．

図 4・22 展開図

6. 断面図

(1) 断面図について

品物内部の見えない

(a) 隣接部

(b) 加工変化

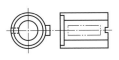
(c) 切断部の手前にある部分

図 4・23 想像図

形を図示する場合は，かくれ線（破線）を用いて示せばよいが，簡単な形ならともかく，ちょっとでも複雑なものになると，非常にわかりにくい図になってしまう．

そこで，このような場合には，品物をある箇所で切断したと仮定して，切断面の手前を取り除き，その切り口の形状を，外形線（太い実線）によって図示することとすれば，非常にわかりやすい図となる．このような図が断面図である．

(2) **断面図の種類** 品物には，いろいろの形状のものがあるので，その形状を示すのに最もふさわしい切断の方法が用いられて，いろいろに図示される．以下では，これら各種の断面図示法について説明する．

(i) **全断面図** これは，品物を 1 平面によって切断して得られた断面図である．この場合には，切断面にはその品物の基本的な形状を最もよく表すような面を選ぶ必要があり，一般の場合，図 4・24 のように，その品物の基本中心線で切断して描くのがよい．この場合には，切断線（これについては後述する）は記入しないでよい．

(ii) **片側断面図** 対称形の品物では，図 4・25 のように，基本中心線の片側だけ断面図で示し，ほかの片側は

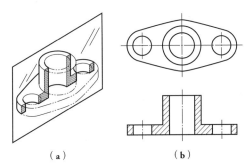

図 4・24 全断面図

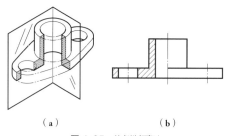
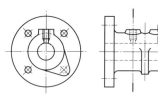

(a) (b)

図4・25 片側断面図

図4・26 基本中心線でない箇所での断面では切断線を引く

外形図として示すことができる．

この片側断面図では，外形と内部を同時に明示することができるので，広く使用されている．この場合も，切断線は記入しない．

（iii）**基本中心線でない箇所での断面図** 必要がある場合には，特定の部分をよく表すように切断面を決めて，断面図を描いてもよい．図

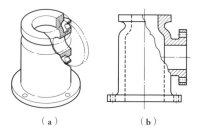

(a) (b)

図4・27 部分断面図

4・26は，この例を示したものであるが，このように，基本中心線でない箇所で切断を行う場合には，図示のような切断線を記入して，その切断の位置を明らかにしておかなければならない．

切断線は細い一点鎖線とし，両端部および要部（屈折部など）だけは太くする．

（iv）**部分断面図** 断面は，図4・27のように，必要とする要所の一部だけを，部分断面図として表すことができる．この場合，破断線によって，その境界を示しておかなければならない．

（v）**回転図示断面図** 断面図は，その図の中で回転して示してもよい．これを回転図示断面図という．これには，図4・28(a)のように図の中で回転や移動して描く場合，同図(b)のように切断箇所の前後を破断してその間に描く場合，および同図

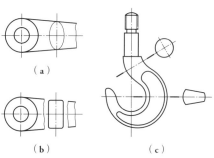

(a)

(b) (c)

図4・28 回転図示断面図

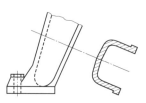 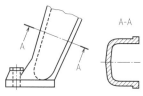

(a) 対面位置に置いた場合　　(b) 離れた場所に置いた場合

図4・29 移動して図示した断面図

(c)のように切断線の延長上に描く場合がある．

この断面図における線の使い方は，同図(b)，(c)の場合は太い実線とするが，同図(a)の場合に限り，細い実線とする．

また，切断線に対向しない位置に移動して描く場合は，図4・29(b)のように，切断線および断面を見る方向を示す矢印と文字記号をつける．

(vi) **組合わせによる断面図** 図4・30(a)のように，二つ以上の平面を組み合わせた合成面によって物体を切断すると，同図(b)のような断面が得られる．断面図では，このように必要に応じて，いくつかの平面を自由に組み合わせて切断を行うことができる．この場合，切断線によって切断の位置を示し，かつ断面を見る方向を示す矢印と文字記号を記入しておくことが必要である．切断線は，その両端および切断方向が変わる部分を太くしておく．また，断面図には，関連する記号を示しておけばよい．

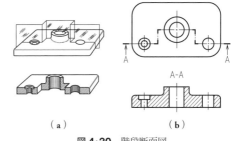

図4・30　階段断面図

① **二つの平行平面による断面図** 図4・31は，平行な二つ以上の平面で切断し，必要な部分だけを合成して示した断面図である．

② **連続した三つの平面による断面図** 図4・32に示すような曲がった管などの断面を表す場合は，その曲がりの中心線に沿って連続した三つの平面で切断し，そのまま投影したものとする．

③ **交差する二つの平面による断面図** 図4・33は，交差する二つの切断面によって切

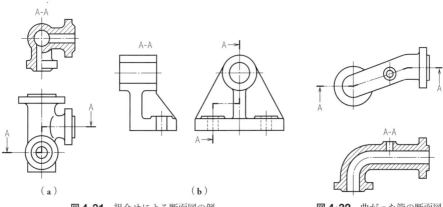

図4・31　組合せによる断面図の例　　　　　図4・32　曲がった管の断面図

断した断面図であるが，それぞれの切断線A–O–Aは，垂直の中心線に対し，鋭角あるいは直角になっている．この場合の画法は，A–O–Aを，垂直な中心線まで回転させなければならない．

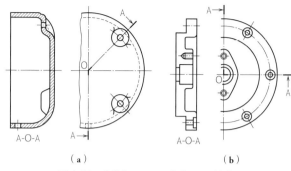

図 4·33　交差する二つの平面による断面図

(vii) **多数の断面図による図示**　複雑な形状の物体を表す場合には，図 4·34 に示すように，種々な断面を組み合わせたり，また断面の数を増やしてもよい．

一連の断面図は，寸法の記入および断面の理解に便利なように，投影の向きを合わせて描くのがよい．この場合，切断線の延長線上（図 4·35）または主中心線上（図 4·36）に配置することが望ましい．

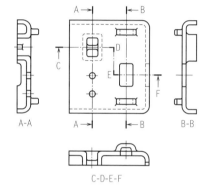

図 4·34　断面図の数は適宜増やしてもよい

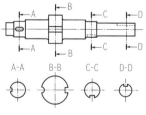

図 4·35　切断線の延長線上に断面図を置く例

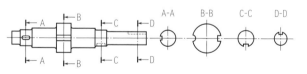

図 4·36　主中心線上に断面図を置く例

(viii) **薄物の断面**　形鋼，薄板，パッキンなどの薄い物の断面は，図 4·37 に示すように，描いた切り口を塗りつぶすか，1 本の極太の実線で表せばよい．これらの断面図では，隣接する断面の間に 0.7 mm 以上のすきまをあけておくことになっている．

(3) **断面のハッチング**　ハッチングは，一

図 4·37　薄物の断面

般的に断面の切り口を示すために施される細い線による平行斜線であるが，かなり手数を要するので，断面であることが明らかである場合には，省略するのがよい．

ハッチングを施す場合には，材質のいかんを問わず，断面の主要な外形線あるいは対象を示す線に対して45°の傾斜をもつ細い実線で等間隔に引く．この線の間隔は，ハッチング領域の大小によって異なるが，ふつう，2～3mmが適当である．

その他，ハッチングに対して注意することは，次のとおりである．

① ハッチングを45°に引いたのではまぎらわしくなるときは，角度を変えて引く（図4・38）．

② 離れた位置にある同一部品の切り口には，同一のハッチングを施す．また，隣接する部品のハッチングは，線の向きまたは線の間隔を変えて引く（図4・39）．

③ 切り口が広い場合には，その領域の輪郭に沿って適当な範囲にハッチングを施せばよい（図4・40）．

④ 階段状の切断面の各段に現れる部分を区別する必要がある場合には，ハッチングをずらしてもよい（図4・41）．

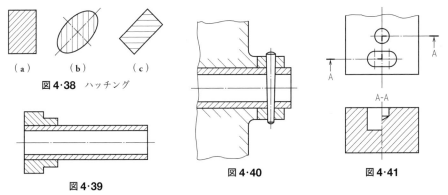

⑤ ハッチング領域の外側に文字などを記入することができない場合には，ハッチングを中断して記入すればよい（図4・42）．

なお，ハッチングの代わりに，**スマッジング**といって，切り口の周辺を薄く塗っておくという方法（図4・43）があるが，電子複写への配慮から，1999年のJIS製図規格（JIS Z 8316）から削除された．

また，図4・44は，JIS機械製図に規定されている非金属材料の表示方法である．ただし，この表示方法を用い

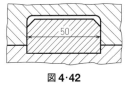

図4・42

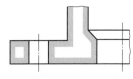

図4・43 スマッジング

場合でも，材質を示す文字または該当規格は必ず記入することになっている．

（4）**切断しないもの** 部品の種類によっては，切断面の中にあるものでも，断面として示さないほうが，かえって明りょうであるものもある．このような部品では，断面図の中に描かれる場合でも，図4・45のように，**外形図**として描かなければならない．

JIS 機械製図規格では，原則として，軸，ピン，ボルト，ナット，座金，小ねじ，止めねじ，リベット，キー，ピン，リブ，車のアーム，歯車の歯などは，長手方向に切断しない，と定めている（図4・46）．

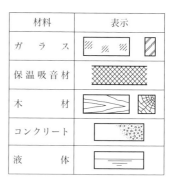

図4・44 非金属材料の表示方法

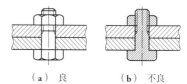

図4・45 切断して示すと不明りょうなものは切断しない

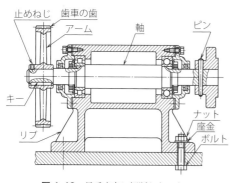

図4・46 長手方向に切断しないもの

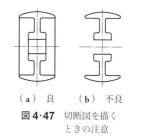

図4・47 切断図を描くときの注意

（5）**断面図を描くときの注意** 断面図を描く場合，切断面の先方に見える実線は省略してはならない（図4・47）．ただし，とくに理解をさまたげるおそれのない場合は，その限りではない．

4・3　省略ならびに慣用図示法

1. かくれた線の省略

かくれた線で示さなくても，明確に図を理解できる場合は，かくれ線は省略するのがよい．図4・48（b）は，かくれ線をこまめに引いてあるために，同図（a）よりも，むしろ図が

2. 対称図形の省略

図形が対称形状の場合には，図 4·49 に示すように，対称中心線の片側だけ描き，ほかの片側は省略してよい．これは，作図の手間と紙面を節約するため，ならびにこれによって対称図形であることを端的に示すことができるからである．対称中心線

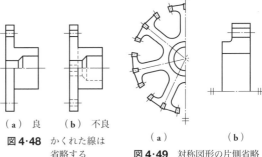

(a) 良　(b) 不良

図 4·48　かくれた線は省略する

(a)　(b)

図 4·49　対称図形の片側省略

の両端部には，これに直交する短い2本の平行な細い線を引いて，この軸が対称軸であることを示しておく．この平行細線を**対称図示記号**という．なお，対称中心軸の付近にキー溝などの特殊形状のものがある場合には，図 4·50 に示すように，対称中心軸を少し越えて，その特殊部分を図示しておくのがよい．この場合には，対称図示記号は省略してよい．

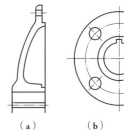

(a)　(b)

図 4·50　中心線を越えて少しのばす

3. 繰返し図形の省略

多数のボルト穴など同種同形のものが並ぶ場合には，それらをいちいち描かず，図 4·51 (a)，(b) のように，両端部または要部だけを，実形または図記号を用いて示し，ほかはその中心位置だけを示しておけばよい．図記号には同図 (c) のような太い十字などを用い，その図記号の意味を，わかりやすい位置に注記しておく．

また，同図 (c) のように，多数の交点のうち特定の位置にだけ並ぶときには，その両端部などの要点だけを実形で図示し，ほかは図記号によってその位置を示しておけばよい．まぎらわしくない場合は，実形を描かず，特定の交点全部を図記号によって示してもよい．

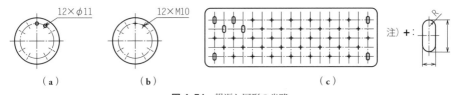

(a)　(b)　(c)

図 4·51　繰返し図形の省略

4. 中間部分の省略

長い軸や管などは，中間の同一断面形状部分を切り取って，適宜に短縮して図示するこ

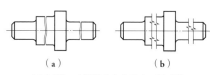

図4·52 中間部分を省略する図示法

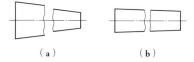

図4·53 テーパを有するものの中間部分省略

とがよく行われる．この場合，切り取った端部は，図4·52のように破断線を用いて示しておく．

なお，テーパあるいはこう配を有するものの中間部分を省略すると，図4·53(a)のように，外形線にくいちがいを生じることになるが，傾斜がゆるい場合，またはとくにその必要がない場合には，同図(b)のように，一直線で結んでも差し支えない．

5. 必要部分だけの図示

いま，図4·54(a)のような品物において，補足の投影図を1個として，同図(b)のように，これに見える部分を全部表すと，図がまぎらわしくなってしまうことがある．そこで，このような場合には，これを同図(c)のように，左右にそれぞれ振り分けて，部分投影図として表すのがよい．

6. 慣用図示法

（1） 一部に特定の形状をもつ場合の図示法 キー溝をもつボス穴，壁に穴または溝をもつ管やシリンダ，切り割りをもつリングなど，その一部に特定の形状を有するものを図示する場合には，図4·55のように，それらの特定の部分が図の上側になるように描くのがよい．

（2） 面と面とが交接する場合の図示法 面と面との接する部分が丸みをもつ場合には，図4·56に示す作図線（実際には描かない）のように，丸みをもたない場合に交わる箇所から投影して，外形線を用いて示す．この線は，同図(a)のように，両端の外形線まで結べ

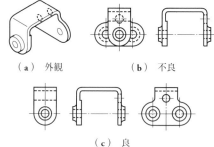

図4·54 部分投影図として表す

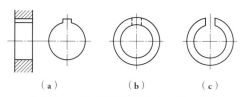

図4·55 一部に特定の形状をもつ品物の場合

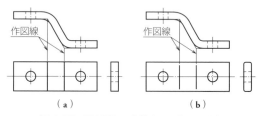

図4·56 面と面とが交接する場合の図示法

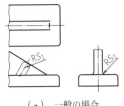
（a） 一般の場合

（b） $RS_1 < RS_2$ の場合

（c） $RS_1 > RS_2$ の場合

図4·57　すみ肉部分の図示法

ばよいが，母材の断面の丸みが大きい場合などでは，同図（b）のように，両端にすきまを設けてもよい．

また，品物によっては，平面と曲面との接続部にすみ肉を有するものがあるが，このような部分は，図4·57のようにして描けばよい．

（3）**相貫線の図示**　円柱と円柱または角柱などが直交あるいはある角度をもって交わる場合，その交接部に現れる線を相貫線といい，図4·58に示すように，一般に描きにくい線となることが多い．そこで，製図では，次のような簡略図示法を用いて描くこととしている．

① **仮想の相貫線**
すみ肉や丸みのある角など，仮想の相貫線は，図4·59のように，太い実線を用い，外形線から離して図示する．

② **二つの円柱の相貫線**　簡単に，直線で示す〔図4·60，図4·61（a），（c）参照〕．

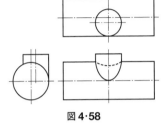
図4·58

図4·59

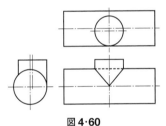
図4·60

図4·61　円柱と角柱，矩形の角柱の相貫線

ただし，双方の直径寸法の開きが少ない場合には，適当な半径の円弧で示せばよい．

③ **円柱と矩形の角柱の相貫線** 交わり部は段差を設けず，一直線で示す〔図4・61(b)，(d)参照〕．

④ **曲面相互または曲面と平面が正接する部分の線** 正接エッジは細い実線で表わしてもよい．ただし，相貫線と併用はできない（図4・62）．

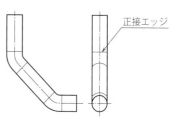

図4・62 正接エッジの図示法

（4） 平面部分 図形内の特定の部分が平面であることを示す必要がある場合には，細い実線で対角線を記入する（図4・63）．この線は，かくれて見えない部分においても，実線を用いる〔同図(b)〕．

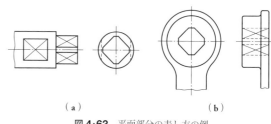

図4・63 平面部分の表し方の例

（5） 中心円上に配置する穴の表示 図4・64に示すフランジ部分のように，中心円上に配置されるいくつかの穴を示す場合，その部分が丸く現れないほうの投影図においては，その一方には中心円がつくる円筒を表す細い一点鎖線を引いておき，その反対側には，投影関係にかかわりなく1個の穴を図示しておくのがよい．

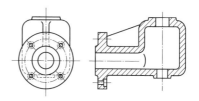

図4・64 中心円上に配置する穴の表示

（6） 一部に特殊な加工を施す場合の図示法 品物の一部だけに熱処理その他の特殊な加工を施す場合には，図4・65に示すように，その範囲を，区間指示記号 ←→ または外形線に平行に，わずかに

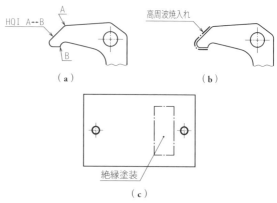

〔注〕 "高周波焼入れ"を"HQI"としてもよい（JIS B 0122 参照）．

図4・65 限定範囲の図示法

離して引いた太い一点鎖線によって示せばよい．

また，図形中の特定の範囲または領域を指示する必要がある場合には，その範囲を太い一点鎖線で囲む〔同図(c)〕．なお，この場合，特殊な加工に関する必要事項は，文字によって明示しておかなければならない．

（7） **加工・処理範囲の図示法**　加工，表面処理などの範囲を限定する場合には，前述(6)によるとともに太い一点鎖線を用いて位置および範囲の寸法を記入し，加工，表面処理などの必要事項を明示する（図4·66）．

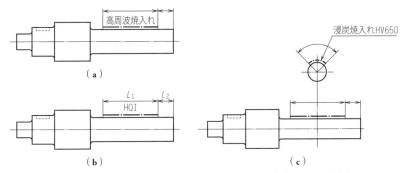

〔注〕　"HQI"は"高周波焼入れ"を示す加工方法記号（JIS B 0122 参照）．
図4·66　特殊な加工を施す部分の図示法

（8） **ローレット，金網およびしま鋼板の図示法**

工具類のつまみなどでは，すべり止めのために多数の刻み目を入れるが，これをローレットという．これを図示するには，図4·67のように，一部にだけ刻み模様を入れて示せばよい．

金網やしま鋼板などを図示する場合にも，図4·67と同様に，その一部に模様を示しておけばよい（図4·68）．

（9） **市販品または規格部品の指示**　市販品を指示する場合は，簡単な略図を描き，主要寸法および摘要事項を記入する．

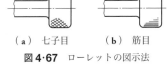

図4·67　ローレットの図示法

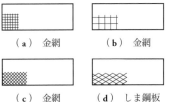

図4·68　金網およびしま鋼板の図示法

JIS その他の規格品を指示する場合には，組立図，あるいはその部品を自作する場合でない限り，その規格番号および呼び方を示すだけで，図は省略してよい．

表4·1は，JIS に定められた主要機械部品の呼び方の例を示したものである．

050 4章 | 図 形 の 表 し 方

表4·1 JISに定められた主要機械部品の呼び方の例

規格番号	名　称	呼　　び　　方	呼　び　方　の　例
JIS B 1180	六角ボルト	種類，規格番号，ねじの呼び×呼び長さ，強度区分，部品等級 [1]	呼び径六角ボルト－ **JIS B 1180 － ISO 4014** － M12×80 － 8.8 －部品等級A
JIS B 1181	六角ナット	種類，規格番号，ねじの呼び，強度区分	六角ナット－スタイル1　**JIS B 1181 － ISO 4032** － M12 － 8
JIS B 1301	キー	規格番号，種類（またはその記号）および呼び寸法×長さ	**JIS B 1301**　ねじ用穴なし平行キー　両丸形　25×14×90
JIS B 1352	テーパピン	規格番号または名称，種類，呼び径×呼び長さ，材料および指定事項*	**JIS B 1352**　テーパピンA　6×30　S 45 C － Q　ϕ6f8
JIS B 1354	平行ピン	規格番号または名称，種類，呼び径×呼び長さ，材料および指定事項*	**JIS B 1354**　平行ピン 6 m　6×30 － St
JIS B 1451	フランジ形固定軸継手	規格番号または名称，継手外径×軸穴直径および本体材料 [2]	**JIS B 1451**　フランジ形固定軸継手 140 ×35（FC 200）

〔**注**〕　[1] p.144（4）参照，　[2] 巻末の付図 **2·7** の表題欄参照.
〔**備考**〕　*指定事項は必要に応じ記入する.

5

寸法記入法

5·1 | 寸法記入について

図面の中で寸法は最も重要なものの一つであって，寸法の記入に誤りがあったり，または読みにくい記入をしたりすると，製作者側の作業能率を低下させることになるから，図面に寸法を記入する場合には，とくに次の点に注意しなければならない．

① 見るものの立場になって，明確な寸法を記入すること．
② 寸法の記入漏れをしないこと．
③ 作業現場で，計算しなくても寸法が求められるようにすること．
④ 寸法の記入法が，製作工程上に便利であるようにすること．
⑤ 図面を，不鮮明にするような記入をしないこと．
⑥ 記入方法は，とくに指示のない限り，完成品の仕上がり寸法を用いること．

5·2 | 寸法と角度について

寸法の単位は，わが国ではメートル法を基準としているから，図面にもメートル法を用いて記入する．

メートル法の単位で表す図面には，その寸法の基準単位をミリメートルとするが，ミリメートルを示す文字 mm は記入しないでよいことになっている．たとえば，0.5 mm，12 mm，150 mm などは 0.5，12，150 と記入する．なお，大きい寸法を示す場合，一般には 3 けたごとにコンマで区別する場合があるが，図面上ではコンマを小数点と見誤るおそれがあるので，数字のけた数が多い場合でもコンマは打たないこととしている．

とくに必要があれば，たとえば，11540 ミリの寸法を示す場合は，11 m 540 のように，メートルの単位を示す m の文字を記入するのがよい．

また，ミリメートル以下の数字を示すには，その小数点は，下の点とする．なお，この場合，小数点は数字間を適切にあけて，その中間に大きめに打つのがよい．

〔**例**〕 25·4（不良）　　25.4（良）

なお，従来用いられていた μ（ミクロン，1000 分の 1 mm）は，国際単位系（SI）の採用にともない，μm（マイクロメートル）と名称が改められた．

角度の単位としては，ふつう度で表し，必要に応じて分，秒を併用する．図面上では，度は「°」，分は「′」，秒は「″」の記号で表す．たとえば，90 度は 90°，14 度 32 分は 14°32′，15 度 30 分 10 秒は 15°30′10″のようにして書き表す．

また，角度の寸法数値をラジアンの単位で記入する場合には，その単位記号 rad を記入する．

〔例〕 0.52 rad，2 π rad

5・3　寸法線の記入法

1.　寸法線，寸法補助線

品物の寸法は，図 5・1(a)に示すように，細い実線による寸法線および寸法補助線を用いて記入するのが原則である．

ただし，寸法補助線を引き出すと，図がまぎらわしくなるような場合には，同図(b)のように，図中に寸法線を直接引いてもよい．

寸法線は，指示する長さまたは角度を測定する方向に平行に，かつ図形から適宜に離して引く（図 5・2）．また，寸法補助線は，指示する寸法の端から寸法線に直角に引き，寸法線をわずかに越す（2 〜 3 mm くらい）まで延長する．また，図形を浮き上がって見せるために，寸法補助線を図形からわずかに離して引き出すこともよく行われる．

上記のほか，寸法線に，中心線，外形

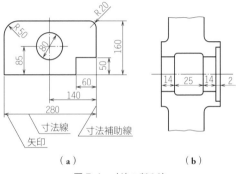

図 5・1　寸法の記入法

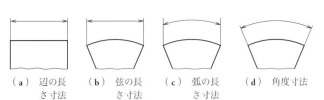

図 5・2　辺，弦，弧の長さおよび角度寸法の例

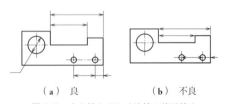

図 5・3　中心線などと寸法線の兼用禁止

線，基準線およびそれらの延長線を兼用することは決してしてはならない（図5·3）．

図5·4は，角度寸法を記入する例を示したものである．角度寸法を記入する寸法線は，角度を構成する2辺またはその延長線（寸法補助線）の交点を中心として，両辺またはその延長線の間に描いた円弧で表す．

2. 矢印（端末記号）

寸法と角度を記入する寸法線の先端につける矢印は，その矢の先によって，寸法および角度の限界を明示するものであるから，まぎらわしいようなものであってはならない．

矢印は，図5·5に示すように，端が開いたもの，あるいは塗りつぶしたもののいずれでもよく，また角度は15°〜90°ならどんな角度でもよいが，同じ図面，または一連の図面では，なるべく形および大きさを統一して用いることになっている．また簡便のために，矢印の代わりに図5·6に示す斜線あるいは黒丸を用いてもよい．これらの矢印，斜線および黒丸を総称して**端末記号**という．

また，後述する累進寸法記入の際に用いる起点を示す**起点記号**には，図5·7のような白抜きの小さい円を用い，上記の黒丸よりはやや大きく描くことになっている．

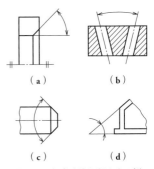

図5·4 角度寸法を記入する例

図5·5 矢印

図5·6 斜線および黒丸

図5·7 起点記号

3. 引出線と参照線

せまい箇所の寸法で，そのままでは記入しにくいときは，図5·8(a)に示すように，引出線を用いて記入すればよい．このとき寸法数値は，引出線を寸法線から斜め方向に引き出し，その端を水平に折り曲げて（参照線という），その上側に記入するが，斜めに引き出した線の端に直接記入してもよい．この場合には，引き出した側には矢印をつけない．

なお，引出線は，このような目的のほか，加工方法，注記，照合番号などを記入するためにも用いられるが，この場合に

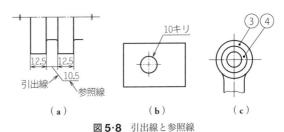

図5·8 引出線と参照線

は，同図（b）および（c）に示すように，引出線が形状を表す線から引き出される場合には矢印を，形状を表す線の内側から引き出される場合には黒丸をつけることになっているから注意しなければならない．また，引出線の傾き角度は任意でよいが，あまり立ち過ぎたり寝過ぎたりしないのがよい（後述 5·6 節 1 項 参照）．

5·4 寸法数値の記入法

寸法線に寸法を示す数値を記入するには，一般には図 5·9（a），（b）に示すように，寸法線を中断せず，そのほぼ中央の上側に，わずかに離して記入する方法が行われている．また，寸法数値を記載するスペースが確保できない場合に限り，寸法線を中断し，中断した部分に寸法数値を記入する．このとき中断する部分は，一般に寸法線のほぼ中央とする．寸法線を中断する記入例〔同図（c）〕と，中断しない記入例〔同図（d）〕とは，一つの図面内では混用しないほうがよい．

なお，寸法数値の向きは，水平方向の寸法線に対しては上向きに，垂直方向の寸法線に対しては左向きに書くようになっている．斜め方向の寸法線に対しても，これに準じればよい（図 5·10）．

角度の寸法数値の場合でも，図 5·11（a）のように上記に準ずるが，同図（b）のように，すべて上向きに記入してもよい．

垂直線から反時計回りに左下に向かい約 30°以下の角度をなす方向に引かれる斜めの寸法線では，まぎらわしくなるおそれがあるので，なるべく記入を避ける

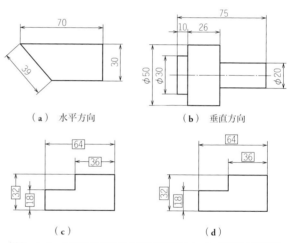

〔注〕（c），（d）は幾何公差の指示を前提として，**理論的に正確な寸法**（p.100 参照）を指示した場合の例．

図 5·9 寸法数値の記入法

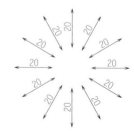

図 5·10 斜め方向の寸法線の長さを表す数値の向き

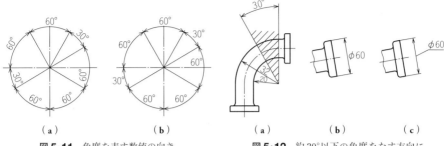

図 5・11 角度を表す数値の向き　　図 5・12 約 30°以下の角度をなす方向において寸法線の記入を避ける例

か，あるいは上向きに記入するのがよい（図 5・12）．

5・5 寸法補助記号

製図上では，寸法数値とともに種々な記号を併記して，図形の理解をはかるとともに，図面あるいは説明の省略をはかっている．このような記号を**寸法補助記号**といい，表 5・1 に示すものが規定されている．

1. 直径の記号 φ

丸いものの直径は，φ（まる，またはふぁいと読む）の記号を，寸法数値の前に同じ大きさで記入して示す（図 5・13）．ただし，図が丸く示されていて，ただちに直径であると理解できる場合は，この φ の記号は記入しない．

円形の一部を欠いた図形で寸法線の端末記号が片側の場合は，半径の寸法と誤解しないように，直径の寸法数値の前に φ を記入する〔同図（ c ）の φ25〕．

2. 正方形の記号 □

正方形は，□（かくと読む）の記号で表す．この記号は，図 5・14（ a ）のように，対象とする部分の断面が正方形であ

表 5・1　寸法補助記号の種類

記号	意　味	呼び方
φ	180°をこえる円弧の直径または円の直径	"まる"または"ふぁい"
Sφ	180°をこえる球の円弧の直径または球の直径	"えすまる"または"えすふぁい"
□	正方形の辺	"かく"
R	半径	"あーる"
CR	コントロール半径	"しーあーる"
SR	球半径	"えすあーる"
⌒	円弧の長さ	"えんこ"
C	45°の面取り	"しー"
⌳	円すい(台)状の面取り	"えんすい"
t	厚さ	"てぃー"
⌴	ざぐり[*1] 深ざぐり	"ざぐり" "ふかざぐり"
⌵	皿ざぐり	"さらざぐり"
▽	穴深さ	"あなふかさ"

〔注〕　[*1]　ざぐりは，黒皮（**p.179** 参照）を少し削り取るものも含む．

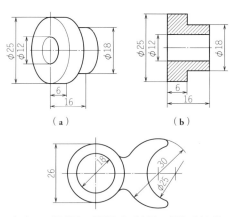

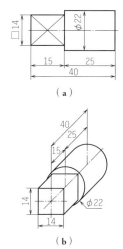

図 5·13 直径の記号 φ

図 5·14 正方形の記号 □

るときには，その辺の長さを表す寸法数値の前に □ 記号を記入する．ただし，図が正方形に描かれた場合には，同図(b)に示すように両辺の寸法を記入する．

3. 半径の記号 R

半径を示すときには，Rの記号（radius の頭文字）を用いて示す（図 5·15）．ただし，半径を示す寸法線が，その円弧の中心まで引かれている場合には，この記号は省略し

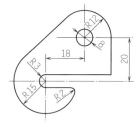

図 5·15 半径の記号 R

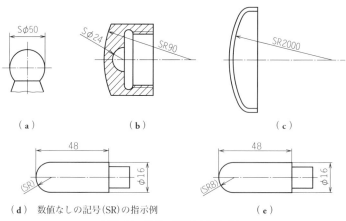

(d) 数値なしの記号(SR)の指示例

図 5·16 球面の記号 Sφ および SR

てもよい．

なお，円弧の半径を示す寸法線には，図 5・15 に示すように，円弧の側にだけ矢をつけ，中心の端にはつけない．

4. 球面の記号 S∅ および SR

球面であることを表すには，S∅（えすまる，またはえすふぁいと読む）あるいは SR（えすあーると読む）の記号（S は sphere の頭文字）を用い，図 5・16 のように示す．ただし，この場合は，これらの記号を省略しないほうがよい．

球の半径の寸法がほかの寸法から導かれる場合には，半径を示す寸法線と数値なしの記号（SR）とを指示する〔同図(c)〕．

5. コントロール半径 CR

直線部と半径曲線部との接続部がなめらかにつながり，最大許容半径と最小許容半径との間（二つの曲面に接する公差域）に半径が存在するように規制する半径（図 5・17）をコントロール半径 CR（しーあーると読む）として指示する．角（かど）の丸み，隅の丸みなどにコントロール半径を要求する場合には，半径数値の前に記号 "CR" を指示する（図 5・18）．なお，CR は control radius の略号である．

6. 面取りの記号 C

品物の角は，あまり鋭利であると傷つきやすいので，ある角度で角を落とすことが多い．これを面取りという．

JIS では，面取りの角度が 45°である場合は，図 5・19(a)に示すように，面取りの寸法×45°として記入するか，あるいは，同図(b)のように，面取りの記号 C（chamfer の頭文字）を用いて示せばよいこととしている．

ただし，45°以外の面取りの場合では，同図(c)に示すように，通常の方法によって示さなければならないこと

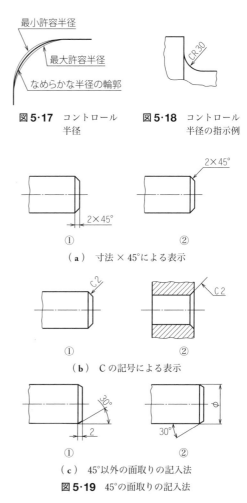

図 5・17　コントロール半径

図 5・18　コントロール半径の指示例

(a)　寸法×45°による表示

(b)　C の記号による表示

(c)　45°以外の面取りの記入法

図 5・19　45°の面取りの記入法

になっている．

表5・2は，JISに定められた削り加工における面取りCおよび丸みRの値を示したものである．

7. 円すい（台）状の面取り記号 ⌒

円筒部品の端部を面取りして円すい台状の形状をつくる場合は記号"⌒"を寸法数値の前に，寸法数値の後には"×"に続けて円すいの頂角を指示する（図5・20）．

8. 板の厚さの記号 t

板の厚さを図示しないで示すには，thicknessの頭文字tを用いて，図中もしくはその図の付近に記入して示す（図5・21）．

表5・2 削り加工における面取りCおよび丸みRの値（JIS B 0701）　　（単位mm）

角の面取り	隅の面取り	角の丸み	隅の丸み
0.1	0.5	2.5(2.4)	12
—	0.6	3 (3.2)	16
—	0.8	4	20
0.2	1.0	5	25
—	1.2	6	32
0.3	1.6	8	40
0.4	2.0	10	50

〔備考〕 かっこ内の数値は，切削工具チップを用いて，隅の丸みを加工する場合にだけ使用してもよい．

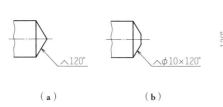

(a)　　　(b)　　　(c)

図5・20　円すいの記号 ⌒ と指示例

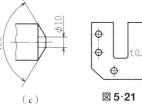

図5・21　板厚の記号 t

5・6　細部への寸法記入法

1. 狭小な部分への寸法記入法

狭小な部分へ寸法を記入する場合は，図5・22(a)のように，引出線を寸法線から斜め方向に引出し，その端を水平に折り曲げて（参照線）寸法数値を記入すればよい．この場合，引出線の引き出す側の端には何も付けない．また，同図(b)のように，寸法線を延長して，その上側に記入してもよい．なお，寸法補助線

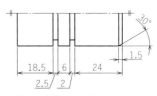

(a)　引出線と参照線を用いた場合

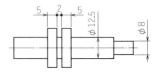

(b)　寸法線を延長した場合

図5・22　狭小部に寸法を記入する場合

の間隔が狭くて矢印を記入する余地がない場合には，矢印の代わりに斜線〔同図(a)〕，または黒丸〔同図(b)〕を用いてもよい．

また，狭小な部分が連続するような場合には，図5・23に示すように，その部分を円などの細い実線で囲み，適当な文字で表示しておいて，その部分を別の箇所に拡大して描き，表示の文字および尺度を付記すればよい．このような図示法を**部分拡大図**という．

図5・23 部分拡大図

2. 円弧の寸法記入法

(1) 円弧の半径 図5・24は，円弧の半径を記入する方法を示したものである．ふつうは，同図(a)のように記入するが，小円弧の場合には，同図(b)に示した方法のいずれかによって記入すればよい．

また，円弧の中心が遠く，半径を示す寸法線があまり長くなるときは，同図(d)に示すように，寸法線を中間で折り曲げ，その中心を円弧の付近において示せばよい．

なお，とくに中心を示す必要がある場合には，同図(c)，(d)のように，その中心に黒丸または十字を記入する．

同一中心をもつ半径は，長さ寸法と同様に，累進寸法記入法を用いて指示できる（図5・25）．

円弧の部分の寸法は，原則として，円弧が180°までの場合は半径で〔図5・26(a)〕，それ以上の場合には直径で〔同図(b)〕示すのがよい．ただし，とくに必要なもの，または対称図形の片側半分を省略した図面などでは，図示された円弧が180°以内でも，直径の寸法を記入しなければならない（図5・27）．この場合，直径

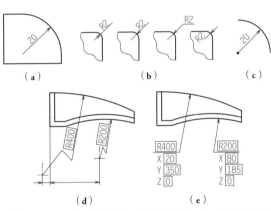

〔注〕 (d)，(e)は幾何公差の指示を前提として，**理論的に正確な寸法**（p.100参照）を指示した場合の例．

図5・24 円弧の寸法記入法

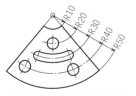

図5・25 累進寸法記入法を半径に指示する例

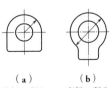

(a)　　　　(b)
半径で記入　直径で記入
図5・26 円弧部分の寸法

を示す寸法線は，中心を越えて適切にのばしておく．

以上のほか，角度をもつ部分などで，実形を示していない投影図形に実際の半径を指示する場合には，図5・28のように寸法数値の前に"実R"の文字記号を記入しておけばよい．

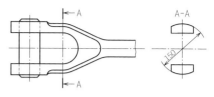

図5・27 直径の寸法を記入する

また展開した状態の半径を指示する場合には，図5・29のように寸法数値の前に"展開R"の文字記号を記入する．

半径の寸法がほかの寸法から導かれる場合には，半径を示す寸法線と数値なしの記号（R）または半径を示す寸法線と数値ありの半径記号（R8）を参考寸法として指示する（図5・30）．

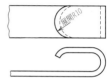

〔注〕"実R30"は"TRUE R30"としてもよい．

図5・28 実Rの指示例

〔注〕"展開R10"は"DEVELOPED R10"としてもよい．

図5・29 展開Rの指示例

（2）**弦の長さ** 弦の長さを示すには，図5・31のように，弦と平行な寸法線を引いて示せばよい．

（3）**円弧の長さ** 円弧の長さを示すには，図5・32のように，その寸法線は円弧と同心の円弧として示す．なお，円弧であることを明確にするために，寸法数値の前に⌒の記号を記入する．

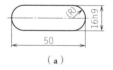

図5・30 半径であることの指示例

図5・31 弦の長さの寸法記入法

図5・32 円弧の長さの寸法記入法

二つ以上ある同心円弧のうち，一つの円弧の長さを明示する必要がある場合には，図5・33に示すように，円弧の寸法数値に対し，引出線を引き，引き出された円弧の側に矢印を付ける．

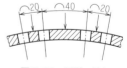

図5・33 円弧の長さ

3. 曲線の寸法記入法

図5・34(a)のように，円弧で構成される曲線では，これらの円弧の半径とその中心，または円弧の接線の位置で表せばよい．また，同図(b)のように，円弧によらない曲線で

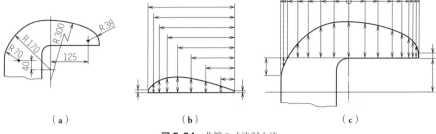

図 5·34 曲線の寸法記入法

表 5·3 加工方法の簡略表示

加工方法	簡略表示	簡略表示 (加工方法記号)*
鋳 放 し	イ ヌ キ	—
プレス抜き	打 ヌ キ	PPB
きりもみ	キ リ	D
リーマ仕上げ	リ ー マ	DR

〔注〕 * JIS B 0122 による記号.

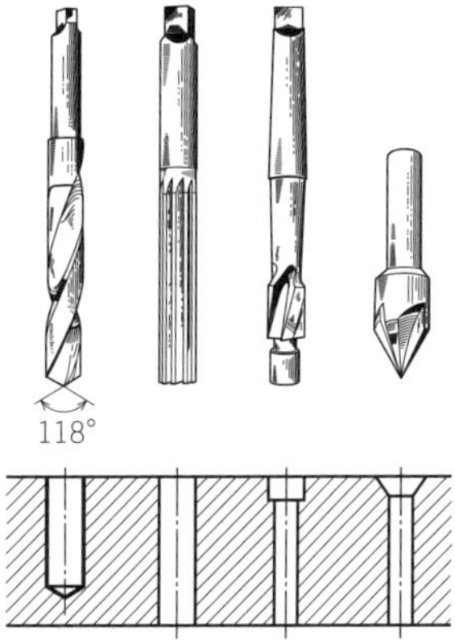

は，その曲線部分をいくつかの間隔に区分し，その基準となる一端から，それぞれの区分点までの距離およびその寸法を座標的に表す．なお，同図（c）は，後述する累進寸法記入法によって表した例である（p.74 参照）．

4. 穴の寸法記入法

穴には，図 5·35 のように，いろいろな加工方法があるので，その寸法記入に際しては，寸法だけでなく，なるべく加工方法その他の事項を併記しておくのがよい．表 5·3 に示す加工方法については，この簡略表示によることができる．

図 5·35 穴あけ

（1） 穴の深さの指示 穴の深さを指示するときは，穴の直径を示す寸法の次に，穴の深さを示す記号 "▽" に続けて深さの数値を記入する（図 5·36）．ただし，貫通穴のときは，穴の深さを記入しない（図 5·37）．

なお，穴の深さとは，ドリルの先端で創生される円すい部分，リーマの先端の面取り部で創生される部分などを含まない円筒部の

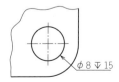

図 5·36 穴の深さの指示例

図 5·37 貫通穴の指示例

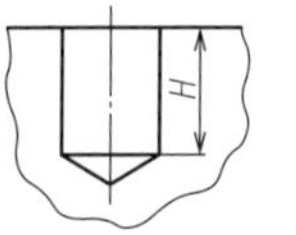

図 5·38 穴の深さの指示例

深さ（図 5·38 の H）をいう．

また，傾斜した穴の深さは，穴の中心軸線上の長さ寸法で表す（図 5·39）．

（2）きり穴　図 5·40 は，きり（ドリル）を用いてあけるきり穴を示したものである．図のように，一

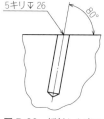

図 5·39　傾斜した穴の深さの指示例

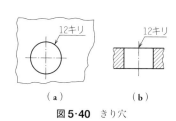

図 5·40　きり穴

般に小径の穴の寸法を表示するためには，寸法引出線を用いて，寸法数値のあとに加工法を示す"キリ"という文字を付記する．この場合，穴が丸く現れる図では，同図(a)のように，穴の外周から引出線を出すが，丸く現れない場合には，同図(b)のように，穴の中心線と外形線との交点から引出線を出すことになっている．

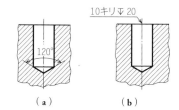

図 5·41　貫通しない穴

また，図 5·41 は貫通していないきり穴を図示したもので，きりの先端が一般に 118° になっているところから，穴の底の角度を近似的に 120° で図示する．この場合は，同図(b)のように，穴あけ深さ(底の円すい部分を含まない)を同時に示しておかなければならない．

（3）ざぐり，深ざぐり，皿ざぐり　鋳物などにあける穴では，ボルトやナットなどのすわりをよくするために，穴の周囲を浅く円形にさらっておくことがある．これを"ざぐり"という．

また，これらのボルトやナットの頭を表面から沈めたい場合には，さらに深くざぐりを行う．これを深ざぐりという．

なお，ボルトの頭が皿頭であるときは，それに合せた円すい状のざぐりを行う．これを皿ざぐりという．

これらのざぐり部分の寸法を記入するには，表 5·1 に示す寸法補助記号を使用し，図 5·42 に示すように，ざぐりを付ける穴の直径を示す寸法の前に，ざぐりを示す記号"⊔"に続けてざぐりの数値を記入すればよい．また貫通穴でないときには，同表の穴深さ記号▽を使用し，続けてざぐり

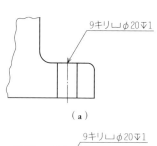

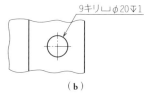

図 5·42　ざぐりの指示例

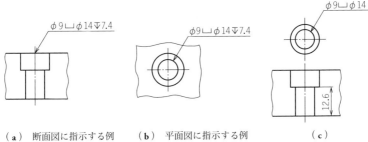

(a) 断面図に指示する例　　(b) 平面図に指示する例　　(c)

図 5・43　ざぐり穴および深ざぐり穴の指示例

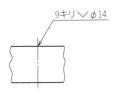 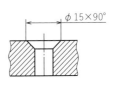

(a) 皿ざぐりの　　　　(b) 皿ざぐりの開き角および　　(c) 皿ざぐりの簡略
　　指示例　　　　　　　　皿穴の深さの指示例　　　　　　指示方法の例

図 5・44　皿ざぐりの穴の表し方

の数値を記入しておけばよい（図 5・43）.

皿ざぐりの場合も同様に，皿ざぐりを示す記号 "∨" に続けて，皿ざぐりの穴の直径を記入しておけばよい（図 5・44）.

同図（c）は皿ざぐりの記号を用いない簡略指示法を示したものである．皿ざぐり穴が表れている図形に対して，皿ざぐり穴の入口の直径および皿ざぐり穴の開き角を寸法線の上側またはその延長線上に，"×"をはさんで記入しておけばよい．

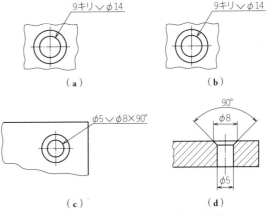

図 5・45　円形形状に指示する皿穴の指示例

また図 5・45 に円形形状に指示する皿穴の指示例を示す．

（4）**長円の穴**　長円の穴は，穴の機能または加工方法によって，次のような記入法がある（図 5・46）.

① **長円の穴の長さおよび幅で示す場合** この場合は穴の両端の形状は円弧であることを示すために，単に（R）として指示する．

② **平行2平面の形状の長さおよび幅で示す場合** この場合も同様に両端は（R）と指示する．

③ **工具の回転軸線の移動距離および工具径で示す場合** この場合の工具径の指示は1か所でよい．

（5）**リーマ穴** 正確な穴は，きりで下穴をあけたのち，リーマ〔図5・35（b）〕でこの穴をさらって仕上げる．これをリーマ穴といい，このリーマ穴に挿入されるボルトは，軸部の精度が高いものが使用されるため，とくにリーマボルトと呼ばれている．リーマ穴の表示は，きり穴の場合と同じく，図5・47のように行えばよい．

（6）**旋削穴** 一般に径の大きい穴は，旋盤や中ぐり盤により，バイトを用いて切削して仕上げるが，これらの穴の場合はとくに加工法を記入しなくてもよく，一般の寸法記入と同様にすればよい．

（7）**鋳ぬき穴，打ぬき穴** 鋳物をつくるとき，中子（なかご）を用いて鋳ぬいてしまう穴を鋳ぬき穴という．また，プレスで打ちぬいてあけられる穴を打ぬき穴という．これらの穴を示すには，図5・48，図5・49のようにすればよい．

なお，以上の穴のうち，ボルト穴については，JISで表5・4のようにその寸法を定めている．

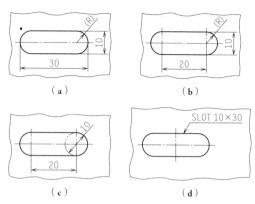

〔注〕（d）の解釈は（a）と同じ．"SLOT"は"長円の穴"と指示してもよい．

図5・46 長円の穴の指示例

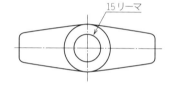

図5・47 リーマ穴

図5・48 鋳ぬき穴　　**図5・49** 打ぬき穴

5. キー溝および止め輪溝の寸法記入法

（1）**軸のキー溝の寸法記入** 軸のキー溝は，一般にエンドミルなどの工具によって削り出されるが，この場合の寸法は，図5・50（a），（b）に示すように，キー溝の幅，深さ，長さ，位置およびその端部を示す寸法によって示せばよい．

またフライスによって切込みをそのまま切り上げる場合は，同図（c）のように出発点と

表5·4 ボルト穴径およびざぐり径（JIS B 1001 抜粋）　　　　　（単位 mm）

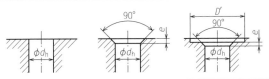

ねじの呼び径	ボルト穴径 d_h 1級	2級	3級	4級(1)	面取り e	ざぐり径 D'	ねじの呼び径	ボルト穴径 d_h 1級	2級	3級	4級(1)	面取り e	ざぐり径 D'
1	1.1	1.2	1.3	—	0.2	3	16	17	17.5	18.5	20	1.1	35
1.2	1.3	1.4	1.5	—	0.2	4	18	19	20	21	22	1.1	39
1.4	1.5	1.6	1.8	—	0.2	4	20	21	22	24	25	1.2	43
1.6	1.7	1.8	2	—	0.2	5	22	23	24	26	27	1.2	46
※ 1.7	1.8	2	2.1	—	0.2	5	24	25	26	28	29	1.2	50
1.8	2	2.1	2.2	—	0.2	5	27	28	30	32	33	1.7	55
2	2.2	2.4	2.6	—	0.3	7	30	31	33	35	36	1.7	62
2.2	2.4	2.6	2.8	—	0.3	8	33	34	36	38	40	1.7	66
※ 2.3	2.5	2.7	2.9	—	0.3	8	36	37	39	42	43	1.7	72
2.5	2.7	2.9	3.1	—	0.3	8	39	40	42	45	46	1.7	76
※ 2.6	2.8	3	3.2	—	0.3	8	42	43	45	48	—	1.8	82
3	3.2	3.4	3.6	—	0.3	9	45	46	48	52	—	1.8	87
3.5	3.7	3.9	4.2	—	0.3	10	48	50	52	56	—	2.3	93
4	4.3	4.5	4.8	5.5	0.4	11	52	54	56	62	—	2.3	100
4.5	4.8	5	5.3	6	0.4	13	56	58	62	66	—	3.5	110
5	5.3	5.5	5.8	6.5	0.4	13	60	62	66	70	—	3.5	115
6	6.4	6.6	7	7.8	0.4	15	64	66	70	74	—	3.5	122
7	7.4	7.6	8	—	0.4	18	68	70	74	78	—	3.5	127
8	8.4	9	10	10	0.6	20	72	74	78	82	—	3.5	133
10	10.5	11	12	13	0.6	24	76	78	82	86	—	3.5	143
12	13	13.5	14.5	15	1.1	28	80	82	86	91	—	3.5	148
14	15	15.5	16.5	17	1.1	32	（参考）d_h の許容差(2)	H 12	H 13	H 14	—	—	—

〔注〕　(1) 4級は，主として鋳抜き穴に適用する．
　　　(2) 寸法許容差の記号に対する数値は，JIS B 0401（寸法公差およびはめあい）による．

〔備考〕　1. この表で数値にあみかけ（▨）をした部分は，ISO 273 に規定されていないものである．
　　　　2. このねじの呼び径に ※ 印をつけたものは，ISO 261 に規定されていないものである．
　　　　3. 穴の面取りは，必要に応じて行い，その角度は原則として 90°とする．
　　　　4. あるねじの呼び径に対して，この表のざぐり径よりも小さいものまたは大きいものを必要とする場合は，なるべくこの表のざぐり径系列から数値を選ぶのがよい．
　　　　5. ざぐり面は，穴の中心線に対し直角となるようにし，ざぐりの深さは，一般に黒皮がとれる程度とする．

なるその端部から工具の中心までの距離と工具の直径を指示すればよい．

　これらの場合，キー溝の深さは，キー溝と反対側の軸径面からキー溝の底までの寸法で表す．ただし，必要がある場合には，キー溝の中心面から，キー溝の底までの寸法（切込み深さ）で表してもよい（図 5·51）．

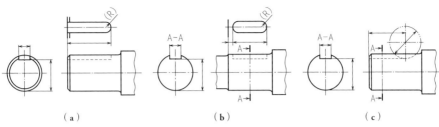

図 5・50　キー溝の寸法の指示例

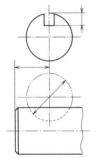

図 5・51　切込み深さの指示例

（a）穴のキー溝の　　（b）キー溝の深　　（c）こう配キー
　　寸法指示例　　　　　さの指示例　　　　　寸法指示例
　　　　　　　　　　　　（旧指示）

図 5・52　キー溝の表し方

（2） 穴のキー溝の寸法記入　穴のキー溝の場合には，キー溝の幅および深さを示す寸法を記入すればよい〔図 5・52（a）〕．

　この場合，一般にキー溝の深さは，キー溝と反対側の穴径面からキー溝の底までの寸法で示しているが，とくに必要があれば，同図（b）のように，キー溝の中心面における穴径面からキー溝の底までの寸法（切込み深さ）で表してもよい（旧規格の指示であるが参考として掲載）．

　こう配キー用のボスのキー溝の深さは，同図（c）のように，キー溝の深い側で示す．

　なお図 5・53 のように，キー溝が断面に表れている場合のボスの内径寸法では，キー溝でないほうの面から片矢の端末記号で指示し，キー溝側には矢を記入してはならない．

（3） 円すい穴のキー溝の表し方　円すい穴のキー溝は，キー溝に直角な断面における寸法を指示する（図 5・54）．

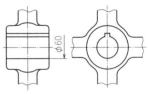

図 5・53　内径に凹または凸がある場合の例

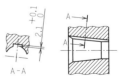

図 5・54　円すい穴のキー溝の指示例

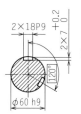

図5·55 複数のキー溝の寸法指示例

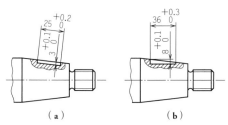

図5·56 テーパ軸のキー溝の指示例

（4）**複数のキー溝の表し方**　一つの軸に複数のキー溝を設ける場合は，図5·55に示すように，一つのキー溝の寸法を指示し，別のキー溝とその個数を指示すればよい．

（5）**テーパ軸のキー溝の表し方**　テーパ軸のキー溝は，テーパ面に平行に設ける場合と，中心軸に平行に設ける場合とがあり，それぞれ図5·56(a)，(b)のように各部の寸法を指示すればよい．

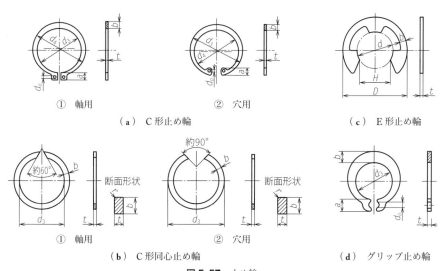

図5·57 止め輪

（6）**止め輪溝の表し方**　止め輪とは，図5·57に示すような，はめあわされた軸と回転体とが，抜け出さないように設けられる機械部品であって，軸用と穴用とがあり，これを指示するには，図5·58，図5·59に示すように，それぞれの溝幅および溝底の直径を示しておけばよい．

図5·58 止め輪溝の寸法指示例

6. こう配とテーパの記入法

（1）こう配とテーパの記入法　図5・60（a）は，四辺形の一辺が傾斜した図形であるが，このように片側だけ傾斜している場合，その傾斜のことをこう配という．これに対して，図5・61（a）のように，上下対称に傾斜している場合をテーパという．図5・60（b），（c）は，こう配部分の記入法を示したものであって，図のように，こう配部分から引出線を引き出し，参照線の上〔同図（b）〕か，わずかに離して〔同図（c）〕，こう配の方向を示す図記号とその値を記入する．

またテーパは，図5・61（b），（c）に示すように，同様にテーパ部から引出線を引き出し，テーパの向きを示す図記号を，参照線にまたがって記入する〔同図（b）〕か，参照線の上にわずかに離して記入する〔同図（c）〕．そのあとにテーパ比を記入すればよい．

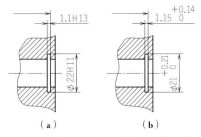

図5・59　穴に対する止め輪溝の寸法指示例

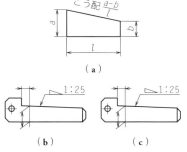

図5・60　こう配とその記入法

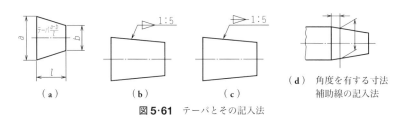

図5・61　テーパとその記入法

テーパ部分の寸法などで，寸法を指示する点または線をとくに明確にする必要がある場合などでは，図5・61（d）に示すように，寸法線に対して適当な角度（一般には60°）をもつ，互いに平行な寸法補助線を用いて示せばよいことになっている．

なお，図から明らかであって，こう配やテーパの向きを指示する必要がない場合は，図5・62のように，図記号を省略してもよい．ただしテーパの値は，軸と穴がそのテーパ面で正確にはまり合う場合以外は記入してはならない．

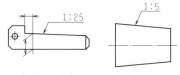

図5・62　こう配またはテーパの向きを指示する必要がない場合

なお，図 5·60(b) および図 5·61(c) のこう配あるいはテーパのある場合の寸法は，これらが打込まれる相手側の表面に当たる寸法を示している．

(2) テーパ方式の記入法 図面上に，テーパ方式を指定する場合には，その名称と番号を図 5·63 のように記入すればよい．なお，製作図には，作業上の便宜をはかり，テーパ値（例"1：19.922"）によって指示してもよい．

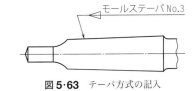

図 5·63 テーパ方式の記入

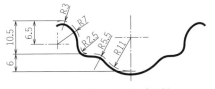

（a）板の外側の寸法で表す例

（b）"int"の指示例

図 5·64 薄肉部の表し方

7. 薄肉部の表し方

薄肉部は，各部寸法は異なっていても，肉厚は一定であるので，図 5·64(a) のように，断面を極太線で示した図形に沿って，板の内側または板の外側の寸法を示す短い細い実線を描き，これに寸法線の端末記号を当てて表す場合と，同図(b)のように，内側を示す寸法数値の前に"int"の文字を付記して示す場合とがある．

また製缶品などの場合には，品物の寸法が徐々に増加または減少させて，ある寸法に至る

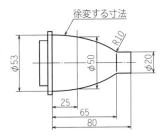

〔注〕"徐変する寸法"は"GRADUALLY-CHANGED DIMENSION"としてもよい．

図 5·65 徐変する寸法の例

よう加工する場合がある．これを"徐変する寸法"という．この場合には，図 5·65 のように，その部分から引出線を引出し，参照線の上に"徐変する寸法"と指示しておけばよい．

5·7 寸法記入の簡便法

1. 図形が対称の場合

中心線によって対称形となる図形は，その一方だけを描くことが多いが，このようなときは，図 5·66 のように，寸法線をその中心よりも少しのばして引き，その端には矢印

をつけない．なお，上述のような対称図形で直径寸法を数多く入れるような場合は，同図中の外側の寸法のように，寸法線をいっそう短縮して数段に分けて記入してもよい．

2. 図形は対象物と比例関係を保つ

図形の大きさと対象物の大きさとの間には，正しい比例関係を保つように描く．ただし，読み誤るおそれがないと考えられる図面（図の一部または全部）については，この限りではない．

3. 非比例寸法の場合

図面中には，いろいろな理由から，図形がその寸法数値に比例しない場合，図 5·67 のように，寸法数値と図形が比例しないことを明記するために，その寸法数値の下に太い実線を引く．ただし，見誤るおそれのないときや，一部を切断省略した場合など，とくに寸法の一致しないことを明示する必要のない場合は，この線は引かなくてよい．

4. 同種の穴が同一間隔で連続する場合

ボルト穴，小ねじ穴，リベット穴などが，多数同一間隔で，一線上に連続配置される場合には，図 5·68 のようにその総数を示す数字の次に×をはさんで穴の寸法を記入する．

この場合，間隔数，間隔およびそれらの乗数〔図の 12 × 90（= 1080）のように〕を記入することを忘れてはならない．この便法は，穴に限らず，同一間隔で，連続する同一形状のものなら何でも使用できる．なお，同図の（= 1080）および（1170）は，全体の寸法を参考までにかっこに入れて示したものである．

5. 鋼材などの寸法

形鋼，鋼管，棒鋼，平鋼などの鋼材の寸法は，表 5·5 に示す表示方法を用い，図 5·69 図のように，それぞれの図形に沿って記入すればよい．この場合，長さの寸法 L は，必要がなければ省略してよい．なお，2 枚合わせの場合には，同

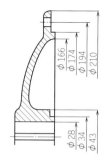

図 5·66 対称図形の寸法記入

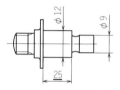

図 5·67 非比例寸法の例

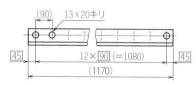

〔注〕 幾何公差の指示を前提として，**理論的に正確な寸法**（p.100 参照）を指示した場合の例．

図 5·68 連続する穴の寸法記入

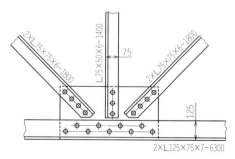

図 5·69 鋼材の寸法記入

表 5·5　形鋼の表示方法（L は長さを表す）

種類	断面形状	表示方法	種類	断面形状	表示方法	種類	断面形状	表示方法
等辺山形鋼		$\llcorner A \times B \times t\text{-}L$	T形鋼		$\top B \times H \times t_1 \times t_2\text{-}L$	ハット形鋼		$\sqcap H \times A \times B \times t\text{-}L$
不等辺山形鋼		$\llcorner A \times B \times t\text{-}L$	H形鋼		$\text{H} H \times A \times t_1 \times t_2\text{-}L$	丸鋼（普通）		$\phi A\text{-}L$
厚不等辺山形鋼		$\llcorner A \times B \times t_1 \times t_2\text{-}L$	軽溝形鋼		$\lbrack H \times A \times B \times t\text{-}L$	鋼管		$\phi A \times t\text{-}L$
I形鋼		$\text{I} H \times B \times t\text{-}L$	軽Z形鋼		$\text{l} H \times A \times B \times t\text{-}L$	角鋼管		$\square A \times B \times t\text{-}L$
溝形鋼		$\lbrack H \times B \times t_1 \times t_2\text{-}L$	溝リップ形鋼		$\lbrack H \times A \times C \times t\text{-}L$	角鋼		$\square A\text{-}L$
球平形鋼		$\text{J} A \times t\text{-}L$	Zリップ形鋼		$\text{l} H \times A \times C \times t\text{-}L$	平鋼		$\square B \times A\text{-}L$

図に示すように，断面形状を表す記号の前に "2×" の文字を記入しておけばよい．また，不等辺山形鋼の場合には，どの辺が図示されているかを明らかにするために，図に辺の長さを記入しておくことが必要である．

鋼構造物などの構造線図において，格点間（格点とは部材の重心線の交点をいう）の寸法を表す場合には，図 5·70 に示すように，その寸法を部材を示す線に沿って直接記入すればよい．

6. 文字記号または説明文字による寸法表示

同形で大きさの異なる品物を図示する場合は，図 5·71 のように

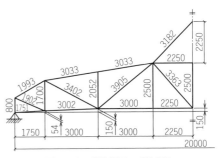

図 5·70　構造線図の寸法記入

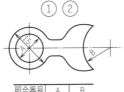

図 5·71　文字記号による寸法記入

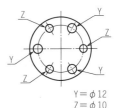

図 5·72　文字記号による直径記入

1個の図形に文字記号を入れ，かつそれぞれの寸法を示す数値を，図形の付近に表示すればよい．また，図 5・72 は，文字記号による穴の直径表示例を示したものである．

なお，図面中に説明を要する箇所があるときは，横書きで，かつ，なるべく分かち書きとして記入するのがよい．この場合，説明の箇所と説明文字が離れているときは，説明文字から説明箇所まで斜めの方向に引出線を引く．

5・8　寸法記入上の注意

以上のほか，図面上に寸法を記入する場合には，次の事項に注意し，記入漏れやむだな記入をしないよう，記入箇所の選択および寸法線の配列は有効適切に行わなければならない．

なお，寸法には，図 5・73 に示すように，その品物の機能に直接関係する**機能寸法**（functional dimension）と，工作上その他の便利のために記入される**非機能寸法**（non-functional dimension）とがあり，さらに

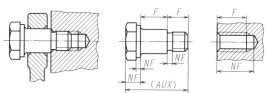

図 5・73　機能寸法（F），非機能寸法（NF）および参考寸法（AUX）

参考または補助的に記入される**参考寸法**（auxiliary dimension）に大別することができる．この区別は，あとで述べる寸法許容差指定のときに重要な意味をもつことになるので，寸法記入に際してはとくに注意しなければならない．

1. 寸法記入箇所の選択

（1）寸法は正面図（主投影図）になるべく集中させて記入する　図面は，正面図が最も代表的なものであるから，寸法記入に際しても，できるだけ正面図に集中して記入し，正面図に表せないものだけ，ほかの投影図に記入する．この場合，正面図とほかの投影図との対照を便利にするために，これらの間の互いに相関連している寸法は，その関連している図が描かれているほうへ寸法線を引き出して記入するのがよい．

（2）寸法は重複記入を避ける　正面図，平面図またはその他の図面に同じ寸法を記入することは，図面が複雑になるばかりであるから，できるだけ避けることが必要である．ただし，相関連する図で，図の理解を容易にするため必要な場合には，ある程度重複記入してもよい．この場合，1枚の図中でなく，別葉の図面に重複寸法がある場合には，その旨を注記しておくと，図面訂正の際，変更漏れが防止できて便利である．図 5・74 は，重複寸法に黒丸を付け，重複寸法を意味する記号について図面に注記した例である．

寸法記入上の注意 5·8

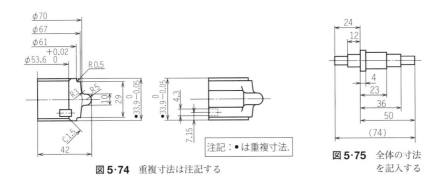

図 5·74 重複寸法は注記する
図 5·75 全体の寸法を記入する

（3） **寸法は計算の必要がないように記入する**　個々の寸法は記入してあるが，全体の寸法が記入していないような図面では，現場でいちいち計算して求めなければならないから，このようなことがないように記入する必要がある．この場合のような参考的な寸法は，かっこに入れて記入するのがよい（図 5·75）．

（4） **寸法は基準部を設けて記入する**　製作または組立作業において，基準となる線または面を基準部というが，この基準部は，加工や寸法測定などに便利なところを選んで，寸法の記入は，特別な事情のない限り，この基準をもととして記入する．図 5·76 は，基準部を設けた寸法記入の例を示したものである．

加工または組立の際に，基準とする形体がある場合には，その形体を基にして寸法を記入する（図 5·77）．

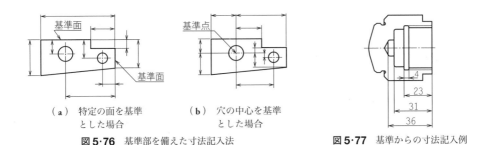

（a）特定の面を基準とした場合
（b）穴の中心を基準とした場合

図 5·76 基準部を備えた寸法記入法
図 5·77 基準からの寸法記入例

（5） **不必要な寸法は記入しない**　一直線上に連続する寸法の記入法を **直列寸法記入法** という．ただし，この記入法は，以下で説明するように，個々の寸法公差が累積して全体の寸法に影響を与えるので，それでも差し支えない場合にだけ使用するのがよい．

全体の寸法は，図 5·78 のように，個々の部分の寸法の外側に記入するのであるが，基準部（この図では品物の左端部）から個々の寸法を順にとっていくと，同図（a）のCの

寸法は，これを記入しなくとも実際の加工には何の影響もない．したがって，このような重要度の少ない部分の寸法は，かっこに入れて記入するか，あるいはむしろ記入しないのが

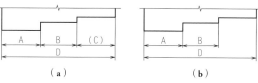

図 5・78　不必要な寸法は記入しない

よい．これは，同図の A, B および D の寸法精度の確保が優先され，C は残りの寸法で満足することを意味している．

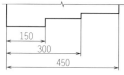

図 5・79　並列寸法記入法

（6）**並列寸法記入法**　上述の図 5・78 では，個々の寸法公差が累積して全体の寸法に影響を与えるのを防ぐための記入法であるが，これを図 5・79 のように，基準部から各部部分までの寸法を並列して記入すれば，個々の寸法公差はほかの寸法の公差に影響を与えない．このような寸法の記入法を並列寸法記入法という．この場合，基準部（共通側の寸法補助線の位置）は，機能，加工などの条件を考慮して適切に選ばなければならない．

（7）**累進寸法記入法**　図 5・80 は，上記の並列寸法記入法とまったく同等の意味をもちながら，1 本の連続した寸法線で簡便に図示したもので，このような記入法を累進寸法記入法という．この場合，寸法の起点の位置は，**起点記号**（白抜きの小円）で示し，寸法線の他端は矢印で示す（黒丸や斜線は用いてはならない）．寸法数値は，同図（a）に示すように，寸法補助線に並べて記入するか，または同図（b）のように，矢印の近くに寸法線の上側にこれに沿って書く．

なお，累進寸法記入法とはいえ，二つの形体間だけの寸法線にも準用することができる〔同図（c）〕．

また，隣り合う寸法補助線の間隔が狭く，寸法数値を指示する場所が確保できない場合は，寸法補助線を折り曲げて指示してもよい〔同図（d）〕．

（8）**寸法は工程別に記入する**　寸法を読みやすくするためには，工程によって寸法を区分配列するのがよい．もしも二つ

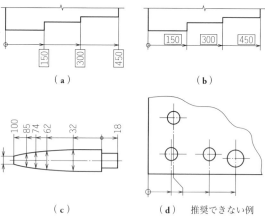

〔注〕（a），（b）は幾何公差の指示を前提として，**理論的に正確な寸法**（p.100 参照）を指示した場合の例．

図 5・80　累進寸法記入法

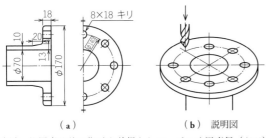

〔注〕 位置度公差の指示を前提として，ピッチ円直径（φ140）を**理論的に正確な寸法**（p.100 参照）により指示している．

図 5·81 フランジの穴の寸法記入　　　　**図 5·82** 工程別に寸法を記入する

以上の工程のいずれにも必要な寸法は，最後の工程に含めて記入する．

たとえば，図 5·81 に示すフランジでは，穴あけだけは別の工程になるので，穴の寸法と配置の記入は，正面図に行うよりも，ピッチ円の描かれた側面図に記入するほうがわかりやすい．

また，図 5·82 において，上側に記入された寸法は外面の寸法，下側に記入された寸法

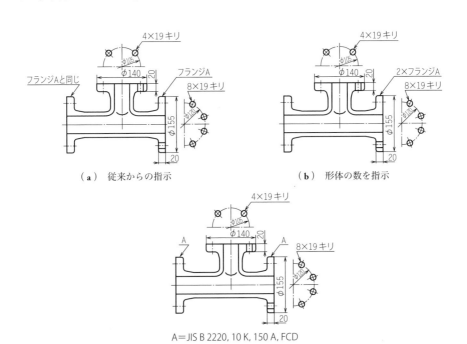

（a）従来からの指示　　　　（b）形体の数を指示

A＝JIS B 2220, 10 K, 150 A, FCD
（c）文字記号による指示

図 5·83 同一部分が二つある場合の記入法（1）

は穴の深さを示すもので，それぞれ作業者が異なるものである．

（9）同一部分が二つ以上ある場合の記入法　図5・83に示すT形管継手や図5・84に示す部品のように，1個の品物にまったく同一寸法の部分が二つ以上ある場合には，寸法はそのうちの一つにだけ記入し，ほかの部分はこれと同一寸法であることの注意書きをするのがよい．

（10）作図線を用いた寸法記入法
互いに傾斜している二つの面の間に，丸みまたは面取りが施されているとき，この二つの面の交わる位置を示すには，図5・85のように，丸みまたは面取りを施す以前の形状を細い実線で表し，その交点から寸法補助線を引き出せばよい．なお，この場合，交点を明らかに示す必要があるときには，それぞれの線を互いに交差させるか〔同図（b）〕，または黒丸をつけておけばよい〔同図（c）〕．

（11）座標寸法記入法　散在する穴の位置やその大きさなどの寸法は，座標を用いて表にして示してもよい．図5・86はこの例を示したものであるが，各穴のX, Yの数値は，起点からの距離である．

また，区画図や用地図などで，格子状の座標を用いて示す場合には，その格子の交点の近くに，XおよびYの座標値を，図5・87の例のように記入して表す．なお，任意の位置を直接座標を用いて表す場合には，図5・88（a）

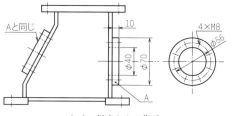
（a）従来からの指示

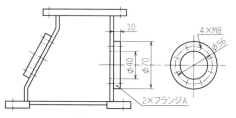
（b）形体の数を指示

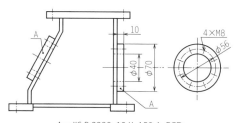
A＝JIS B 2220, 10 K, 150 A, FCD
（c）文字記号による指示
図5・84　同一部分が二つある場合の記入法（2）

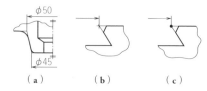
（a）　　（b）　　（c）
図5・85　作図線を用いた寸法記入

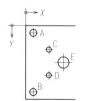

記号	X	Y	直径
A	20	20	15.5
B	20	160	13.5
C	60	60	11
D	60	120	13.5
E	100	90	26

図5・86　座標寸法記入法

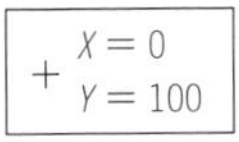

図 5·87　座標値による位置の記入法（1）

	x	y
1	10	20
2	80	40
3	70	80
4	20	60

（a）　（b）

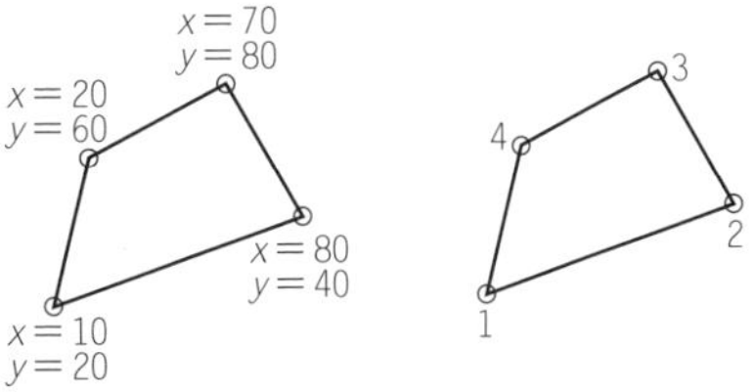

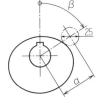

図 5·88　座標値による位置の記入法（2）

のように各位置の近くに座標値を記入するか，または同図（**b**）のように各点の照合番号および座標値を表にして表す．

（12）　**極座標寸法記入法**　カムプロファイルなどの寸法は図 **5·89** のような極座標記入法を用いて，角度変化に対応する寸法によって指示してもよい．

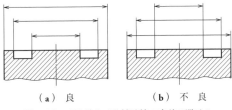

β	0°	20°	40°	60°	80°	100°	120〜210°	230°	260°	280°	300°	320°	340°
α	50	52.5	57	63.5	70	74.5	76	75	70	65	59.5	55	52

図 5·89　極座標寸法記入法の例

2.　その他の注意事項

（1）　**寸法線，寸法補助線の交差は避ける**　複雑な図面でやむを得ない場合でも，なるべく図 **5·90**（**a**）のように，大寸法を小寸法の外側に書けば，寸法線，寸法補助線の交差は避けられる．同図（**b**）のように寸法線をむやみに交差させてはいけない．

（a）良　（b）不　良

図 5·90　寸法線と寸法補助線の交差は避ける

（2）　**寸法数値はそろえて記入する**　多数の直径寸法を記入する場合には，寸法数値を多数重ねて記入しなければならないから，そのときには前後をそろえて記入するのがよい〔図 **5·91**（**a**）〕．ただし，紙面の都合上，寸法線がとくに接近しているときには，千鳥形にふりわけて記入するのがよい〔同図（**b**）〕．なお，寸法線が多数並ぶ場合には，寸法数値を見やすく記入するために，これらの寸法線間の距離は充分に開くことが必要である．

（a）　（b）

図 5·91　寸法数値はそろえて記入する

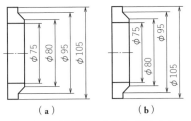

（3） 寸法線は一直線上に記入する

図 5・92（a）のように，寸法線が隣接して連続する場合には，寸法線は一直線上にそろえて記入するのがよい．また，関連する部分の寸法は，同図（b）のように，一直線上に記入するのがよい．

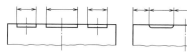

(a) 寸法線が隣接して連続する場合　　(b) 関連する部分の寸法

図 5・92

（4） 段差がある形体間の寸法記入

形体間に対して直列寸法を指示する場合は図 5・93 のように記入し，累進寸法記入方法によって，一方の形体側に起点記号を，他方の形体側に矢印を指示する場合は図 5・94 のように記入する．

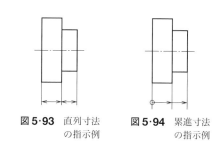

図 5・93 直列寸法の指示例　　図 5・94 累進寸法の指示例

（5） 寸法数値記入上の注意事項　寸法数値は，読みやすく記入することを旨とし，図面に描いた図形やほかの線に妨害されない位置を選んで記入しなければならない（図 5・95）．

また，寸法線が長くて，その中央に寸法数値を記入するとわかりにくくなる場合には，図 5・96 に示すように，いずれか一方の矢印の近くに片寄せて記入すればよい．

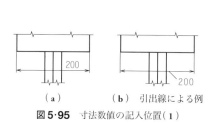

(a)　　(b) 引出線による例

図 5・95 寸法数値の記入位置（1）

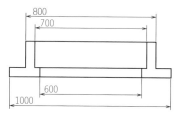

図 5・96 寸法数値の記入位置（2）

6

サイズ公差の表示法

6·1 サイズ公差について

　ある品物を製作する場合，たとえば，図面にそのある部分の長さが 50 mm と指定されていたとしても，実際にそれを 50.000……mm のように，きわめて正確に仕上げることは一般に非常に困難であって，若干の誤差は必ず生じるものである．また，そのような誤差が，ある程度よりも小さければ，その品物を実際に使用するに当たって，機能上から全然支障のない場合が多い．

　そこで，大量生産の場合では，このような製品の機能上の要求を満たし，しかも加工上最も有利なように，あらかじめ，実用上差し支えない適宜な大小二つの**許容限界サイズ**，すなわち**上の許容サイズ**と**下の許容サイズ**とを定めておき，この寸法の範囲内に品物ができあがればよいこととしている．この場合の上の許容サイズと下の許容サイズとの差を**サイズ公差**（単に公差ともいう）といい，許容限界サイズを定めることを"公差を与える"といって，大量生産の場合の互換性確保に欠くことのできない方式である．

6·2 ISO はめあい方式

1. はめあいについて

　車輪と車軸は，その穴と軸をはめあわすことによってはじめて車のはたらきをする．このように，穴と軸とが相はまりあう関係を**はめあい**といっている．機械の部品などでは，このはめあい関係になっているものが非常に多く，しかも，そのはまり具合の良し悪しが，その機能を決定する重要な要素となっている．ところが，このようなはめあい部品を大量に生産する場合には，いちいち現物合わせをしていては能率が上がらないので，図**6·1** に示すような**限界ゲージ**を用いて**はめあい寸法**を検査する．この方式を**はめあい方式**（従来は**限界ゲージ方式**）と呼んでいる．

2. 限界ゲージ

　限界ゲージとは，できあがった品物がその公差内にあるかどうかを検査するゲージのこ

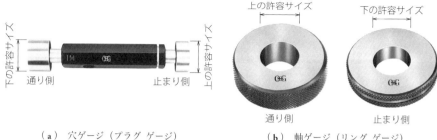

（a）穴ゲージ（プラグゲージ）　　　（b）軸ゲージ（リングゲージ）

図 6·1　限界ゲージ

（a）ものさし（1 mm 以下は目測）　（b）ノギス（1/20 mm* まで測定可能）　（c）マイクロメータ（1/100 mm* まで測定可能）

〔注〕 *目量の数値．表示量では，ノギス 1/100 mm，マイクロメータ 1/1000 mm まで測定される．

図 6·2　各種の寸法測定法

とであって，穴径を検査するもの，すなわち**穴ゲージ**（プラグゲージともいう）と，軸径を検査する**軸ゲージ**（リングゲージ，はさみゲージともいう）の2種がある．

限界ゲージは，図6·2のようなほかの測定方法よりも測定操作が簡単で，正確に早く寸法の公差範囲を測定できるというすぐれた特長をもっているので，大量生産と限界ゲージは，切っても切れないほど重要なものとなっている．図6·3は限界ゲージの使用状態を示したものであるが，おのおののゲージには，**通り側と止まり側**が示されている．これは，許容限界サイズによったものである．

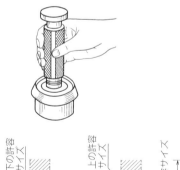

（a）穴ゲージ　　　（b）軸ゲージ（はさみゲージ）

図 6·3　上の許容サイズと下の許容サイズ

軸ゲージの場合は，通り側が上の許容サイズに，止まり側が下の許容サイズになっているから，軸が通り側に入り，止まり側で入らなければ合格となる．すなわち，もし通り側を軸に当ててみて，ゲージが通らずに止まってしまったならば，その製品は上の許容サイズよりも大きく仕上がったことを示すもので，その製品は不合格とすればよい．止まり側の場合も同様に，ゲージが止まらずに軸を通り抜けてしまったならば，その製品は下の許容サイズよりも小さく仕上がったことを示すことになる．

穴ゲージは軸ゲージとは反対で，通り側が下の許容サイズに，止まり側が上の許容サイズにできているから，穴にゲージを当てた場合，通り側が入り，止まり側が入らなければ，穴は公差サイズの範囲内に仕上がっていることになる．

JISでは，上述のようなサイズ公差ならびにISOはめあい方式の重要性にかんがみ，JIS B 0401の"製品の幾何特性仕様（GPS）—長さに関わるサイズ公差のISOコード方式"において詳細に規定しているので，以下，この規格について説明する．

3. はめあいの種類

はめあい関係にある穴と軸とでは，図 6·4 に示すように，穴の直径が軸の直径よりも大きい場合には，同図(a)のように**すきま**を生じ，またこれと反対に，軸の直径が穴の直径よりも大きい場合には，同図(b)のように**しめしろ**を生じる．すなわち，はめあいは，軸と穴との直径の大小によって，次の三つに大別される．

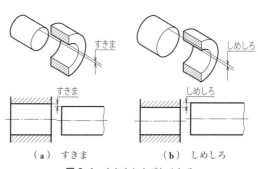

(a) すきま　　　(b) しめしろ

図 6·4　すきまおよびしめしろ

① **すきまばめ**　回転体と軸を，たやすく取付け，取外しできるようにする場合などでは，穴は軸径よりもわずかに大きくつくられる．このように，穴と軸との間にすきまがあるはめあいをすきまばめという．

② **しまりばめ**　鉄道車両の車軸は，車輪の穴よりも太くつくられ，互いにかたくはめあわされるが，このように，穴と軸との間にしめしろがある場合のはめあいをしまりばめという．

③ **中間ばめ**　これは，すきまばめとしまりばめの中間であるが，主としてしまりばめよりも小さいしめしろを必要とする場合に用いるもので，きわめて精密な機械などに使用される．

4. 実際のすきまおよびしめしろ

ISOはめあい方式では，前に述べたように，穴，軸のどちらにも公差を許容して工作す

るものであるから，実際にできあがった製品の寸法（**当てはめサイズ**という）によって，それらの組合わせにおけるすきまおよびしめしろは，図6・5に示すような範囲にある．すなわち，すきまばめの場合では，穴の下の許容サイズと軸の上の許容サイズとの差を**最小すきま**といい，穴の上の許容サイズと軸の下の許容サイズとの差を**最大すきま**という．また，しまりばめの場合では，軸の下の許容サイズと穴の上の許容サイズとの差を**最小しめしろ**といい，軸の上の許容サイズと穴の下の許容サイズとの差を**最大しめしろ**という．

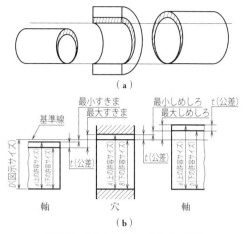

図6・5　すきまおよびしめしろの範囲

なお，中間ばめの場合では，穴と軸の当てはめサイズによってすきまができることもあり，しめしろができることもあるので，必要に応じて選択して組み合わせるか，または調整をしないと，所望の機能を得られない場合が多い．

5. 穴基準はめあい方式と軸基準はめあい方式

はめあい部分を工作する場合は，穴か軸のいずれか一方を基準として他方をつくるのがふつうであるが，JISでは，穴を基準にする方式と，軸を基準にする2方式を定めている．前者を**穴基準はめあい方式**，後者を**軸基準はめあい方式**と呼んでいる．

図6・6(a)は穴基準はめあい方式を示したものである．穴基準はめあい方式は，一定公差をもつ基準となる穴を定めておき，これに対して軸径の寸法を小さくしたり，大きくしたりして，数種の必要なすきま，またはしめしろを有するはめあいを規定する方法である．

また，同図(b)は軸基準はめあい方式を示したものである．軸基準はめあい方式は，穴基準はめあい方式と反対に一定公差をもつ基準軸を定め，これに対し，穴径を加減して数種の必要なすきま，またはしめしろを有するはめあいを規定する方法である．

穴基準はめあい方式と軸

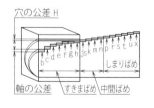
（a）穴基準はめあい方式

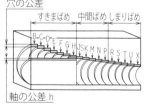
（b）軸基準はめあい方式

図6・6　はめあいの種類

基準はめあい方式には，それぞれ得失があるので，諸外国では，わが国と同様に，ほとんどこの両式を併用している（イギリスは穴基準はめあい方式だけを採用している）．しかし，わが国の規格では，設計製作上，両方式のどちらでも差し支えない場合は，穴基準はめあい方式を採用することを推奨している．なぜならば，穴よりも軸の加工のほうが容易であるので，穴基準はめあい方式によって製作したほうが，加工費，設備費などの点で有利となるからであって，一般工場ではほとんど穴基準はめあい方式を採用している．

6. 図示サイズ

はめあい部品において，その穴または軸は，共通のサイズで呼び表したほうが便利である．したがって，このような穴または軸の径の大きさを表す基準となるサイズを**図示サイズ**といい，許容限界サイズやはめあいを図示する場合，図示サイズを示す線を**基準線**という．

なお，この図示サイズは，穴基準はめあい方式では穴の下の許容サイズに合致させ，軸基準はめあい方式では軸の上の許容サイズに合致させてある．

7. 上および下の許容差

図 **6·7** に示すように，穴基準はめあい方式の場合には穴の公差は図示サイズの上側にとられ，これに対して軸のほうでは，図示サイズに対する許容限界サイズ（上の許容サイズと下の許容サイズ）の許容差で表し，前者を**上の許容差**，後者を**下の許容差**という．この場合，図示サイズよりも許容限界サイズが大きい場合には，許容差の数値に(+)の符号を，また小さい場合には(-)の符号をつけて，図示サイズとの大小の関係を表す．

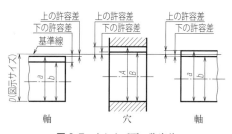

図 **6·7** 上および下の許容差

したがって，いま，図示サイズ 30.000 mm の穴と軸とにおいて（図 **6·8** 参照）

	穴（H 7）	軸 f 6（すきまばめ）	軸 m 6（中間ばめ）
図示サイズ	D = 30.000 mm	D = 30.000 mm	D = 30.000 mm
上の許容サイズ	A = 30.021 mm	a = 29.980 mm	a = 30.021 mm
下の許容サイズ	B = 30.000 mm	b = 29.967 mm	b = 30.008 mm

である場合には，それぞれ次のようになる．

上の許容差	$A-D$ = +0.021 mm	$a-D$ = -0.020 mm	$a-D$ = +0.021 mm
下の許容差	$B-D$ = 0	$b-D$ = -0.033 mm	$b-D$ = +0.008 mm

8. 図示サイズの区分

一般に軸径や穴径は，その寸法が増すに従って仕上精度は低下する．したがって規格で

は，表 **6・1** のように，図示サイズをいくつかの段階に区分して，寸法が増すに従って公差を大きくとり，かつ同一区分に属する寸法に対しては，同一の公差を与えるように定めている．なお，表中の中間区分は，しまりばめのしめしろの大きい場合，ならびにすきまばめのすきまの大きい場合に用いられるものである．

表 6・1 図示サイズの区分（単位 mm）

図示サイズ		中間区分		図示サイズ		中間区分	
を超え	以下	を超え	以下	を超え	以下	を超え	以下
—	3	—	—	80	120	80 100	100 120
3	6	—	—	120	180	120 140 160	140 160 180
6	10	—	—			180	200
10	18	10 14	14 18	180	250	200 225	225 250
18	30	18 24	24 30	250	315	250 280	280 315
30	50	30 40	40 50	315	400	315 355	355 400
50	80	50 65	65 80	400	500	400 450	450 500

9. 基本サイズ公差の基本数値および基本サイズ公差等級

規格では，製品の精粗による公差の大小によって，1 級，2 級，3 級，…，18 級の 18 等級に分け（基本サイズ公差等級という），これらの各等級ごとの，各図示サイズの区分に対する公差の基本数値を定めている．

このうち，**1 級 ～ 4 級は主としてゲージ類，5 級 ～ 10 級は主としてはめあわせられる部分，11 級 ～ 18 級は主としてはめあわされない部分の公差**として適用される．

なお，基本サイズ公差等級は，等級の数字の前に IT（**International Tolerance** の略）をつけ，IT 6，IT 7 などと表すことになっている．

表 **6・2** は，規格に定められた IT 基本サイズ公差等級のうち，IT 5 ～ IT 10（主としてはめあわ

表 6・2 IT 基本サイズ公差等級の数値
（単位 μm = 0.001 mm）

図示サイズ(mm)		IT 5 (5 級)	IT 6 (6 級)	IT 7 (7 級)	IT 8 (8 級)	IT 9 (9 級)	IT 10 (10 級)
を超え	以下						
—	3	4	6	10	14	25	40
3	6	5	8	12	18	30	48
6	10	6	9	15	22	36	58
10	18	8	11	18	27	43	70
18	30	9	13	21	33	52	84
30	50	11	16	25	39	62	100
50	80	13	19	30	46	74	120
80	120	15	22	35	54	87	140
120	180	18	25	40	63	100	160
180	250	20	29	46	72	115	185
250	315	23	32	52	81	130	210
315	400	25	36	57	89	140	230
400	500	27	40	63	97	155	250

せられる部分用）の数値を示したものである．

10. 許容差によって分類した，穴と軸の種類，表示

穴と軸の種類は，おのおのその図示サイズに対する上下の許容差の大小の関係により，各等級ごとに数種類に分けられ，これをそれぞれラテン文字による記号を用いて表し，これに等級を示す数字を同じ大きさで付記することになっている（図 **6・8**，図 **6・9** の H 7，h 6 など）．このように表したものを**公差クラス**という．

すなわち，穴基準はめあい方式の場合は，図 **6・8** のように，各等級につき穴の記号は 1

ISOはめあい方式

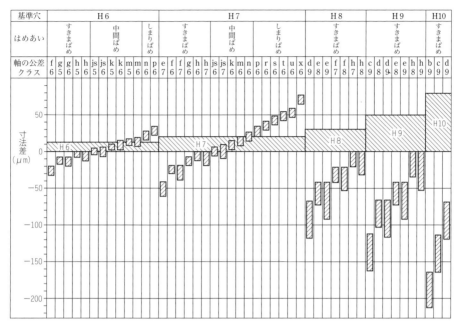

図6·8 穴基準はめあい方式の図(図は図示サイズ30 mmの場合を示す)

表6·3 多く用いられる穴基準はめあい方式の例

基準穴	軸の公差クラス											
	すきまばめ				中間ばめ			しまりばめ					
H 6			g 5	h 5	js 5	k 5	m 5					
		f 6	g 6	h 6	js 6	k 6	m 6	n 6*	p 6*			
H 7			f 6	g 6	h 6	js 6	k 6	m 6	n 6	p 6*	r 6*	s 6	t 6	u 6	x 6
		e 7	f 7		h 7	js 7						
H 8				f 7		h 7						
			e 8	f 8		h 8						
		d 9	e 9									
H 9			d 8	e 8		h 8						
		c 9	d 9	e 9		h 9						
H 10	b 9	c 9	d 9									

〔注〕 * これらのはめあいは,寸法の区分によっては例外を生じる.

6章 サイズ公差の表示法

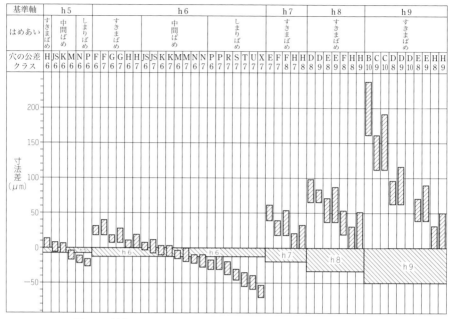

図 6・9 軸基準はめあい方式の図（図は図示サイズ 30 mm の場合を示す）

表 6・4 多く用いられる軸基準はめあい方式の例

基準軸	穴の公差クラス											
	すきまばめ					中間ばめ			しまりばめ					
h 5					H 6	JS 6	K 6	M 6	N 6*	P 6			
h 6			F 6	G 6	H 6	JS 6	K 6	M 6	N 6	P 6*			
			F 7	G 7	H 7	JS 7	K 7	M 7	N 7	P 7*	R 7*	S 7	T 7	U 7	X 7
h 7		E 7	F 7		H 7								
			F 8		H 8								
h 8		D 8	E 8	F 8		H 8							
		D 9	E 9			H 9							
h 9		D 8	E 8			H 8							
	C 9	D 9	E 9			H 9							
	B 10	C 10	D 10										

〔注〕 * これらのはめあいは，寸法の区分によっては例外を生じる．

表6·5 穴の許容差（IT 7穴の場合）

（単位 μm = 0.001 mm）

図示サイズ (mm) を超え	以下	E 7	F 7	G 7	H 7	JS 7	K 7	M 7	N 7	P 7	R 7	S 7	T 7	U 7	X 7
—	3	+ 24	+ 16	+ 12	+ 10	±5	+ 0	− 2	− 4	− 6	− 10	− 14	—	− 18	− 20
		+ 14	+ 6	+ 2	0		− 10	− 12	− 14	− 16	− 20	− 24		− 28	− 30
3	6	+ 32	+ 22	+ 16	+ 12	±6	+ 3	0	− 4	− 8	− 11	− 15	—	− 19	− 24
		+ 20	+ 10	+ 4	0		− 9	− 12	− 16	− 20	− 23	− 27		− 31	− 36
6	10	+ 40	+ 28	+ 20	+ 15	±7.5	+ 5	0	− 4	− 9	− 13	− 17	—	− 22	− 28
		+ 25	+ 13	+ 5	0		− 10	− 15	− 19	− 24	− 28	− 32		− 37	− 43
10	14	+ 50	+ 34	+ 24	+ 18	±9	+ 6	0	− 5	− 11	− 16	− 21	—	− 26	− 33
		+ 32	+ 16	+ 6	0		− 12	− 18	− 23	− 29	− 34	− 39		− 44	− 51
14	18														− 38
															− 56
18	24	+ 61	+ 41	+ 28	+ 21	±10.5	+ 6	0	− 7	− 14	− 20	− 27	—	− 33	− 46
		+ 40	+ 20	+ 7	0		− 15	− 21	− 28	− 35	− 41	− 48		− 54	− 67
24	30												− 33	− 40	− 56
													− 54	− 61	− 77
30	40	+ 75	+ 50	+ 34	+ 25	±12.5	+ 7	0	− 8	− 17	− 25	− 34	− 39	− 51	− 71
		+ 50	+ 25	+ 9	0		− 18	− 25	− 33	− 42	− 50	− 59	− 64	− 76	− 96
40	50												− 45	− 61	− 88
													− 70	− 86	− 113
50	65	+ 90	+ 60	+ 40	+ 30	±15	+ 9	0	− 9	− 21	− 30	− 42	− 55	− 76	− 111
		+ 60	+ 30	+ 10	0		− 21	− 30	− 39	− 51	− 60	− 72	− 85	− 106	− 141
65	80										− 32	− 48	− 64	− 91	− 135
											− 62	− 78	− 94	− 121	− 165
80	100	+ 107	+ 71	+ 47	+ 35	±17.5	+ 10	0	− 10	− 24	− 38	− 58	− 78	− 111	− 165
		+ 72	+ 36	+ 12	0		− 25	− 35	− 45	− 59	− 73	− 93	− 113	− 146	− 200
100	120										− 41	− 66	− 91	− 131	− 197
											− 76	− 101	− 126	− 166	− 232
120	140	+ 125	+ 83	+ 54	+ 40	±20	+ 12	0	− 12	− 28	− 48	− 77	− 107	− 155	− 233
		+ 85	+ 43	+ 14	0		− 28	− 40	− 52	− 68	− 88	− 117	− 147	− 195	− 273
140	160										− 50	− 85	− 119	− 175	− 265
											− 90	− 125	− 159	− 215	− 305
160	180										− 53	− 93	− 131	− 195	− 295
											− 93	− 133	− 171	− 235	− 335
180	200	+ 146	+ 96	+ 61	+ 46	±23	+ 13	0	− 14	− 33	− 60	− 105	− 149	− 219	− 333
		+ 100	+ 50	+ 15	0		− 33	− 46	− 60	− 79	− 106	− 151	− 195	− 265	− 379
200	225										− 63	− 113	− 163	− 241	− 368
											− 109	− 159	− 209	− 287	− 414
225	250										− 67	− 123	− 179	− 267	− 408
											− 113	− 169	− 225	− 313	− 454
250	280	+ 162	+ 108	+ 69	+ 52	±26	+ 16	0	− 14	− 36	− 74	− 138	− 198	− 295	− 455
		+ 110	+ 56	+ 17	0		− 36	− 52	− 66	− 88	− 126	− 190	− 250	− 347	− 507
280	315										− 78	− 150	− 220	− 330	− 505
											− 130	− 202	− 272	− 382	− 557
315	355	+ 182	+ 119	+ 75	+ 57	±28.5	+ 17	0	− 16	− 41	− 87	− 169	− 247	− 369	− 569
		+ 125	+ 62	+ 18	0		− 40	− 57	− 73	− 98	− 144	− 226	− 304	− 426	− 626
355	400										− 93	− 187	− 273	− 414	− 639
											− 150	− 244	− 330	− 471	− 696
400	450	+ 198	+ 131	+ 83	+ 63	±31.5	18	0	− 17	− 45	− 103	− 209	− 307	− 467	− 717
		+ 135	+ 68	+ 20	0		− 45	− 63	− 80	− 108	− 166	− 272	− 370	− 530	− 780
450	500										− 109	− 229	− 337	− 517	− 797
											− 172	− 292	− 400	− 580	− 860

表6·6 軸の許容差（IT6軸の場合）

(単位 μm = 0.001 mm)

図示サイズ (mm) を超え	以下	軸の公差クラス f6	g6	h6	js6	k6	m6	n6	p6	r6	s6	t6	u6	x6
—	3	−6 / −12	−2 / −8	0 / −6	±3	+6 / 0	+8 / +2	+10 / +4	+12 / +6	+16 / +10	+20 / +14	—	+24 / +18	+26 / +20
3	6	−10 / −18	−4 / −12	0 / −8	±4	+9 / +1	+12 / +4	+16 / +8	+20 / +12	+23 / +15	+27 / +19	—	+31 / +23	+36 / +28
6	10	−13 / −22	−5 / −14	0 / −9	±4.5	+10 / +1	+15 / +6	+19 / +10	+24 / +15	+28 / +19	+32 / +23	—	+37 / +28	+43 / +34
10	14	−16 / −27	−6 / −17	0 / −11	±5.5	+12 / +1	+18 / +7	+23 / +12	+29 / +18	+34 / +23	+39 / +28	—	+44 / +33	+51 / +40
14	18													+56 / +45
18	24	−20 / −33	−7 / −20	0 / −13	±6.5	+15 / +2	+21 / +8	+28 / +15	+35 / +22	+41 / +28	+48 / +35	—	+54 / +41	+67 / +54
24	30											+54 / +41	+61 / +48	+77 / +64
30	40	−25 / −41	−9 / −25	0 / −16	±8	+18 / +2	+25 / +9	+33 / +17	+42 / +26	+50 / +34	+59 / +43	+64 / +48	+76 / +60	+96 / +80
40	50											+70 / +54	+86 / +70	+113 / +97
50	65	−30 / −49	−10 / −29	0 / −19	±9.5	+21 / +2	+30 / +11	+39 / +20	+51 / +32	+60 / +41	+72 / +53	+85 / +66	+106 / +87	+141 / +122
65	80									+62 / +43	+78 / +59	+94 / +75	+121 / +102	+165 / +146
80	100	−36 / −58	−12 / −34	0 / −22	±11	+25 / +3	+35 / +13	+45 / +23	+59 / +37	+73 / +51	+93 / +71	+113 / +91	+146 / +124	+200 / +178
100	120									+76 / +54	+101 / +79	+126 / +104	+166 / +144	+232 / +210
120	140	−43 / −68	−14 / −39	0 / −25	±12.5	+28 / +3	+40 / +15	+52 / +27	+68 / +43	+88 / +63	+117 / +92	+147 / +122	+195 / +170	+273 / +248
140	160									+90 / +65	+125 / +100	+159 / +134	+215 / +190	+305 / +280
160	180									+93 / +68	+133 / +108	+171 / +146	+235 / +210	+335 / +310
180	200	−50 / −79	−15 / −44	0 / −29	±14.5	+33 / +4	+46 / +17	+60 / +31	+79 / +50	+106 / +77	+151 / +122	+195 / +166	+265 / +236	+379 / +350
200	225									+109 / +80	+159 / +130	+209 / +180	+287 / +258	+414 / +385
225	250									+113 / +84	+169 / +140	+225 / +196	+313 / +284	+454 / +425
250	280	−56 / −88	−17 / −49	0 / −32	±16	+36 / +4	+52 / +20	+66 / +34	+88 / +56	+126 / +94	+190 / +158	+250 / +218	+347 / +315	+507 / +475
280	315									+130 / +98	+202 / +170	+272 / +240	+382 / +350	+557 / +525
315	355	−62 / −98	−18 / −54	0 / −36	±18	+40 / +4	+57 / +21	+73 / +37	+98 / +62	+144 / +108	+226 / +190	+304 / +268	+426 / +390	+626 / +590
355	400									+150 / +114	+244 / +208	+330 / +294	+471 / +435	+696 / +660
400	450	−68 / −108	−20 / −60	0 / −40	±20	+45 / +5	+63 / +23	+80 / +40	+108 / +68	+166 / +126	+272 / +232	+370 / +330	+530 / +490	+780 / +740
450	500									+172 / +132	+292 / +252	+400 / +360	+580 / +540	+860 / +820

種で，**大文字 H で表し**，軸の記号ははめあいの種類数だけあって，小文字（a，b，c，d，…）で表す．また，軸基準はめあい方式では，図 6·9 のように，各等級につき軸の記号は1種で，**小文字 h で表し**，穴の記号は同じくはめあいの種類数だけあって，大文字（A，B，C，D，…）で表すのである．これをさらにわかりやすく説明すれば，軸の場合では，上の許容サイズが図示サイズに一致するものを h と定め，g，f，e，…のように，ラテン文字を逆に進むに従って軸が細くなり，js，k，m のように，ラテン文字を先に進むに従って軸が太くなるように記号がつけられている．また，穴の場合はその反対で，下の許容サイズに一致するものを H と定め，G，F，E，…のように，ラテン文字を逆に進むほど大きく，JS，K，M，…のように，先に進むほど穴は小さくなる．

表 6·5 および表 6·6 は，規格に定められた IT 7 穴および IT 6 軸の，それぞれの許容差を示したものである（その他の等級については規格を参照してほしい）．

なお，**JIS** 規格で，**これらの寸法を決定する温度は，20℃ である**と規定している．

11. 許容差の見方

図 6·10 に示した例において，同図（a）中の φ 48 g 6 は，図示サイズ 48 mm，穴基準はめあい方式，軸記号 g の IT 6 で，かつ，すきまばめであることを示している．この許容差を知るには，表 6·6 において，左の欄の寸法の区分"40 を超え 50 以下"と，上の欄の"g 6"との合致するところを見れば，上の許容差 − 9，下の許容差 − 25 を見出し得る．この数値の単位は μm（マイクロメートル = 0.001 mm）であるから，実際の寸法は次のようになる．

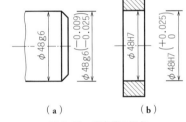

図 6·10　許容差の見方

　　　上の許容差 = − 0.009 mm
　　　下の許容差 = − 0.025 mm
　　　公差 =（− 0.009 mm）−（− 0.025 mm）= 0.016 mm

また，同図（b）に示す φ 48 H 7 は，図示サイズ 48 mm，穴基準方式の IT 7 の基準穴であるから，表 6·5 から同様にして，公差が 0.025 mm であることを知ることができる．

12. はめあいの適用

この規格には，以上述べたように，穴および軸に各等級に対する公差が定めてあって，必要に応じてそれらのいずれをも任意に組み合わせて使用しても差し支えないが，**JIS** では，一般用として推奨できるこれらの組合わせを，**多く用いられるはめあい**として，表 6·3 および表 6·4 に示すように定めてあるので，なるべくそれを使用することが望ましい．表 6·7 は，多く用いられるはめあいのうちで，とくに多く使用されている，基準穴として IT 7 を用いる穴基準はめあい方式の表を，同じく表 6·8 は，基準軸として IT 6 を用いる軸基準はめあい方式の表を示したものである．

表6·7 多く用いられる基準はめあい方式の表 (単位 μm = 0.001 mm)

基準穴 H7 とはめあわされる軸

図示サイズ(mm) を超え	以下	H7 上の許容差(+)	H7 下の許容差	e7 最大すきま	e7 最小すきま	f6 最大すきま	f6 最小すきま	f7 最大すきま	f7 最小すきま	g6 最大すきま	g6 最小すきま	h6 最大すきま	h6 最小すきま	h7 最大すきま	h7 最小すきま	js6 最大すきま	js6 最大しめしろ	js7 最大すきま	js7 最大しめしろ	k6 最大しめしろ	k6 最大すきま	m6 最大しめしろ	m6 最大すきま	n6 最大しめしろ	n6 最大すきま	p6 最大しめしろ	p6 最小しめしろ	r6 最大しめしろ	r6 最小しめしろ	s6 最大しめしろ	s6 最小しめしろ	t6 最大しめしろ	t6 最小しめしろ	u6 最大しめしろ	u6 最小しめしろ	x6 最大しめしろ	x6 最小しめしろ
—	3	10	0	34	14	22	6	26	6	18	2	16	0	20	0	13	3	15	5	6	10	8	8	10	6	12	−4	16	0	20	4	—	—	24	8	26	10
3	6	12	0	44	20	30	10	34	10	24	4	20	0	24	0	16	4	18	6	9	11	12	8	16	4	20	0	23	3	27	7	—	—	31	11	36	16
6	10	15	0	55	25	37	13	43	13	29	5	24	0	30	0	19.5	4.5	22.5	7.5	10	14	15	9	19	5	24	0	28	4	32	8	—	—	37	13	43	19
10	14	18	0	68	32	45	16	52	16	35	6	29	0	36	0	23.5	5.5	27	9	12	17	18	11	23	6	29	0	34	5	39	10	—	—	44	15	51	22
14	18	18	0	68	32	45	16	52	16	35	6	29	0	36	0	23.5	5.5	27	9	12	17	18	11	23	6	29	0	34	5	39	10	—	—	44	15	56	27
18	24	21	0	82	40	54	20	62	20	41	7	34	0	42	0	27.5	6.5	31.5	10.5	15	19	21	13	28	6	35	1	41	7	48	14	—	—	54	20	67	33
24	30	21	0	82	40	54	20	62	20	41	7	34	0	42	0	27.5	6.5	31.5	10.5	15	19	21	13	28	6	35	1	41	7	48	14	54	20	61	27	77	43
30	40	25	0	100	50	66	25	75	25	50	9	41	0	50	0	33	8	37.5	12.5	18	23	25	16	33	8	42	1	50	9	59	18	64	23	76	35	96	55
40	50	25	0	100	50	66	25	75	25	50	9	41	0	50	0	33	8	37.5	12.5	18	23	25	16	33	8	42	1	50	9	59	18	70	29	86	45	113	72
50	65	30	0	120	60	79	30	90	30	59	10	49	0	60	0	39.5	9.5	45	15	21	28	30	19	39	10	51	2	60	11	72	23	85	36	106	57	141	92
65	80	30	0	120	60	79	30	90	30	59	10	49	0	60	0	39.5	9.5	45	15	21	28	30	19	39	10	51	2	62	13	78	29	94	45	121	72	165	116
80	100	35	0	142	72	93	36	106	36	69	12	57	0	70	0	46	11	52.5	17.5	25	32	35	22	45	12	59	2	73	16	93	36	113	56	146	89	200	143
100	120	35	0	142	72	93	36	106	36	69	12	57	0	70	0	46	11	52.5	17.5	25	32	35	22	45	12	59	2	76	19	101	44	126	69	166	109	232	175
120	140	40	0	165	85	108	43	123	43	79	14	65	0	80	0	52.5	12.5	60	20	28	37	40	25	52	13	68	3	88	23	117	52	147	82	195	130	273	208
140	160	40	0	165	85	108	43	123	43	79	14	65	0	80	0	52.5	12.5	60	20	28	37	40	25	52	13	68	3	90	25	125	60	159	94	215	150	305	240
160	180	40	0	165	85	108	43	123	43	79	14	65	0	80	0	52.5	12.5	60	20	28	37	40	25	52	13	68	3	93	28	133	68	171	106	235	170	335	270
180	200	46	0	192	100	125	50	142	50	90	15	75	0	92	0	60.5	14.5	69	23	33	42	46	29	60	15	79	4	106	31	151	76	195	120	265	190	379	304
200	225	46	0	192	100	125	50	142	50	90	15	75	0	92	0	60.5	14.5	69	23	33	42	46	29	60	15	79	4	109	34	159	84	209	134	287	212	414	339
225	250	46	0	192	100	125	50	142	50	90	15	75	0	92	0	60.5	14.5	69	23	33	42	46	29	60	15	79	4	113	38	169	94	225	150	313	238	454	379
250	280	52	0	214	110	140	56	160	56	101	17	84	0	104	0	68	16	78	26	36	48	52	32	66	18	88	4	126	42	190	106	250	166	347	263	507	423
280	315	52	0	214	110	140	56	160	56	101	17	84	0	104	0	68	16	78	26	36	48	52	32	66	18	88	4	130	46	202	118	272	188	382	298	557	473
315	355	57	0	239	125	155	62	176	62	111	18	93	0	114	0	75	18	85.5	28.5	40	53	57	36	73	20	98	5	144	51	226	133	304	211	426	333	626	533
355	400	57	0	239	125	155	62	176	62	111	18	93	0	114	0	75	18	85.5	28.5	40	53	57	36	73	20	98	5	150	57	244	151	330	237	471	378	696	603
400	450	63	0	261	135	171	68	194	68	123	20	103	0	126	0	83	20	94.5	31.5	45	58	63	40	80	23	108	5	166	63	272	169	370	267	530	427	780	677
450	500	63	0	261	135	171	68	194	68	123	20	103	0	126	0	83	20	94.5	31.5	45	58	63	40	80	23	108	5	172	69	292	189	400	297	580	477	860	757

〔備考〕 最小しめしろがマイナス(—)の値のものは、最大すきまとなる.

表6·8 多く用いられる軸基準はめあい方式の表

（単位 μm = 0.001 mm）

図示サイズ を超え	以下	h6 下の許容差(−)	h6 上の許容差	K6 最大しめしろ	K6 最小すきま	K7 最大しめしろ	K7 最小すきま	M6 最大しめしろ	M6 最小すきま	M7 最大しめしろ	M7 最小すきま	N6 最大しめしろ	N6 最小すきま	N7 最大しめしろ	N7 最小すきま	P6 最大しめしろ	P6 最小しめしろ	P7 最大しめしろ	P7 最小しめしろ	R7 最大しめしろ	R7 最小しめしろ	S7 最大しめしろ	S7 最小しめしろ	T7 最大しめしろ	T7 最小しめしろ	U7 最大しめしろ	U7 最小しめしろ	X7 最大しめしろ	X7 最小しめしろ	h7 下の許容差(−)	h7 上の許容差	E7 最小すきま	E7 最大すきま	F7 最小すきま	F7 最大すきま	F8 最大すきま	H7 最大すきま	H8 最大すきま	H 最小すきま
—	3	6	0	6	6	10	6	8	4	12	4	10	2	14	2	12	0	16	0	20	4	24	8	—	—	28	12	30	14	10	0	14	34	6	26	30	20	24	0
3	6	8	0	6	10	9	11	9	7	12	8	13	3	16	4	17	1	20	0	23	3	27	7	—	—	31	11	36	16	12	0	20	44	10	34	40	24	30	0
6	10	9	0	7	11	10	14	12	6	15	9	16	2	19	5	21	3	24	0	28	4	32	8	—	—	37	13	43	19	15	0	25	55	13	43	50	30	37	0
10	14	11	0	9	13	12	17	15	7	18	11	20	2	23	6	26	4	29	0	34	5	39	10	—	—	44	15	51	22	18	0	32	68	16	52	61	36	45	0
14	18	11	0	9	13	12	17	15	7	18	11	20	2	23	6	26	4	29	0	34	5	39	10	—	—	44	15	56	27	18	0	32	68	16	52	61	36	45	0
18	24	13	0	11	15	15	19	17	9	21	13	24	2	28	6	31	5	35	1	41	7	48	14	—	—	54	20	67	33	21	0	40	82	20	62	74	42	54	0
24	30	13	0	11	15	15	19	17	9	21	13	24	2	28	6	31	5	35	1	41	7	48	14	54	20	61	27	77	43	21	0	40	82	20	62	74	42	54	0
30	40	16	0	13	19	18	23	20	12	25	16	28	4	33	8	37	5	42	1	50	9	59	18	64	23	76	35	96	55	25	0	50	100	25	75	89	50	64	0
40	50	16	0	13	19	18	23	20	12	25	16	28	4	33	8	37	5	42	1	50	9	59	18	70	29	86	45	113	72	25	0	50	100	25	75	89	50	64	0
50	65	19	0	15	23	21	28	24	14	30	19	33	5	39	10	45	7	51	2	60	11	72	23	85	36	106	57	141	92	30	0	60	120	30	90	106	60	76	0
65	80	19	0	15	23	21	28	24	14	30	19	33	5	39	10	45	7	51	2	62	13	78	29	94	45	121	72	165	116	30	0	60	120	30	90	106	60	76	0
80	100	22	0	18	26	25	32	28	16	35	22	38	6	45	12	52	8	59	2	73	16	93	36	113	56	146	89	200	143	35	0	72	142	36	106	125	70	89	0
100	120	22	0	18	26	25	32	28	16	35	22	38	6	45	12	52	8	59	2	76	19	101	44	126	69	166	109	232	175	35	0	72	142	36	106	125	70	89	0
120	140	25	0	21	28	28	37	33	17	40	25	45	5	52	13	61	11	68	3	88	23	117	52	147	82	195	130	273	208	40	0	85	165	43	123	146	80	103	0
140	160	25	0	21	28	28	37	33	17	40	25	45	5	52	13	61	11	68	3	90	25	125	60	159	94	215	150	305	240	40	0	85	165	43	123	146	80	103	0
160	180	25	0	21	28	28	37	33	17	40	25	45	5	52	13	61	11	68	3	93	28	133	68	171	106	235	170	335	270	40	0	85	165	43	123	146	80	103	0
180	200	29	0	24	33	33	42	37	21	46	29	51	7	60	15	70	12	79	4	106	31	151	76	195	120	265	190	379	304	46	0	100	192	50	142	168	92	118	0
200	225	29	0	24	33	33	42	37	21	46	29	51	7	60	15	70	12	79	4	109	34	159	84	209	134	287	212	414	339	46	0	100	192	50	142	168	92	118	0
225	250	29	0	24	33	33	42	37	21	46	29	51	7	60	15	70	12	79	4	113	38	169	94	225	150	313	238	454	379	46	0	100	192	50	142	168	92	118	0
250	280	32	0	27	37	37	46	41	23	52	32	57	7	66	18	79	15	88	4	126	42	190	106	250	166	347	263	507	423	52	0	110	214	56	160	189	104	133	0
280	315	32	0	27	37	37	46	41	23	52	32	57	7	66	18	79	15	88	4	130	46	202	118	272	188	382	298	557	473	52	0	110	214	56	160	189	104	133	0
315	355	36	0	29	40	40	50	46	26	57	36	62	10	73	20	87	15	98	5	144	51	226	133	304	211	426	333	626	533	57	0	125	239	62	176	208	114	146	0
355	400	36	0	29	40	40	50	46	26	57	36	62	10	73	20	87	15	98	5	150	57	244	151	330	237	471	378	696	603	57	0	125	239	62	176	208	114	146	0
400	450	40	0	32	48	45	58	50	30	63	40	67	13	80	23	95	15	108	5	166	63	272	169	370	267	530	427	780	677	63	0	135	261	68	194	228	126	160	0
450	500	40	0	32	48	45	58	50	30	63	40	67	13	80	23	95	15	108	5	172	69	292	189	400	297	580	477	860	757	63	0	135	261	68	194	228	126	160	0

6・3 ISO はめあい方式の表示法

はめあい方式による穴および軸を表示するには，先に述べた公差クラスの記号を用いて，図示サイズの右に，寸法数値と同じ大きさで記入することになっている．

図 6・11 は，その記入法の一例を示したものである．すなわち，同図(a)中の φ12 g 6 では，φ12 はこの軸の図示サイズを，g 6 は穴基準はめあい方式の IT 6 軸（すきまばめ）を示し，同図(b)中の H 7 は，穴基準はめあい方式 IT 7 の基準穴を示す．また，必要がある場合には，このあとに許容差を示す数値をかっこに入れてつけ加えてもよい〔同図(c)〕．

また，同一図示サイズの穴および軸の組立部品に，はめあいの種類および等級を併記する場合には，穴基準はめあい方式，軸基準はめあい方式を問わず，図 6・12(a)に示すように，寸法線の上に斜線で区切るか，または寸法線の上で，それぞれの穴および軸の表示を，同図(b)のように記入する．

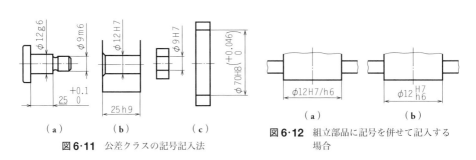

図 6・11　公差クラスの記号記入法

図 6・12　組立部品に記号を併せて記入する場合

6・4 ISO はめあい方式によらない場合のサイズ公差の記入法

ISO はめあい方式によらない場合の公差は，記号のほかに数値を用いて記入する．この場合の記入法は，ISO はめあい方式の場合に準じ，図示サイズの次に許容差の数値を，上の許容差を上に，下の許容差を下に並べて記入する．許容差がゼロのときは "0" と記入する（図 6・13）．両側公差方式で上と下の許容差が対称の場合には，図 6・14 のように，±（プラスマイナス）の記号を用い，許容差の数値を

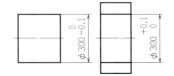

図 6・13　数値による許容差記入法

一つにして記入する.

なお，公差の記入は必要に応じ，図**6・15**のように許容限界サイズとして表してもよい．この場合，上の許容サイズは上に，下の許容サイズは下に記入する．

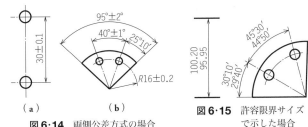

図**6・14** 両側公差方式の場合

図**6・15** 許容限界サイズで示した場合

場合によっては，上の許容サイズあるいは下の許容サイズのいずれか一方だけを指定すればよいときがあるが，このような場合には，図**6・16**に示すように，寸法数値のあとに"max"もしくは"min"と記入しておけばよい．

組立部品などで，同一図示サイズの穴と軸に対して，それぞれの許容差を併記する場合には，図**6・17**のように，簡単のために1本の寸法線を用い，寸法線の上には穴の寸法を，寸法線の下には軸の寸法を記入すればよい．

ただし，この場合，必ず穴の寸法は軸の寸法の上に書き，かつ同図(**a**)，(**b**)のように，穴および軸の文字，あるいは照合番号を記入して，それらがどちらの寸法であるかを明示しておかなければならない．

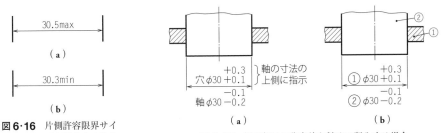

図**6・16** 片側許容限界サイズを記入する場合

図**6・17** 組立部品に許容差を併せて記入する場合

なお，図**6・18**に示すように，並んだ二つ以上の長さの寸法に公差を記入する場合には，公差が重複して影響してくるので，記入寸法に矛盾が起こらないような記入を行う必要がある．このような場合には，重要度の高い寸法（機能寸法）から公差を記入していき，重要度の低い寸法（非機能寸法あるいは参考寸法）には寸法を記入しない〔同図(**a**)，(**b**)〕か，あるいは公差を記入しない，あるいはかっこに入れて記入し〔同図(**c**)〕，この部分でしわよせを行うことを明らかにしておく．

寸法は，同図(**d**)に示すように，一般に基準部を設けて記入されることが多く，また基準部は取りつける相手との関係から定めるのであるが，基準部を選ぶときには，公差が重

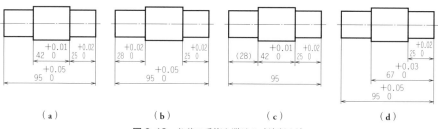

図 6・18 公差の重複を避ける寸法記入法

複して現れないよう充分に注意しなければならない．同図は，品物の右端を基準部として寸法記入を行う場合の例である．

6・5 普通公差

サイズ公差のうちには，上述のはめあいのように機能的なものと，工作精度のように単に製作的なものとがあり，両者のもつ意味合いはまったく異なるので注意しなければならない．とくに後者の場合は，はめあいなどの場合と違って，サイズ公差が積極的な意味をもたないので，図面上に公差値が記入されない場合も多く，必要以上に製作や検査がきびしくなったり，また反対にゆるやかになったりしやすいものである．

したがってJISでは，このようなときの目安として **JIS B 0405**（普通公差―第1部：個々に公差の指示がない長さ寸法および角度寸法に対する公差）を規定している．

この規格は，むやみにサイズ公差を記入しないですむよう，図面指示を簡単にする，かつすべての寸法に合理的なサイズ公差の網をかけることを目的としたものである．

表 6・9 面取り部分を除く長さ寸法に対する許容差　　　（単位 mm）

公差等級		基準寸法の区分						
記号	説明	0.5*以上 3 以下	3を超え 6以下	6を超え 30以下	30を超え 120以下	120を超え 400以下	400を超え 1000以下	1000を超え 2000以下	2000を超え 4000以下
		許　　容　　差						
f	精級	±0.05	±0.05	±0.1	±0.15	±0.2	±0.3	±0.5	―
m	中級	±0.1	±0.1	±0.2	±0.3	±0.5	±0.8	±1.2	±2
c	粗級	±0.2	±0.3	±0.5	±0.8	±1.2	±2	±3	±4
v	極粗級	―	±0.5	±1	±1.5	±2.5	±4	±6	±8

〔注〕　* 0.5 mm 未満の基準寸法に対しては，その基準寸法に続けて許容差を個々に指示する．
〔備考〕　角の丸みおよび角の面取り寸法については表 6・10 参照．

これらの規定は，金属の除去加工または板金成形によって製作した部品に寸法によって適用するとされているが，金属以外の材料に適用してもよいとされている．

表 6·9 は，長さ寸法に対する許容差を示したものである．四つの等級と基準寸法の区分ごとにそれぞれの許容差が定められており，それぞれ小文字のラテン文字の記号が付けられている．

なお，長さ寸法のうち，両端の角の丸みおよび面取り部分は，表 6·10 に示す粗い許容差が別に定められている．また表 6·11 は，角度寸法の許容差を示したものである．

この規格を適用する場合には，次の事項を表題欄の中，またはその付近に指示しておけばよい．

① JIS B 0405 の文字，② およびこの規格による公差等級の記号．

〔例〕 JIS B 0405 - m

なお，この規格を適用して公差等級を選ぶ場合，個々の工場で通常に得られる加工精度を十分に考慮しなければならない．それは，その工場での通常の精度を大きく超える公差値を指定してもあまり意味をもたないからである．たとえば z 25 mm の部品は，通常の工場では"中程度の加工精度"によく

表 6·10 面取り部分の長さ寸法（角の丸みおよび角の面取り寸法）に対する許容差

（単位 mm）

公差等級		基準寸法の区分		
記号	説明	0.5*以上 3 以下	3 を超え 6 以下	6 を超えるもの
		許容差		
f	精級	±0.2	±0.5	±1
m	中級			
c	粗級	±0.4	±1	±2
v	極粗級			

〔注〕 * 0.5 mm 未満の基準寸法に対しては，その基準寸法に続けて許容差を個々に指示する．

表 6·11 角度寸法の許容差 （単位 mm）

公差等級		対象とする角度の短いほうの辺の長さの区分				
記号	説明	10 以下	10 を超え 50 以下	50 を超え 120 以下	120 を超え 400 以下	400 を超えるもの
		許容差				
f	精級	±1°	±30′	±20′	±10′	±5′
m	中級					
c	粗級	±1°30′	±1°	±30′	±15′	±10′
v	極粗級	±3°	±2°	±1°	±30′	±20′

適合したレベルで製作できるはずで，それには ±0.2 mm の普通公差が適切であろうから，それより大きい ±1 mm の公差値を指定したとしても，工作は楽にならず，この工場に何ら利益をもたらさないことになる．

また，機能によって許容される公差は，普通公差よりも大きいことがままある．そのため，ある部分が普通公差から逸脱しても，部品の機能が必ずしも損なわれるとは限らないので，その仕上がり寸法が機能を損なう場合だけ，不合格品とすればよい．

7

幾何公差の表示法

　最近の工業製品は，産業技術のめざましい発展にともなって，きわめて高度化し，精密化され，性能も格段に向上したものがみられるようになった．したがって，製品の各部分にも，一段と高い精度や互換性が要求されてきたが，その一環としてとくに大きくクローズアップされているのが，以下に説明する幾何公差である．

　6章において説明したサイズ公差は主として二点間測定による長さ寸法だけの規制である．ところが，一般に品物は，面とか線とかの幾何学的形体を有している．これらの形体を幾何学的に完全な状態に仕上げることはもとより不可能なので，どの程度までの狂いであれば許容されるかについて，あらかじめ図面に指示しておかなければならない．このような形体に対する偏差の許容値を**幾何公差**といい，**JIS B 0021**（製品の幾何特性仕様）に，その記号による表示と，それらの図示方法について規定されている．

7・1 　幾何公差の種類とその記号

　表7・1は，JISで定められた幾何公差の種類とその記号を示したもので，これらの幾何

表7・1 幾何公差の種類と記号（抜粋）

適用する形体	公差の種類		記　号	適用する形体	公差の種類		記　号
単独形体	形状公差	真直度公差	—	関連形体	姿勢公差	線の輪郭度	⌒
		平面度公差	▱			面の輪郭度	⌓
		真円度公差	○		位置公差	位置度公差	⊕
		円筒度公差	⌀			同軸度公差または同心度公差	◎
単独形体または関連形体		線の輪郭度公差	⌒			対称度公差	═
		面の輪郭度公差	⌓			線の輪郭度	⌒
関連形体	姿勢公差	平行度公差	//			面の輪郭度	⌓
		直角度公差	⊥		振れ公差	円周振れ公差	↗
		傾斜度公差	∠			全振れ公差	↗↗

公差は，それぞれの特長によって，形状公差，姿勢公差，位置および振れ公差に分類され，さらに，それらの公差が，ほかの関連部分によって規制されるか否かにより，**単独形体**および**関連形体**に分けられている．

7·2 公差域

上記の幾何公差は，実際には，その形体が一つ以上の幾何学的に完全な直線または表面によって規制され，公差（長さの単位）が指示される．このような許容領域を**公差域**という．たとえば，図7·1(a)のように，線の真直度が公差 t で指示される場合には，その線は t だけ離れた二つの平行な平面の範囲が公差域である．また同図(b)の場合には，軸線の真直度が公差 ϕt で示されているので，この軸線は図示の直径 t の円筒の内部の空間が公差域であることを示している．したがって，できあがった品物は，その形体がこの公差域内に納まりさえすれば，どのような形状または姿勢であっても許されることになる．

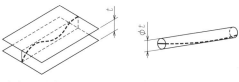

(a) 2平面ではさまれた領域　　(b) 円筒の中の領域

図7·1 公差域の例

7·3 データム

平行度などの関連形体においては，その公差域を設定するために，何か基準となる部分（面，線，軸線など）を考えなければならない．このような基準となる部分を**データム**という．

データムは，本来，理論的に正確な幾何学的基準でなければならないが，実際にはそのようなものは存在しないので，それの代用として，その品物に接触させて検査その他を行う定盤，軸受あるいはマンドレルなどの表面を用いるが，これを**実用データム形体**という．これに対して，図示上でデータムを設定した部分の形体（部品の表面，穴など）を**データム形体**という．図7·2は，これらを示したものである．

図7·2 データム

7・4　幾何公差の図示法

1. 公差記入枠

幾何公差を図中に指示するときは，図7・3に示すような長方形の公差記入枠を用い，この中に図示の例のように，公差の種類を示す記号と公差値をそれぞれ仕切って記入して示す．また，関連形体において，データムを明示する必要がある場合には，そのあとにラテン文字の大文字を用いて示すことになっている．

なお，公差を二つ以上の形体に適用する場合には，図7・4に示すように，記号"×"を用いて，その形体の数を，公差記入枠の上部に示しておけばよい．

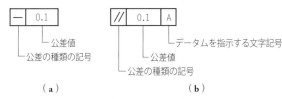

図7・3　公差記入枠

2. 公差により規制される形体の示し方

公差記入枠は，公差を規制する部分（図の外形線，軸，線など）に対し，図7・5の例に示すように，細い実線で垂直に結び，その先端に矢印をつけて示す．この線を指示線という．

この場合，注意しなければならないことは，図7・5に示すように，線または面自体に公差を指示する場合は，外形線またはその延長上に，寸法線の位置を明確に避けて矢印を当てなければならない．

また，図7・6のように，軸線または中心平面に公差を指定する場合には，寸法線の延長が公差記入枠からの指示線になるように引けばよい．

図7・4　公差を複数の形体に適用する場合

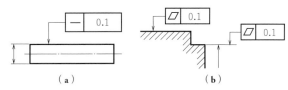

図7・5　公差を線または面に指定する場合

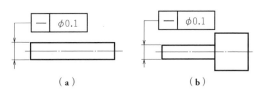

図7・6　公差を軸線または中心平面に指定する場合

3. データムの図示方法

形体に指定された公差が，前述のデータムと関連して示される場合には，図7・7のよ

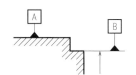 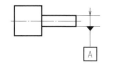 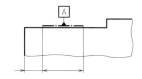

(a) 線または表面がデータムのとき　　(b) 軸線がデータムのとき　　(c) データムを限定した部分だけに適用する場合

図7・7　データの図示方法

うに，ラテン文字の大文字を正方形の枠で囲み，一方，データムの部分には，データムであることを示す塗りつぶした直角三角形（データム三角記号という）を描いて，これらを細い実線で結んでおけばよい．図7・4および図7・5に示す公差記入上の注意は，データム記入の場合とまったく同様である．

なお，図7・7(b)に示すように，寸法線の矢を外側から記入した場合には，その一方の矢をデータム三角記号で代用してもよいことになっている．

また，データムをデータム形体の限定した部分だけに適用する場合には，この限定部分を同図(c)のように，太い一点鎖線と寸法指示によって示せばよい．

4. 理論的に正確な寸法

幾何公差の中でも，位置度，輪郭度または傾斜度の公差を指定する場合には，図7・8の例のように，たとえば，穴の中心距離には寸法許容差を与えないで，公差はその中心点の位置度で示すわけであるが，この場合の中心距離の寸法を，**理論的に正確な寸法**といい，この数値を示すために，長方形枠で囲んでおくことになっている．

図7・8において，60 および 100 は，理論的に正確な寸法であることを表している．この図について説明すれば，φ60の穴の中心は，データムAおよびBから，それぞれ60および100の距離にあって，かつその真位置は，その中心とする直径0.02の円内にあればよいことが示されている．

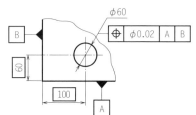

図7・8　理論的に正確な寸法

5. サイズ公差方式と幾何公差方式の比較

図7・8に示す円の中心位置は，前述したサイズ公差の記入法によっても示すことができる．図7・9(a)はこれを示したもので，この場合の円の中心の公差域は，同図(b)のハッチングを施した正方形の領域である．ところが，この位置度の最大変動量は対角線の方向にあり，その大きさは，$0.02 \times \sqrt{2} \fallingdotseq 0.028$ である．

この変動量は，45°の方向だけでなく，いずれの方向にも許しうるはずである．したがっ

幾何公差の図示法 | 7·4 | 101

表7·2 幾何公差の図示例とその公差域

〔備考〕 公差域欄で用いている線は，次の意味を表している．
太い実線：実体　　　　　太い一点鎖線：基準直線，基準平面，基準軸線
細い実線：公差域　　　　　　　　　　　または基準中心平面．
　　　　　細い一点鎖線：中心線および補足の投影面．

	図 示 例	公 差 域			図 示 例	公 差 域
真直度	一定方向の真直度(円筒の場合)． `— 0.1`	0.1 mm の間隔をもつ，互いに平行な二つの平面の間の空間．	平行度	直線部分の基準直線に対する縦方向の平行度(穴の軸線の場合)． `// 0.1 A B`	基準直線を含む平面に直交し，0.1 mm の間隔をもつ，互いに平行な二つの平面の間の空間．
平面度	一般の平面度． `▱ 0.08`	0.08 mm の間隔をもつ，互いに平行な二つの平面の間の空間．	直角度	直線部分の基準直線に対する直角度(穴の軸線を基準とする場合)． `⊥ 0.06 A`	基準直線に直角に 0.06 mm の間隔をもつ，互いに平行な二つの平面の間の空間．
真円度	`○ 0.03`	半径が 0.03 mm の差をもつ，同軸の二つの円の中間部．これは，軸線に直角な任意の横断面に適用．	傾斜度	直線部分と基準直線が同一平面上にない場合の傾斜度(穴と円筒の軸線の場合)． `∠ 0.08 A` 60°	基準直線に 60°傾斜し，図示された矢の方向に 0.08 mm の間隔をもつ，互いに平行な二つの平面の間の空間．
円筒度	`⌭ 0.1`	半径が 0.1 mm の差をもつ，同軸の二つの円筒の間の空間．	同軸度	円筒部分の同軸度． `◎ φ0.08 A-B`	基準軸線と同軸の直径 0.08 mm の円筒内部の空間．
線の輪郭度	`⌒ 0.04` R30	定められた幾何学的な輪郭線上のあらゆる点に中心をもつ，直径 0.04 mm の円を包絡する二つの曲線の中間部．	対称度	軸線の基準中心平面に対する一定方向の対称度． `⌯ 0.08 A-B`	溝 A および B の共通する基準中心平面を中心として 0.08 mm の間隔をもつ，互いに平行な二つの平面の間の空間．
面の輪郭度	`⌓ 0.02`	定められた幾何学的な輪郭線上のあらゆる点に中心をもつ，直径 0.02 mm の球で包絡される二つの曲面の間の空間．	振れ	半径方向の振れ(円周面の場合)． `↗ 0.1 A-B`	矢の方向の測定平面内で，振れが 0.1 mm を超えないこと．
位置度	平面上の点の位置度． `⊕ φ0.03` 60 100	定められた正しい位置を中心とする直径 0.03 mm の円の内部．			

て，0.028 を直径とする円を描き，その円内の領域を公差域とすれば，その面積はもとの正方形のときにくらべ 57％の増となる．

このように，サイズ公差による位置度の指定は，きびしい公差を課していたことになり，幾何公差の採用によるこの公差域の増大

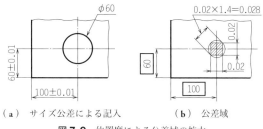

　（a）サイズ公差による記入　　　（b）公差域

図 7·9　位置度による公差域の拡大

は，工作をそれだけ楽にし，かつ不良率を低減させることができるなど，大きな経済的効果が得られることになる．

6. 幾何公差の図示例とその公差域

表 7·2 は，種々な幾何公差の図示例と，その公差域を示したものである．

7·5　最大実体公差方式について

1. 最大実体とは

6 章において説明したサイズ公差および本章の幾何公差は，とくに指示がない限りは，それぞれ別個に適用されることになっており，一方が他者を規制することはない．これを**独立の原則**という．

ところが，これら両者の間には密接な関係があるのであって，これら両者間の相互依存関係をたくみに利用して品物に公差を与えることができる．この方式を**最大実体公差方式**と呼び，JIS B 0023 に規定されている．

ここに，最大実体というのは，軸のような外側形体のものでは，それが上の許容サイズに仕上がったとき，すなわち軸径が最も太いときの状態をいうのである．また，穴のような内側形体では，逆に，それが下の許容サイズに仕上がったとき，すなわち穴径が最も小さいときの状態である．この状態において，軸および穴は最も質量が大となるので，これを**最大実体状態**（maximum material condition，略して **MMC**）という．

いま，すきまばめが行われる穴と軸について考えてみれば，穴と軸のいずれもが最大実体状態に仕上がったとき，すきまが最も小さい，いいかえれば，最悪のはめあいの状態になる．したがって，その片方，またはいずれもが，最大実体状態を離れて仕上がるにつれて，はめあいはだんだん楽になり，双方が MMC と反対の状態，すなわち**最小実体状態**（least material condition，略して **LMC**）に仕上がったとき，最も楽なはめあいになる．

ところで，上記のはめあいにおいて，その条件が最悪な場合である MMC のときでも，

最小すきまは保証されており，互換性は確保されるのであるから，実際に仕上がったサイズが MMC を離れ，LMC に近づくにつれて，はめあいにいわば余裕を生じることになる．この余裕をむだにせず，これを適宜な幾何公差（姿勢公差または位置公差）にふりわければ，全体の公差の幅をずっと大きくすることができるわけである．

実際問題として，品物が MMC に仕上がる確率はそれほど高くはないから，ほとんどの場合，この恩典にあずかることができる．

なお，この最大実体公差方式は，はめあい部分だけでなく，以下に説明するように，軸線または中心面をもつ関連形体であれば，いずれも適用することができる．ただし，はめあい部品でも，すきまばめ以外のもの（しまりばめ，中間ばめ）の場合には適用されない．

2. 最大実体公差方式の適用

いま，図 7・10 において，ピンの直径は $^{\ \ 0}_{-0.1}$ のサイズ公差内になければならないことを示している．したがって，このピンの**最大実体サイズ**（**MMS** という）は $\phi 6.5$ であり，**最小実体サイズ**（**LMS** という）は $\phi 6.4$ である．

また，このピンの幾何公差（平行度）は，その軸線が，データム平面 A に対して平行で，かつその間隔が 0.06 である平行平面の領域内になければならないことを示している．0.06 の数字のあとに示されている Ⓜ という記号は，MMC を表すものであり，このピンに最大実体公差方式を適用することを示したものである．

これらのサイズ公差と幾何公差を合わせて考えるならば，このピンが MMS，すなわち $\phi 6.5$ に仕上がったときでも，別に 0.06 の平行度公差が許されているから，これらを合計すれば，図 7・11 に示すように，軸線が許された領域内で最も傾いた状態では，データム平面 A に対して平行な方向でのサイズは，図示のように 6.56 となる．この 6.56 というサイズは，最大実体サイズに幾何公差を加えたサイズ（穴の場合は逆に引いたサイズ）で，これを**実効サイズ**（virtual size，略して **VS**）と呼ぶ．

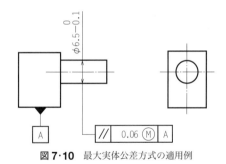

図 7・10 最大実体公差方式の適用例

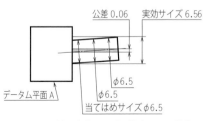

図 7・11 最大実体サイズに仕上がった場合

もしこの場合，公差記入枠に Ⓜ の記号が記入されていない，すなわち最大実体公差方式が適用されない場合には，本節の冒頭に述べた独立の原則により，サイズ公差

および幾何公差は別々に適用されるから，図7・10の解釈は，図7・11に示したことで尽きるのであるが，この場合にはⓂが記入されているから，さらに次に説明するような公差域の拡大というメリットがつけ加わるのである．

すなわち，今度は逆に，ピンがLMS，すなわちφ6.4に仕上がった場合のことを考えてみよう．図7・12にその状態を示す．ピンの直径6.4に平行度公差0.06を加えても，6.46にしかならず，実効サイズとの間に0.1だけ余裕がある．したがって，この0.1の余裕を平行度公差に加算して，その公差を図示のように0.16まで大きくして

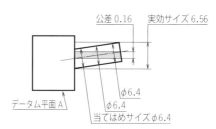

図7・12 最小実体サイズに仕上がった場合

も，このピンはMMSの場合と同じ規則範囲内に納まっていることになる．

この実効サイズというのは，実は，はめあい部品における相手側の最悪の状態をシミュレーションしたサイズであり，実際には，この品物を検査する**機能ゲージ**のサイズであるから，このサイズにゲージをつくっておけば，品物が最大実体公差内に仕上がっているか否かを容易に検査することができる．

図7・11および図7・12は，いずれも最も極端な場合を示したものであるから，実際にはほとんどこれらの状態の中間にあることになろう．

このように，最大実体公差方式では，次のような原則が成り立つことがわかる．

① 最大実体公差方式が適用される場合，示された幾何公差の公差値は，その形体が最大実体サイズに仕上がったときに対して定められたものである．

② 形体が最大実体サイズから離れて仕上がったときには，その分だけ幾何公差につけ加えて，その公差を大きくすることが許される．

3. 動的公差線図

上記のようなことを，線図上に表現すると，図7・13が得られる．図において，横軸はピンの直径を，縦軸は平行度公差を示したものである．

図からわかるように，ピンの直径はφ6.4からφ6.5までの間で変動し，平行度の公差は，0.06から0.16まで変動しうる範囲がハッチングを施した部分で示されている．このような線図を**動的公差線図**という．すなわち，この場合では，ピンの直径ならびに平行度の公差が，このハッチングの範囲にあれば合格となり，外側にあれば不合格になるわけであるが，図の破線よりも上の部分が，最大実体公差を適用したことによって拡大された公差域

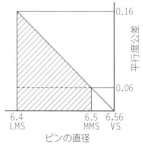

図7・13 動的公差線図

で，これを**ボーナス公差**と呼び，この公差方式がいかに有効であるかを示している．

すなわち，図**7·13**において合格の境界を示す斜線が45°であるということは，ピンの直径が MMS である 6.5 に仕上がったときは，許される平行度は，図**7·10**で指示された値の 0.06 であるが，その直径が MMS を離れて LMS のほうへ近づいたときは，その分だけ平行度公差に上乗せすることができることを示したものであり，ついに LMS に等しく，すなわち 6.4 に仕上がったときは，その MMS から離れた分（6.5-6.4=0.1）だけ平行度公差に上乗せされ，これを 0.16 まで増大することが許されるのである．

なお，幾何公差方式，最大実体公差方式とも，上で説明したよりもきわめて広範にわたって規定されているので，規格本文を参照されることが望ましい．

7·6 | 普通幾何公差

サイズ公差で説明した普通公差は，幾何公差の場合においても同様な趣旨で規定されている〔JIS B 0419（普通公差―第2部：個々に公差の指示がない形体に対する幾何公差）〕．

幾何公差の図示例については，前述の表**7·2**に示すように多くの種類があるが，これらのうち円筒度，線の輪郭度，面の輪郭度，傾斜度，同軸度，位置度および全振れは普通公差になじまないので除かれており，次に説明する **1.** ～ **6.** にのみ許容値が定められている．なお，基本サイズ公差等級はラテン文字の大文字による H，K，L の3等級が定められている．

1. 真直度および平面度

表**7·3**は，真直度および平面度の普通公差を示す．公差をこの表から選ぶときには，真直度は該当する線の長さを，平面度は長方形の場合には長いほうの辺の長さを，円形の場合には直径をそれぞれ基準とすればよい．

2. 真円度

真円度の普通公差は，直径のサイズ公差の値に等しくとるが，後述の **6.** に示す表**7·6**

表7·3 真直度および平面度の普通公差　　　　　（単位 mm）

基本サイズ公差等級	呼び長さの区分					
	10以下	10を超え30以下	30を超え100以下	100を超え300以下	300を超え1000以下	1000を超え3000以下
	直角度公差および平面度公差					
H	0.02	0.05	0.1	0.2	0.3	0.4
K	0.05	0.1	0.2	0.4	0.6	0.8
L	0.1	0.2	0.4	0.8	1.2	1.6

の円周振れの値を超えてはならない.

3. 平行度

平行度の普通公差は,サイズ公差,平面度公差,真直度公差のいずれか大きいほうの値に等しくとればよい.この場合,二つの形体のうち,長いほうをデータムとするが,それらが等しい呼び長さである場合には,そのいずれをデータムとしてもよい.

4. 直角度

直角度の普通公差は,表7·4による.直角をはさむ二辺のうち長いほうをデータムとする.その二辺が等しい呼び長さの場合は,そのいずれでもよい.

5. 対称度

対称度の普通公差は,表7·5による.対称度を形成する二つの形体のうち,長いほうをデータムとする.それらが等しい場合はそのいずれでもよい.

6. 円周振れ

円周振れ(半径方向,軸方向および斜め法線方向)の普通公差は,表7·6による.円周振れで図面上に指示面が指定されている場合には,その面をデータムとする.

7. 図面上の指示

この規格による普通公差を,**JIS B 0405** による普通公差とともに適用する場合(**p.94** 参照)には,次の事項を表題欄の中またはその付近に指示しておけばよい.

① **JIS B 0419** の文字,② **JIS B 0405** による公差等級,③ この規格による公差等級.

〔例〕 JIS B 0419 – mK

表7·4 直角度の普通公差 (単位 mm)

基本サイズ 公差等級	短いほうの辺の呼び長さの区分			
	100 以下	100を超え 300 以下	300を超え 1000 以下	1000を超え 3000 以下
	直角度公差			
H	0.2	0.3	0.4	0.5
K	0.4	0.6	0.8	1
L	0.6	1	1.5	2

表7·5 対称度の普通公差 (単位 mm)

基本サイズ 公差等級	呼び長さの区分			
	100 以下	100を超え 300 以下	300を超え 1000 以下	1000を超え 3000 以下
	対称度公差			
H	0.5			
K	0.6		0.8	1
L	0.6	1	1.5	2

表7·6 円周振れの普通公差 (単位 mm)

基本サイズ 公差等級	円周振れ公差
H	0.1
K	0.2
L	0.5

8

表面性状の図示方法

8·1 　表面性状について

　機械部品や構造部材の表面を見ると，鋳造，圧延などのままの生地の部分と，刃物などで削り取った部分があることがわかる．この場合，後者のように削り取る加工のことを，とくに**除去加工**という．

　また，除去加工の要否を問わず，その表面にはざらざらからすべすべに至るまでさまざまな凹凸の段階があることがわかる．この段階のことを，**表面粗さ**という．さらに製品の表面には，加工によってさまざまな筋目模様が印されている．このような模様を**筋目方向**という．

　このような表面の感覚のもとになる量を総称して**表面性状**と呼ぶことになり，従来の規格の「面の肌の図示方法」が大きく改正されて，「表面性状の図示方法（**JIS B 0031**：**2003**）」として規定された．

　従来の **JIS** の「面の肌」と，今回の「表面性状」とではどう違うのかについては，前者が"ものの性質"の意味合いが薄かったこと，またそれが表面における性状のごく一部分を表すだけであったことから，技術用語として広い意味をもつ後者に変更され，かつ解釈のあいまい性を極力排除することを意図した規格に変貌した．

　表面性状の測定において，測定機のデジタル化が進んだことに伴い，工業製品の表面の多様な評価が可能になり，国際規格 **ISO** においても新しい表面性状パラメータが採用され，新しい概念のフィルタが導入された．**JIS** においても国際的な整合をはかる必要が生じ，このような大改正が行われたわけである．

　本規格の特徴を一言でいうならば，"表面性状のパラメータの飛躍的拡大"ということである．これを簡単に説明するならば，従来パラメータの種類は 6 種類だけだったのが，今回は測定方法の種類だけで輪郭曲線パラメータ，モチーフパラメータ，負荷曲線に関連するパラメータの 3 種類があり，それらの測定曲線別による種類が 10 種類，このそれぞれの個々の測定方向別のパラメータに至っては優に 60 種類を越えるという多様ぶりである（表 **8·1** 参照）．

　ただしこれらのうち，主体になるものは**輪郭曲線パラメータ**であって，モチーフパラ

メータおよび負荷曲線に関連するパラメータは，主としてしゅう動面を対象とするものであり，前者を"補うものであり置き換わるものではない"とされていることと，その手法が複雑であるため，説明は省略する．

8・2 輪郭曲線，断面曲線，粗さ曲線，うねり曲線

表面性状の測定は，一般に触針式表面性状測定機を用いて行う（図8・1）．

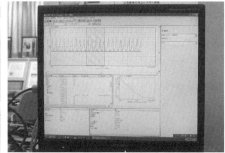

図8・1 ハイブリッド表面性状測定機（左）とその操作画面

測定面を筋目方向に直角に触針によってなぞり，得られた**輪郭曲線**から，λs 輪郭曲線フィルタによって粗さ成分より短い波長成分を除去した曲線を**断面曲線**という（図8・2）．

この断面曲線には，細かい凹凸の成分と，より大きい波のうねり成分を含んでおり，両者を分離するためλc 輪郭曲線フィルタ，λf 輪郭曲線フィルタによって片方を除去したものがそれぞれ粗さ曲線およびうねり

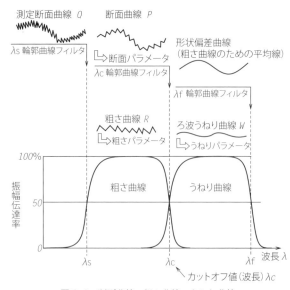

図8・2 断面曲線，粗さ曲線，うねり曲線

曲線である.

粗さ曲線は，一般に表面の滑らかさが問題になる場合に広く用いられる.

うねり曲線は，粗さより波長の長い波であるから，流体の漏れが問題になる表面などに使用される.

断面曲線は，漏れの他に摩耗が重要視される場合などに使用される.

これらの曲線は，初学者には理解しにくいと思われるが，実際にはすべて機械によりデジタル化して記録される．ハイブリッドの表面性状測定機では，その輪郭形状解析機能は，平面は無論のこと半径，距離，角度など多彩な寸法測定が可能となり，表面粗さ解析機能では，1回の測定で上記したあらゆるパラメータに対応することができる.

その操作の1例をあげれば，まず対象物の輪郭曲線を測定して液晶操作画面に表示させ，そこに列挙されたパラメータのうち必要なものを選んでクリックすれば，たちどころにその数値が計算され，表示されるというものである.

また，このような大型の測定機でなくとも，小型の可搬式測定機でも，それなりに10数種類のパラメータに対応することができるといわれている.

8·3 輪郭曲線パラメータ

1. 輪郭曲線から計算されたパラメータ

表8·1に輪郭曲線から計算された各種のパラメータとその記号を示す．表で見られるように，粗さパラメータは記号 R を，うねりパラメータは記号 W を，断面曲線パラメータは記号 P をそれぞれ用い，これにパラメータの種類を示す斜体の小文字を付記することになっている.

ただし現在においては，情報の不足により誰もがこのような多種のパラメータを駆使できる状況ではないので，本章では上記の輪郭曲線パラメータのうち，以前から広く用いられていた**算術平均粗さ**，**最大高さ粗さ**および**十点平均粗さ**などのパラメータについて説明を行うこととする（表8·2参照）．実際，一般機械部品の加工表面では，これらのパラメータで指示すれば十分であるとされている.

表8·2に，これらのパラメータの説明を示す.

ただし，これらのパラメータの記号について，以下の ① ～ ③ の事項が旧規格（**JIS B 0601：1994**）と異なっているのでとくに注意してほしい.

① 旧規格では，算術平均粗さを優遇するために，このパラメータで記入するときにはその記号を省略して単に粗さ数値だけを示せばよかったのが，今回の改正ですべてのパラメータにパラメータ記号を付記することが義務づけられた.

110 | 8章 | 表面性状の図示方法

表 8·1 輪郭曲線パラメータとその記号（JIS B 0031 附属書 E より）

（ a ） 粗さパラメータ記号

粗さパラ メータ	高さ方向のパラメータ											横方向のパ ラメータ	複合パラ メータ	負荷曲線に関連 するパラメータ		
	山および谷						高さ方向の平均									
	Rp	Rv	Rz	Rc	Rt	Rz_{JIS}	Ra	Rq	Rsk	Rku	Ra_{75}	RSm	$R\Delta q$	Rmr (c)	$R\delta c$	Rmr

（ b ） うねりパラメータ記号

うねりパラ メータ	高さ方向のパラメータ											横方向のパ ラメータ	複合パラ メータ	負荷曲線に関連 するパラメータ		
	山および谷						高さ方向の平均									
	Wp	Wv	Wz	Wc	Wt	W_{EM}	Wa	Wq	Wsk	Wku	W_{EA}	WSm	$W\Delta q$	Wmr (c)	$W\delta c$	Wmr

（ c ） 断面曲線パラメータ記号

断面曲線パ ラメータ	高さ方向のパラメータ											横方向のパ ラメータ	複合パラ メータ	負荷曲線に関連 するパラメータ		
	山および谷						高さ方向の平均									
	Pp	Pv	Pz	Pc	Pt	—	Pa	Pq	Psk	Pku	—	PSm	$P\Delta q$	Pmr(c)	$P\delta c$	Pmr

表 8·2 輪郭曲線パラメータ（粗さ曲線）の種類と定義（JIS B 0601 附属書より）

記号	名　称	説　明	解析曲線
Ra	算術平均粗さ	基準長さにおける $Z(x)$ の絶対値の平均	基準長さ lr
Rz	最大高さ粗さ	基準長さでの輪郭曲線要素の最大山高さ Rp と最大谷深さ Rv との和	基準長さ lr
Rz_{JIS}	十点平均粗さ	粗さ曲線で最高山頂から 5 番目までの山高さの平均と，最深谷底から 5 番目までの谷深さの平均の和	基準長さ lr

② 旧規格では最大高さに対する記号には R_{max} や R_y などが用いられていたが，座標関係では高さ方向を表すのに Z が用いられることになったので，最大高さ粗さを Rz と表記することに改められた．

③ 旧規格では十点平均粗さは R_z で表されていたが，今回この粗さは ISO から外された．しかしこのパラメータは，わが国では広く普及しているために，旧規格名に z の高さに合わせた添え字 JIS を付して Rz_{JIS} として附属書の参考として残されることになった．

2. その他の用語解説

① **カットオフ値** 輪郭曲線パラメータでは，表面の凹凸の低周波部分（うねりの成分）を除くために，電気回路に高域フィルタを入れてカットしているが，その利得が 50% になる周波数の波長．

② **基準長さ** 粗さ曲線からカットオフ値の長さを抜き取った部分の長さ（図 8・3）．

③ **評価長さ** 最大断面高さの場合などでは，基準長さでは短かすぎて評価が十分になされないので，一つ以上の基準長さを含む長さ（一般にはその 5 倍とする）を取り，これを評価長さという．

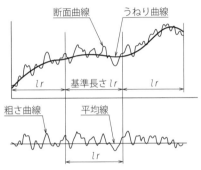

図 8・3 断面曲線と粗さ曲線

④ **平均線** 断面曲線の抜き取り部分におけるうねり曲線を直線に置き換えた線．

⑤ **抜き取り部分** 粗さ曲線からその平均線の方向に基準長さだけ抜き取った部分．

⑥ **通過帯域** 表面性状評価対象の波長域のことで，低域（通過）フィルタと高域（通過）フィルタとの組み合わせで示す．〔**例**〕 0.08-0.8

⑦ **16%ルール** パラメータの測定値のうち，指示された要求値を越える数が 16% 以下であれば，この表面は要求値を満たすものとするルールであり，これを標準ルールとする．

⑧ **最大値ルール** 対象域全域で求めたパラメータのうち，一つでも指示された要求値を越えてはならないというきびしいルール．このルールに従うときには，パラメータの記号に "max" を付けなければならない．

8・4 表面性状の図示方法

1. 表面性状の図示記号

表面性状を図示するときは，その対象となる面に，図 8・4 に示すような記号を，その

(a) 基本図示記号　　(b) 除去加工をする場合　　(c) 除去加工をしない場合

図8・4　表面性状の図示記号

外側から当てて示すことになっている．

同図(a)は基本図示記号を示したもので，約60°傾いた長さの異なる2本の直線で構成する．この記号は，その面の除去加工の要否を問わない場合，あるいは後述する簡略図示の場合に使用する．

同図(b)は，対象面が除去加工を必要とする場合に，記号の短いほうの線に横線を付加して示す．

また対象面が除去加工をしてはならないことを示す場合には，同図(c)のように，記号に内接する円を付加して示す．

なおこれらの図示記号に表面性状の要求事項を指示する場合には，図8・5のように，記号の長い線のほうに適宜な長さの線を引き，その下に記入することになっている．

(a) 除去加工の有無を問わない場合　　(b) 除去加工をする場合　　(c) 除去加工をしない場合

図8・5　除去加工の有無による表面性状の図示記号

2. パラメータの標準数列

パラメータの許容限界値は，表8・3の中から，とくに優先的に用いる数値を太字で示している．

表8・3　各種パラメータの標準数列（JIS B 0031 附属書1より）

(a) Ra の標準数列（単位 μm）

	0.012	0.125	1.25	**12.5**	125
	0.016	0.160	**1.60**	16.0	160
	0.020	**0.20**	2.0	20	**200**
	0.025	0.25	2.5	**25**	250
	0.032	0.32	**3.2**	32	320
	0.040	**0.40**	4.0	40	400
	0.050	0.50	5.0	**50**	
	0.063	0.63	**6.3**	63	
0.008	0.080	**0.80**	8.0	80	
0.010	**0.100**	1.00	10.0	100	

(b) Rz および Rz_{JIS} の標準数列（単位 μm）

	0.125	1.25	**12.5**	125	1250
	0.160	**1.60**	16.0	160	1600
	0.20	2.0	20	**200**	
0.025	0.25	2.5	**25**	250	
0.032	0.32	**3.2**	32	320	
0.040	**0.40**	4.0	40	**400**	
0.050	0.50	5.0	**50**	500	
0.063	0.63	**6.3**	63	630	
0.080	**0.80**	8.0	80	**800**	
0.100	1.00	10.0	**100**	1000	

3. 表面性状の要求事項の指示位置

表面性状の図示記号に，要求事項を指示するときは，図8・6に示す位置に記入することになっている．

なお図中 a の位置には，必要に応じ種々の要求事項が記入される場合があるが，その大半には標準値が定められているので，それに従う場合には，パラメータの記号とその値だけを記入しておけばよい．ただしこの場合，記号と限界値の間隔は，ダブルスペース（二つの半角のスペース）としなければならない（図8・7）．これはこのスペースを空けないと，評価長さと誤解されるおそれがあるためである．また，許容限界値に上限と下限が用いられることがあるが，この場合には上限値には U，下限値には L の文字を用い，上下2列に記入すればよい（図8・8）．

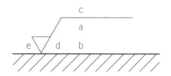

a：通過帯域または基準長さ，パラメータとその値
b：二つ以上のパラメータが要求されたときの二つ目以上のパラメータ指示
c：加工方法
d：筋目およびその方向
e：削り代

図8・6 表面性状の要求事項を指示する位置

図8・7 記号と許容値の空き　　図8・8 上限・下限の指示

また，図8・6中 d の位置には筋目の方向を記入するが，これには表8・4に示す記号を用いて記入することになっている．

表8・4 筋目の方向の記号

記号	=	⊥	X	M	C	R	P
意味	筋目の方向が記号を指示した図の投影面に平行	筋目の方向が記号を指示した図の投影面に直角	筋目の方向が記号を指示した図の投影面に斜めで2方向に交差	筋目の方向が多方向に交差	筋目の方向が記号を指示した面の中心に対してほぼ同心円状	筋目の方向が記号を指示した面の中心に対してほぼ放射状	筋目が粒子状のくぼみ，無方向または粒子状の突起
説明図							

4. 表面性状の図面上の指示

輪郭曲線パラメータを図面上に指示するには，規格では図8・9に示すような方法を提案している．この方法は，表面性状のすべての管理項目を網羅したものであり，きわめて繁雑であるように見える．しかしこれらの項目のうちには，その標準条件が定められているもの，あるいは一般には省略してよい項目も少なくない．図8・9の ▅▅▅（あみかけ）部分はそのような項目を示しており，一般にはこのような項目をすべて省略した簡便な表示方法が用いられている．

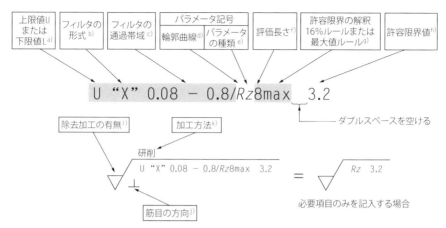

- a) パラメータの許容限界の上限値（U）または下限値（L）
- b) フィルタの形式 "X"
- c) 通過帯域は "低域フィルタのカットオフ値 − 高域フィルタのカットオフ値" のように指示する
- d) R, W, または P の輪郭曲線
- e) 表面性状を示すパラメータの種類
- f) 基準長さを表した評価長さ
- g) 許容限界の解釈（"16 % ルール" または "最大値ルール"）
- h) μm 単位の許容限界値
- i) 除去加工の有無
- j) 筋目の方向
- k) 加工方法

図 8・9　図面に指示する表面性状の管理項目

5. 表面性状図示記号の記入法

（1）一般事項　表面性状図示記号（以下図示記号という）は，図 8・10 に示すように，対象面に接するように，図面の下辺または右辺から読めるように記入する．この場合，図の下側および右側にはそのまま記入できないので，同図の下，右に示すように外形線から引出した引出線を用いて記入しなければならない．

対象面が線でなく面の場合には，端末記号を矢でなく黒丸にすればよい．

なお従来では，算術平均粗さの使用を優遇するために，図示記号の上に，その数値だけを記入すればよかったのが，今回の改正で，すべての場合にパラメータ記号の記入が義務づけられた．また，斜め方向に記入する場合の図 8・11 のような記入は禁じられた．

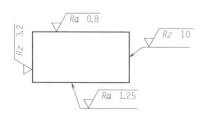

図 8・10　表面性状の要求事項の向き

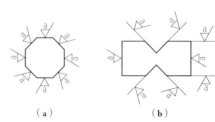

図 8・11　禁止された記入法

(2) 外形線または引出線に指示する場合

図示記号は，外形線（またはその延長線）に接するか，対象面から引出された引出線に接するように記入する（図8·12）．また同一図示記号を近接した2カ所に指示する場合には図示のように矢印を分岐して当てればよい．

(3) 寸法補助線に指示する場合 図示記号は，図8·13のように，寸法補助線に接するか，寸法補助線に矢印で接する引出線に接するように指示する．

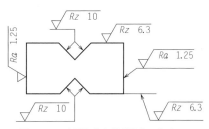

図8·12 表面を表す外形線上に指示した表面性状の要求事項

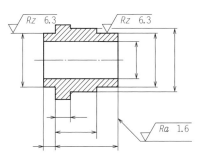

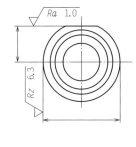

図8·13 寸法補助線に記入する場合

(4) 円筒表面に指示する場合

中心線によって表された円筒表面，または角柱表面（角柱の各表面が同じ表面性状である場合）では，図示記号はどちらかの片側に1回だけ指示すればよい〔図8·14(a)〕．

ただし，角柱の場合でその各面に，異なった表面性状を要求される場合には，角柱の各表面に対して個々に指示しなければならない〔同図(b)〕．

(5) 寸法線に指示する場合 図8·15のように，対象面は明らかに円筒面であり，それ以外に誤った解釈がされるおそれのないときでは，図示記号は，寸法に並べて記入してもよい．このような記入法は，円筒

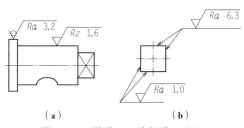

図8·14 円筒面および角柱面への記入

図8·15 二つ以上の寸法線に記入

面以外では使用しないのがよい．

（6）**幾何公差の公差記入枠に指示する場合**　図8・16の対象面は，明らかに矢印で示された平面であることがわかる．このような誤った解釈がされるおそれのないときには，図示記号は，公差記入枠の上側に付けてもよい．

図8・16　幾何公差枠に記入

（7）**削り代の指示**　一般に削り代は，同一図面に後加工の状態が指示されている場合にだけ指示され（図8・17中"3"が全表面に要求されている削り代），鋳造品，鍛造品などの素形材の形状に最終形状（旋削など）が表されている図面に用いる．

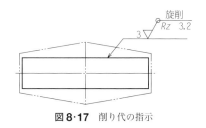

図8・17　削り代の指示

（8）**部品一周の全面に同じ図示記号を指示する場合**　図面に閉じた外形線によって表された部品一周の全周面に同じ表面性状が要求される場合には，図8・18(a)のように，図示記号の交点に丸記号を付けておけばよい．

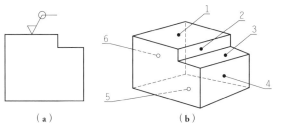

参考　図形に外形線によって表された全表面とは，部品の三次元表現〔(b)図〕で示されている6面である（正面および背面を除く）．

図8・18　部品の全周面への記入

6. 表面性状の要求事項の簡略図示

（1）**すべての面または大部分の表面が同じ図示記号の場合**　部品のすべての面に同じ図示記号を指示する場合には，図8・19に示すように，個々の記入は行わず，その図示記号を図面の表題欄あるいは主投影図または照合番号のかたわらに1個だけ目立つように記入しておけばよい．また，部品の大部分に同じ図示記号を指示する場合には，上記と同じように記入し，そのあとに，図8・20(a)に示すように，かっこで囲んだ何も付けない基本図示記号を記入しておく一方，部分的に異なった図示記号を，図の該当する部分に指示しておけばよい．なお，同図(b)は，念のためにかっこの中に部分的に異なった表面性状を記入した例である．

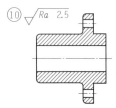

図8・19　すべての面が同一の表面性状の場合

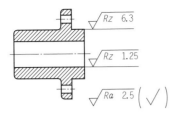
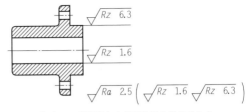

（a）大部分が同一のとき　　　　　　（b）一部が異なる表面性状を付けるとき

図8·20　大部分が同一（一部異なる）表面性状の場合

（2）指示スペースが限られた場合
図8·21のように，図中には文字付き簡略図示記号を用い，適当な箇所にその意味を示しておけばよい．

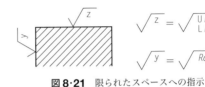

図8·21　限られたスペースへの指示

（3）図示記号だけによる場合　同じ図示記号が部品の大部分で用いられる場合，対象面には簡略図示記号を用い，適当な箇所にそれぞれの意味を示しておけばよい（図8·22）．

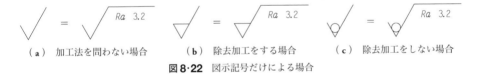

（a）加工法を問わない場合　　（b）除去加工をする場合　　（c）除去加工をしない場合

図8·22　図示記号だけによる場合

表8·5　表面性状の要求事項を指示した図示記号

図示記号	意味および解釈
√ Rz 0.5	除去加工をしない表面，片側許容限界の上限値，標準通過帯域，粗さ曲線，最大高さ，粗さ0.5 μm，基準長さ lr の5倍の標準評価長さ，"16%ルール"（標準）
√ Rzmax 0.32	除去加工面，片側許容限界の上限値，標準通過帯域，粗さ曲線，最大高さ，粗さ0.32 μm，基準長さ lr の5倍の標準評価長さ，"最大値ルール"
√ 0.008-0.8/Ra 3.2	除去加工面，片側許容限界の上限値，通過帯域は0.008 − 0.8 mm，粗さ曲線，算術平均粗さ3.2 μm，基準長さ lr の5倍の標準評価長さ，"16%ルール"（標準）
√ -0.8/Ra3 3.2	除去加工面，片側許容限界の上限値，通過帯域は基準長さ0.8 mm（λsは標準値0.0025 mm），粗さ曲線，算術平均粗さ3.2 μm，基準長さ lr の3倍の評価長さ，"16%ルール"（標準）
√ U Ramax 3.2　L Ra 0.8	除去加工をしない表面，両側許容限界の上限値および下限値，標準通過帯域，粗さ曲線，上限値；算術平均粗さ3.2 μm，基準長さ lr の5倍の評価長さ（標準），"最大値ルール"，下限値；算術平均粗さ0.8 μm，基準長さ lr の5倍の標準評価長さ，"16%ルール"（標準）

118 | 8章 　表 面 性 状 の 図 示 方 法

7. 図示記号の記入例

　表面性状の要求事項を指示した図示記号の記入例とその意味および解釈を表**8・5**に,
またその図示例を表**8・6**に示す.

表8・6 　表面性状の図示例

要　求　事　項	示　　　例
両側許容限界の表面性状を指示する場合の指示 　―両側許容限界 　―上限値 $Ra = 50\ \mu\mathrm{m}$ 　―下限値 $Ra = 6.3\ \mu\mathrm{m}$ 　―両者とも "16%ルール"(標準) 　―通過帯域 0.008 − 4 mm 　―標準評価長さ (5×4 mm = 20 mm) 　―筋目は中心の周りにほぼ同心円状 　―加工方法：フライス削り	フライス削り U 0.008-4/Ra　　50 C L 0.008-4/Ra　6.3 **参考** 　原国際規格では, U および L が明確に理解できるこの例では, U および L を省略してよいとなっているが, 迅速に判断できるように記号 U および L を付した.

1か所を除く全表面の表面性状を指示する場合の指示	

| 1か所を除く全表面の表面性状
　―片側許容限界の上限値
　― $Rz = 6.3\ \mu\mathrm{m}$
　― "16%ルール"(標準)
　―標準通過帯域
　―標準評価長さ (5×λc)
　―筋目の方向：要求なし
　―加工方法：除去加工 | 1か所の異なる表面性状
　―片側許容限界の上限値
　― $Ra = 0.8\ \mu\mathrm{m}$
　― "16%ルール"(標準)
　―標準通過帯域
　―標準評価長さ (5×λc)
　―筋目の方向：要求なし
　―加工方法：除去加工 | Rz　6.3

Ra　0.8 |

| 二つの片側許容限界の表面性状を指示する場合の指示
　―二つの片側許容限界の上限値

　1)　$Ra = 1.6\ \mu\mathrm{m}$ 　6)　"最大値ルール"
　2)　"16%ルール"(標準) 　7)　通過帯域 − 2.5 mm
　3)　標準通過帯域 　　　　(λs)
　4)　標準評価長さ (5×λc) 　8)　標準評価長さ (5×
　5)　$Rz\,\mathrm{max} = 6.3\ \mu\mathrm{m}$ 　　　2.5 mm)

　―筋目の方向：ほぼ投影面に直角
　―加工方法：研削 | 研削
Ra　　1.6
⊥ −2.5/Rz max　6.3 |

9

溶接記号とその表示法

9·1 溶接の種類

溶接とは，金属を種々の熱源によって局部的に融解させて接合する方法で，この方法によって得られた継手（つぎて）を溶接継手という．溶接にはその熱源によって，アーク溶接，ガス溶接，抵抗溶接などがある．そのうちアーク溶接は，構造物，ボイラ，建築，船舶などにさかんに用いられている．

一般に用いられている溶接継手の種類を図 9·1 に示す．溶接される金属のことを母材といい，溶接継手においては，この母材の端部（たんぶ）を種々な形に仕上げ，これをいろいろに組み合わせて使用する．

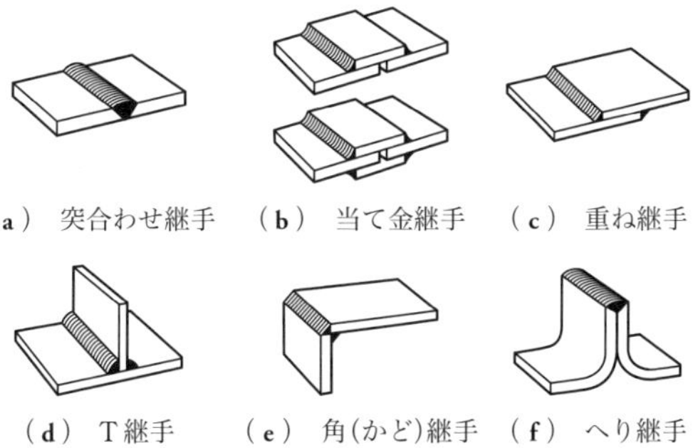

このような溶接部分を図示する場合，実形によるのは不便なので，JIS ではこれを簡潔に図示できる溶接記号を規定している（**JIS Z 3021**＊）．

（a）突合わせ継手　（b）当て金継手　（c）重ね継手

（d）T継手　（e）角（かど）継手　（f）へり継手

図 9·1　溶接継手の種類

9·2 溶接の特殊な用語

溶接には特殊な用語が用いられるので，いくつかの用語について説明する．

＊　対応国際規格（**ISO 2553**）において，ヨーロッパで用いられてきた［第一角法］を［System A］，日本をはじめアメリカなど環太平洋地域で用いられてきた［第三角法］を［System B］とし，2013 年に共存規格として全面改正された．今回の **JIS Z 3021 : 2016**（溶接記号）は［System B］だけを規定したものであり，詳細は規格本文を参照してほしい．

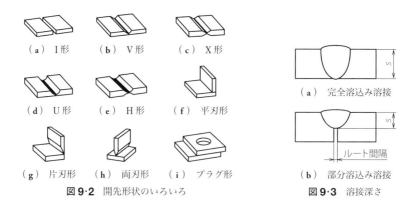

図9・2　開先形状のいろいろ　　　　図9・3　溶接深さ

① **開先**（かいさき）　溶接においては，その母材の端部を図9・2に示すようないろいろな形に仕上げ，それを並べてできる空間部分に溶着金属を流し込んで接合する．このときの端部の形を開先といい，そのように仕上げることを**開先をとる**という．また，そのとき削りとられた部分の寸法を**開先寸法**という．開先の形状およびその寸法は，継手の強度に大きく影響するので慎重に決定される．

② **溶接深さ**　開先溶接において，溶接表面から溶接底面までの距離（図9・3中の s）のことをいう．完全溶込み溶接では板厚（いたあつ）に等しい〔同図(**a**)〕．

③ **ルート間隔**　母材間の最短距離のことをいう〔同図(**b**)〕．

9・3　溶接記号の構成

JISに定められた溶接記号を表9・1に示す．この溶接記号は，図9・4のように用いることになっている．次に溶接記号の構成と指示について説明していく．

① **矢**　矢は基線に対し角度60°の直線などで表す（対応国際規格では45°で表す．ただし一群の図面では統一することが望ましい）．矢は基線のどちらの端に付けてもよく，必要があれば一端から2本以上付けてもよい．ただし，基線の両端に付けることはできない．

なお，図9・4(**b**)の簡易溶接記号のように，矢，基線および尾のみで，溶接記号などが示されていないときは，この継手は，ただ単に溶接継手であることだけを示す．これは溶接の位置だけを指示するときによく用いられる．

② **基線**　溶接記号は，基線のほぼ中央に記入する．図9・5(**a**)のように，溶接する側が矢の側または手前側にあるときは，溶接記号は基線の下側に記入する．また，同図(**b**)

溶接記号の構成 **9·3** **121**

表9·1 溶接記号（記号欄の ----- は基線を示す）

（a）基本記号

溶接の種類	記号	溶接の種類	記号	溶接の種類	記号
I 形開先溶接		レ形フレア溶接		ステイク溶接	
V 形開先溶接		へり溶接		抵抗スポット溶接	
レ形開先溶接		すみ肉溶接*			
J 形開先溶接		プラグ溶接スロット溶接		抵抗シーム溶接	
U 形開先溶接		溶融スポット溶接		溶融シーム溶接	
V 形フレア溶接		肉盛溶接		スタッド溶接	

〔注〕 *千鳥断続すみ肉溶接の場合は，補足の記号 ⚡ または ⚡ を用いてもよい.

（b）対称的な溶接の組合わせ記号

溶接の種類	記号	溶接の種類	記号	溶接の種類	記号
X 形開先溶接		H 形開先溶接		K 形開先溶接およびすみ肉溶接	
K 形開先溶接					

（c）補助記号

名称	記号	名称		記号	名称		記号
裏溶接*1,2		表面形状	平ら*4		仕上げ方法	チッピング	C
裏当て溶接*1,2							
裏波溶接*2			凸形*4			グラインダ	G
裏当て*2			凹形*4			切削	M
全周溶接			滑らかな止端仕上げ*5			研磨	P
現場溶接*3							

〔注〕 *1 溶接順序は，複数の基線，尾，溶接施工要領書などによって指示する.
*2 補助記号は基線に対し，基本記号の反対側に付けられる.
*3 記号は基線の上方，右向きとする.
*4 溶接後仕上げ加工を行わないときは，平らまたは凹みの記号で指示する.
*5 仕上げの詳細は，作業指示書または溶接施工要領書に記載する.

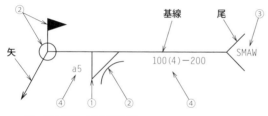
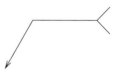

① 基本記号（すみ肉溶接）
② 補助記号（凹形仕上げ，現場溶接，全周溶接）
③ 補足的指示（被覆アーク溶接）
④ 溶接寸法（公称のど厚5 mm，溶接長100 mm，ビードの中心間隔200 mm，個数4の断続溶接）

　　　（a）各要素の配置例　　　　　　　　　（b）簡易溶接記号
図 9・4　溶接記号の構成

のように矢の反対側または向こう側にあるときは，基線の上側に記入する．

したがって，溶接が基線の両側に行われるもの，たとえばX形，K形，H形などでは，溶接記号は基線の上下対称に記入すればよい．同図(c)は抵抗スポット溶接の例を示す（なお，図9・5の投影法は第三角法である）．

上下で異なる溶接を組み合わせるときは，図9・6のように，それらの記号をそれぞれ上下に記入すればよい．

また，これらの溶接記号以外に指示を付加する必要があるときは，前述の図9・4(a)や図9・6(b)のように，基線の矢と反対側の端に，基線に対して上下45°の角度で開いた尾を付けて，この中に指示を記入する．

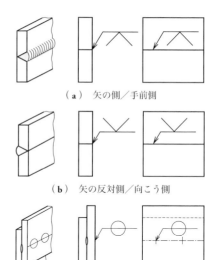

（a）矢の側／手前側

（b）矢の反対側／向こう側

（c）溶接部が接触面に形成される場合
図 9・5　基線に対する溶接記号の位置

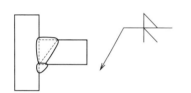
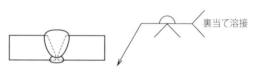

（a）レ形開先溶接およびすみ肉溶接　　　（b）裏当て溶接（V形開先溶接前に施工）
図 9・6　組合わせ記号の例

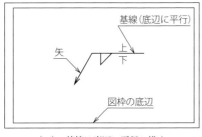 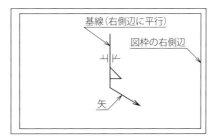

(a) 基線は底辺に平行に描く　　(b) 基線を底辺に平行に描くことができない場合

図 9·7　基線の描き方の例

なお基本記号をともなった基線は溶接が施工される側を示し，図 9·7(a) に示すように製図の図枠の底辺に平行に描く．ただし，基線を底辺に平行に描くことができない場合に限り，図 9·7(b) に示すように図枠の右側辺に平行に描いてもよい（溶接記号は 90°回転させる）．

③ **開先をとる面の指定**　レ形や J 形などのように，非対称な溶接部においては，開先をとるほうの面を指示しておく必要がある．そのときは，図 9·8(a) のように，矢を必ず折れ線にして，矢の先端を開先をとる面に当てて，そのことを示す．同図(b)のように，開先をとる面が明らかな場合は省略してもよいが，折れ線としない場合は，いずれの面に開先をとってもよいことになるので記入には注意する．

④ **全周溶接と現場溶接**　全周溶接の場合〔図 9·9(a)〕は，その記号を図示された部分の全周にわたって行うこと，または同図(b)のように，その溶接を工事現場において行うことを指示するものである．いずれも溶接記号を，矢と基線の交点に記入しておく．

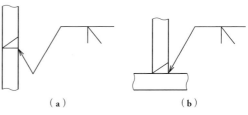

図 9·8　開先をとる面の指定

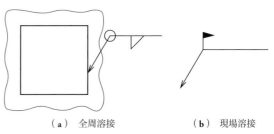

(a) 全周溶接　　(b) 現場溶接

図 9·9　全周溶接と現場溶接

9・4 寸法の指示

図9・10は，溶接記号における寸法の記入例を示したものである．同図(a)の開先溶接の断面主寸法は"開先深さ"および"溶接深さ"か，またはそのいずれかで示される．溶接深さ12 mmは，開先深さ10 mmに続けてかっこに入れて（12）と記入する．次に ⋎ 記号の中にルート間隔2 mmを，さらにその上に開先角度60°を記入する．さらに指示事項があるときは，尾を付け，それに適宜記入すればよい．

同図(b)においても，V形開先記号 ⋀ の中に記入された数字0は，ルート間隔が0 mmを示しており，その下の数字70°は，開先角度70°を示している．また，（5）は溶接深さを示している．I形溶接のときは開先深さを，完全溶込み溶接のときは溶接深さを省略する．

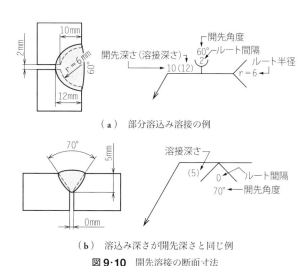

（a） 部分溶込み溶接の例

（b） 溶込み深さが開先深さと同じ例

図9・10 開先溶接の断面寸法

表9・2は，第三角法による溶接記号の使用例を示したものである．

表9·2 溶接記号の使用例

溶接部の説明	実形	記号表示	溶接部の説明	実形	記号表示
I 形開先溶接 ルート間隔 2 mm			U 形開先溶接 完全溶込み溶接 開先角度 25° ルート間隔 0 mm ルート半径 6 mm		
V 形開先溶接 部分溶込み溶接 開先深さ 5 mm 溶込み深さ 5 mm 開先角度 60° ルート間隔 0 mm			H 形開先溶接 部分溶込み溶接 開先深さ 25 mm 開先角度 25° ルート間隔 0 mm ルート半径 6 mm		
V 形開先溶接 裏波溶接 開先深さ 16 mm 開先角度 60° ルート間隔 2 mm			V 形フレア溶接		
X 形開先溶接 (非対称) 開先深さ 　矢の側 16 mm 　反対側 9 mm 開先角度 　矢の側 60° 　反対側 90° ルート間隔 3 mm			レ形フレア溶接		
レ形開先溶接 部分溶込み溶接 開先深さ 10 mm 溶込み深さ 10 mm 開先角度 45°			へり溶接(角) 溶着量 2 mm 研磨仕上げ		
K 形開先溶接 開先深さ 10 mm 開先角度 45° ルート間隔 2 mm			すみ肉溶接 矢の側の脚 9 mm 反対側の脚 6 mm		
レ形開先溶接と すみ肉との組合わせ 開先深さ 17 mm 開先角度 35° ルート間隔 5 mm すみ肉のサイズ 　　　　　 7 mm			すみ肉溶接 縦板側側脚長 6 mm 横板側側脚長 　　　　　 12 mm		
J 形開先溶接 開先深さ 28 mm 開先角度 35° ルート間隔 2 mm ルート半径 12 mm			裏当て溶接 裏はつり後加工		
両面 J 形開先溶接 開先深さ 24 mm 開先角度 35° ルート間隔 3 mm ルート半径 12 mm			肉盛溶接 肉盛の厚さ 6 mm 幅 50 mm 長さ 100 mm		

10

材料表示法

10·1 材料とその記号

　製品を構成する材料は，金属材料および非金属材料よりなるが，いずれもその種類がはなはだ多い．

　JIS においては，その必要上から，とくに金属材料の材質，強さ，製造方法などを簡単明確に示す記号を規定しているので，図面上で材料を指定するときには，これに規定された記号を用いて明示することとしている．

10·2 JIS に規定された金属材料記号の見方

　次に示したものは，**JIS** にもとづく材料記号の一例である．

　〔例〕　<u>S</u>　<u>F</u>　<u>440 A</u>
　　　　①　②　　③

　これは，**鉄鋼材料**のうち，炭素鋼鍛鋼品を示したものである．これをさらに説明すると，次のとおりとなる．

　①　**1番目の部分**　材質名称〔金属名称記号文字—材料名（英語）の頭文字，または化学元素の記号〕を示し，前例の1番目の文字 S は Steel（鋼）の頭文字をとったもので（表 **10·1** 参照），材質が鋼であることを示す．

　②　**2番目の部分**　規格品と製品名の略号（主として英語，ラテン文字の頭文字，またはその組合わせ）であって，F は Forging（鍛造品）の頭文字である（表 **10·2** 参照）．

　③　**3番目の部分**　材質の種別（主として，最低引張り強さ，非鉄金属では種別番号）を表す．したがって，440 は，引張り強さ 440 N/mm^2 以上であることを意味する．また，A は，A と B の区分のうちの A を示す（ちなみにこれは熱処理の相違による）．

　なお，合金鋼の場合は，S の文字のあとに，その鋼の主要部分を示す文字を続けて記入する．たとえば，ニッケル クロム鋼では SNC というように記入して示す（表 **10·1** 参照）．

128 | **10章** | 材 料 表 示 法

表 10·1 材質名の記号とその組合わせの例（1番目に示される）

記号	名　　称	備　　考	記号	名　　称	備　　考
A	アルミニウム	Aluminium	PB	り ん 青 銅	Phosphor Bronze
Mcr	金 属 ク ロ ム	Metalic Cr	S	鋼	Steel
Bs	黄　　　銅	Brass	SCM	クロムモリブデン鋼	Chromium Molybdenum
C	炭　　　素	Carbon（元素記号）			
C	銅	Copper	SCr	ク ロ ム 鋼	Chromium
C	ク ロ ム	Chromium	SMn	マ ン ガ ン 鋼	Manganese
DCu	り ん 脱 酸 銅	Deoxidized Copper	SNC	ニッケルクロム鋼	Nickel Chomium
F	鉄	Ferrum	Si	け い 素	Silicon（元素記号）
HBs	高 力 黄 銅	High Strength Brass	SzB	シ ル ジ ン 青 銅	Silzin Bronze
M	モ リ ブ デ ン	Molybdenum	T	チ タ ン	Titanium
M	マ グ ネ シ ウ ム	Magnesium	Ta	タ ン タ ル	Tantal
Mn	マ ン ガ ン	Manganese（元素記号）	W	ホワイトメタル	White Metal
Ni	ニ ッ ケ ル	Nickel（元素記号）	W	タ ン グ ス テ ン	Wolfram（元素記号）
P	り ん	Phosphorus（元素記号）	Zn	亜　　　鉛	Zinc（元素記号）
Pb	鉛	Plumbun（元素記号）			

　鉄鋼の記号では，このような三つの部分をもって構成されるのが原則であるが，中には例外もあって，たとえば，機械構造用炭素鋼鋼材では，次のように表している.

〔**例**〕 S 20 C, S 15 CK

これは，S は上記の ① のように鋼を表しているが，次の 20 C や 15 CK は，炭素の含有量がそれぞれ 0.20%, 0.15% であることを表している. また，K は，肌焼き用鋼であることを示す.

　なお，鉄鋼材料では，種類記号に続けて製造方法を示す記号が付記されることがあるが，そのおもなものを次に示す.

　　－D　冷間引抜き（drawing），　 －D 9　冷間引抜き. 許容差の公差等級 IT 9（h 9）.
　　－T　切　削（cutting），　　　 －T 8　切削. 許容差の公差等級 IT 8（h 8）.
　　－G　研　削（grinding），　　 －G 7　研削. 許容差の公差等級 IT 7（h 7）.

　非鉄金属については，伸銅品ならびに**アルミニウム展伸材**では，伸銅品では C の記号，アルミニウム展伸材では A の記号を用い，そのあとに 4 桁の数字を用いて，それぞれ合金成分の系統を示している. これは，アメリカ規格（ASTM, SAE など）にならって，このように定められたものである（表 **10·3** 参照）.

　また，非鉄金属では，そのかたさは，軟質は－O，硬質は－H で表され，その中間の

JIS に規定された金属材料記号の見方 | 10·2 | 129

1/4 硬質は− 1/4 H, 1/2 硬質（または半硬質ともいう）は− 1/2 H, 3/4 硬質は− 3/4 H で表される．また，特硬質は，H と SH の中間が− EH, ばね質が− SH, 特ばね質が− ESH の記号を用いるなどとなっている．表 10·3 は，日本工業規格に従った金属材料記号である．

表 10·2　製品名の記号とその組合わせの例（2 番目に示される）

記号	名　　　　称	備　　　考	記号	名　　　　称	備　　　考
B	棒またはボイラ	Bar, Boiler	M	中炭素，耐候性鋼	Medium carbon, Marine
BC	チェーン用丸鋼	Bar Chain	P	薄　　　　板	Plate
C	鋳　造　品	Casting	PC	冷間圧延鋼板	Cold - rolled steel Plates
C	冷間加工品	Cold work	PH	熱間圧延鋼板	Hot - rolled steel Plates
CMB	黒心可鍛鋳鉄品	Malleable Casting Black	PT	ブ　リ　キ　板	Tinplate
CMW	白心可鍛鋳鉄品	Malleable Casting White	PV	圧力容器用鋼板	Pressure Vessel
CMP	パ　ー　ラ　イ　ト 可鍛鋳鉄品	Malleable Casting Pearlite	R	条	Ribbon
CP	冷　延　板	Cold Plate	S	一般構造用圧延材	Structural
CS	冷　延　帯	Cold Strip	SC	冷間成形鋼	Structural Cold forming
D	引　　　抜	Drawing	SD	異形棒鋼	Deformed
DC	ダイカスト鋳物	Die Casting	T	管	Tube
F	鍛　造　品	Forging	TB	ボ　イ　ラ・熱 交換器用管	Boiler, heat exchanger
GP	ガ　ス　管	Gas Pipe	TP	配　管　用　管	Tube Piping
H	高　炭　素	High carbon	U	特殊用途鋼	Special - Use
H	熱間加工品	Hot work	UH	耐　熱　鋼	Heat - resisting Use
H	焼入性を保証した 構造用鋼（H 鋼）	Hardenbility bands	UJ	軸　受　鋼	ラテン文字
HP	熱　延　板	Hot Plate	UM	快　削　鋼	Machinability
HS	熱　延　帯	Hot Strip	UP	ば　ね　鋼	Spring
K	工　具　鋼	Kôgu（ラテン文字）	US	ステンレス鋼	Stainless
KH	高　速　度　鋼	Kôgu High speed	V	リベット用圧延材	Rivet
KS	合金工具鋼	Kôgu Special	V	弁，電子管用	Valbe
KD	(〃) ダイス鋼	ラテン文字	W	線	Wire
KT	(〃) 鍛造型鋼	ラテン文字	WO	オイルテンパー線	Oiltemper Wire
L	低　炭　素	Low carbon	WP	ピ　ア　ノ　線	Piano Wire
			WR	線　　　材	Wire Rod

表10·3 おもな JIS 金属材料記号（N/mm² = 0.102 kgf/mm²）

規格番号	名称	分類	種類の記号	引張り強さ (N/mm²)
JIS G 3101	一般構造用圧延鋼材	—	SS 330 SS 400 SS 490 SS 540	330〜430 400〜510 490〜610 540 以上
JIS G 3106	溶接構造用圧延鋼材	—	SM 400 A SM 400 B SM 400 C	400〜510
			SM 490 A SM 490 B SM 490 C	490〜610
			SM 490 YA SM 490 YB	490〜610
			SM 520 B SM 520 C	520〜640
			SM 570	570〜720
JIS G 3131	熱間圧延軟鋼板および鋼帯	—	SPHC SPHD SPHE	270 以上
JIS G 3141	冷間圧延鋼板および鋼帯	—	SPCC	—
			SPCCT, SPCD, SPCE, SPCF, SPCG	270 以上
JIS G 3201	炭素鋼鍛鋼品	A：焼なまし，焼ならしまたは焼ならし，焼戻し， B：焼入れ焼戻し	SF 340 A ⋮ SF 590 A SF 540 B ⋮ SF 640 B	340〜440 ⋮ 590〜690 540〜690 ⋮ 640〜780
JIS G 4051	機械構造用炭素鋼鋼材	—	S 10 C 〜 S 58 C の 20 種	熱処理後，焼ならし 310 以上 〜 650 以上
		肌焼き用	S 9 CK 〜 S 20 CK の 3 種	
JIS G 4052	焼入性を保証した構造用鋼鋼材（H 鋼）	マンガン鋼，マンガンクロム鋼 など 6 種	SMn 420 H, SMnC 420 H, SCr 415 H など 24 種	—
JIS G 4053	機械構造用合金鋼鋼材	ニッケルクロム鋼鋼材	SNC 236 SNC 415 SNC 631 SNC 815 SNC 836	740 以上 780 以上 830 以上 980 以上 930 以上
		ニッケルクロムモリブデン鋼鋼材	SNCM 220, 240, 415, 420, 431, 439, 447, 616, 625, 630, 815 の各種	—

規格番号	名称	分類	種類の記号	引張り強さ (N/mm²)
JIS G 4053	機械構造用合金鋼鋼材	クロム鋼鋼材	SCr 415 SCr 420 SCr 430 SCr 435 SCr 440 SCr 445	780 以上 830 以上 780 以上 880 以上 930 以上 980 以上
		クロムモリブデン鋼鋼材	SCM 415	830 以上
			SCM 418, 420, 421, 425, 430, 435, 440, 445, 822	880 以上 〜1030 以上
		アルミニウムクロムモリブデン鋼鋼材	SACM 645	—
JIS G 4303	ステンレス鋼棒	オーステナイト系	SUS 201 など 35 種	480 以上 〜 690 以上
		オーステナイト・フェライト系	SUS 329 J1 など 3 種	590 以上， 620 以上
		フェライト系	SUS 405 など 7 種	410 以上 〜 450 以上
		マルテンサイト系	SUS 403 など 14 種	590 以上 〜 780 以上
		析出硬化系	SUS 630 SUS 631	1310 以上 1030 以上
JIS G 4401	炭素工具鋼鋼材	11 種	SK 140 SK 120 ⋮ SK 60	—
JIS G 4403	高速度工具鋼鋼材	タングステン系（4 種）	SKH 2 ⋮ SKH 10	—
		粉末冶金製造のモリブデン系	SKH 40	—
		モリブデン系（10 種）	SKH 50 ⋮ SKH 59	—
JIS G 4404	合金工具鋼鋼材	8 種	SKS 11 ⋮ SKS 81	主として切削工具用
		4 種	SKS 4 ⋮ SKS 44	主として耐衝撃工具用
		10 種	SKS 3 ほか SKD 1 ほか	主として冷間金型用
		10 種	SKD 4 ほか SKT 3 ほか	主として熱間金型用

（次ページに続く）

JIS に規定された金属材料記号の見方 10·2

規格番号	名称	分類		種類の記号	引張り強さ (N/mm²)
JIS G 4801	ばね鋼鋼材	シリコンマンガン鋼		SUP 6, 7	1230 以上
		マンガンクロム鋼		SUP 9, 9 A	
		クロムバナジウム		SUP 10	
		マンガンクロムボロン鋼		SUP11	
		シリコンクロム鋼		SUP12	
		モリブデン鋼		SUP13	
JIS G 5101	炭素鋼鋳鋼品	—		SC 360 SC 410 SC 450 SC 480	360 以上 410 以上 450 以上 480 以上
JIS G 5501	ねずみ鋳鉄品	—		FC 100 FC 150 FC 200 FC 250 FC 300 FC 350	100 以上 150 以上 200 以上 250 以上 300 以上 350 以上
JIS G 5705	可鍛鋳鉄品	白心可鍛鋳鉄品	6種	FCMW 35-04 ほか	340 以上
		黒心可鍛鋳鉄品	7種	FCMB 27-05 ほか	270 以上
		パーライト可鍛鋳鉄品	11種	FCMP 44-06 ほか	440 以上
JIS H 3100	銅および銅合金の板および条	無酸素銅		C 1020 P, R	195 以上
		タフピッチ銅		C 1100 P, R	
		りん脱酸銅		C 1201 P, R ほか	
		丹銅		C 2100 P, R ほか	205 以上 ほか
		黄銅		C 2600 P, R ほか	275 以上 ほか
		快削黄銅		C 3560 P, R ほか	345 以上 ほか
		すず入り黄銅		C 4250 P, R	295 以上
		ネーバル黄銅		C 4621 P ほか	375 以上
		アルミニウム青銅		C 6140 P ほか	480 以上 ほか
		白銅		C 7060 P ほか	275 以上 ほか
		その他		(以上 P は板, R は条)	
JIS H 3250	銅および銅合金の棒	快削黄銅		C 3601 BE, BD ほか	295 以上 ～ 335 以上 (BEは押出し棒, BDは引抜き棒)
		鍛造用黄銅		C 3712 BE, BD ほか	

規格番号	名称	分類		種類の記号	引張り強さ (N/mm²)
JIS H 4000	アルミニウムおよびアルミニウム合金の板および条	板・条および円板		A 1085 P, A 1080 P ほか	55 ～ 135
				A 1100 P, A 1N30 P ほか	75 ～ 165
				A 8021 P, A 8079 P	125 ～ 185
		合せ板		A 2014 PC, A 2024 PC, A 7075 PC	480 以上 ～ 520 以上
JIS H 5120	銅および銅合金鋳物	銅鋳物	1種 2種 3種	CAC 101 CAC 102 CAC 103	175 以上 155 以上 135 以上
		黄銅鋳物	1種 2種 3種	CAC 201 CAC 202 CAC 203	145 以上 195 以上 245 以上
		高力黄銅鋳物	1種 ⋮ 4種	CAC 301 ⋮ CAC 304	430 以上 ⋮ 755 以上
		青銅鋳物	1種 ⋮ 7種	CAC 1 ⋮ CAC 7	165 以上 ⋮ 215 以上
		シルジン青銅鋳物	1種 2種 3種	CAC 801 CAC 802 CAC 803	345 以上 440 以上 390 以上
		りん青銅鋳物	2種A 3種B	CAC 502 A CAC 503 B	195 以上 ⋮ 265 以上
		アルミニウム青銅鋳物	1種 2種 3種 4種	CAC 701 CAC 702 CAC 703 CAC 704	440 以上 490 以上 590 以上 590 以上
JIS H 5202	アルミニウム合金鋳物	15種		AC 1 B AC 2 A ⋮ AC 9 B	330 以上 180 以上 ⋮ 170 以上
JIS H 5203	マグネシウム合金鋳物	鋳物2種 C, E ⋮ 鋳物14種		MC 2 C, MC 2 E ⋮ MC 14	12種 (鋳型の区分は砂型, 金型, 精密)
JIS H 5301	亜鉛合金ダイカスト	1種 2種		ZDC 1 ZDC 2	325 以上 285 以上
JIS H 5302	アルミニウム合金ダイカスト	1, 3, 5, …14種, Si 9種, Mg 9種など 20種類		ADC 1, 3, 5, …ADC 14, AlSi 9, AlMg 9	Al-Si 系, Al-Mg 系, Al-Mg-Mn 系 など 6種類
JIS H 5401	ホワイトメタル	1, 2, 2 B, 3, …10種の 11種類		WJ 1, 2, 2 B, 3, …WJ 10	高速高荷重軸受用～中速小荷重軸受用

11

主要な機械部品・部分の図示法

11·1 | ねじおよびねじ部品の製図

1. ねじについて

　ねじには，円筒の表面に溝を切ったおねじと，丸い穴の内面に溝を切っためねじとがあり，これら両者のらせんおよび直径が一致したとき，この一対のねじは互いにはまり合う．ねじは，このような一対のおねじとめねじの組合わせによって使用される．

　図 11·1 は，**おねじとめねじを示したもの**であるが，図で見るように，おねじの外径とおねじの谷の径は，それぞれ，めねじの谷の径と内径に相当する．

2. ねじの用途

　ねじは，一般に，次のような目的に使用される．

　（1）　**固着用**　別々の2物体を締めつけて固着したり，あるいは必要に応じて締めつけを解くのに用いる．

　〔**例**〕　ボルト，ナット（図 11·2）など．

　（2）　**2部分の距離加減用**　二つの部分の距離を細密に加減するのに用いる．

　（3）　**運動または動力伝達用**　部品に運動を与えて移動させたり，動力を伝達するのに用いる．たとえば，万力，工作機械の送り装置など．

3. ねじの標準形の種類

　ねじは用途が広く，とくに機械類には最も多く使用されている．したがって，互換性と使用上の便を図るために，径，ねじ山の形式，ピッチなどに関しては，規格により，次に述べるように，その標準が定められている．

　（1）　**三角ねじ**　メートル系のものとインチ系のものとがあり，ねじ山の断面が三角形で，主として固着用に用いられ，製作が容易であり，その種類も多い．これには，次のよ

表11·1　一般用メートルねじ"並目"(JIS B 0205) およびミニチュアねじ (JIS B 0201) の基準寸法

（単位 mm）

右表：一般用メートルねじ"並目"の基準寸法を示す．

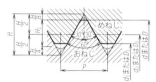

太い実線は基準山形を表す．

$H = \dfrac{\sqrt{3}}{2} P = 0.866025 P$

$H_1 = \dfrac{5}{8} H = 0.541266 P$

$d_2 = d - 0.649519\, P$
$d_1 = d - 1.082532\, P$
$D = d,\ D_2 = d_2,\ D_1 = d_1$

〔注〕
(1) 順位は1を優先的に，必要に応じて2，3の順に選ぶ．なお，順位1，2，3は，ISO 261に規定されているISOメートルねじの呼び径の選択基準に一致している．
(2) 太字のピッチは，呼び径1〜64 mmの範囲において，ねじ部品用として選択したサイズで，一般の工業用として推奨する．

〔備考〕
この規格は一般に用いるメートルねじ"並目"について規定する．
"並目"，"細目"（表11・2）という用語は，従来の慣例に従うために使用するが，これらの用語から，品質の概念を連想してはならない．
"並目"ピッチが，実際に流通している最大のメートル系ピッチである．

ねじの呼び	順位(1)	ピッチ(2) P	ひっかかりの高さ H_1	めねじ 谷の径 D / おねじ 外径 d	めねじ 有効径 D_2 / おねじ 有効径 d_2	めねじ 内径 D_1 / おねじ 谷の径 d_1
M 1	1	0.25	0.135	1.000	0.838	0.729
M 1.1	2	0.25	0.135	1.100	0.938	0.829
M 1.2	1	0.25	0.135	1.200	1.038	0.929
M 1.4	2	0.3	0.162	1.400	1.205	1.075
M 1.6	1	0.35	0.189	1.600	1.373	1.221
M 1.8	2	0.35	0.189	1.800	1.573	1.421
M 2	1	0.4	0.217	2.000	1.740	1.567
M 2.2	2	0.45	0.244	2.200	1.908	1.713
M 2.5	1	0.45	0.244	2.500	2.208	2.013
M 3×0.5	1	0.5	0.271	3.000	2.675	2.459
M 3.5	2	0.6	0.325	3.500	3.110	2.850
M 4×0.7	1	0.7	0.379	4.000	3.545	3.242
M 4.5	2	0.75	0.406	4.500	4.013	3.688
M 5×0.8	1	0.8	0.433	5.000	4.480	4.134
M 6	1	1	0.541	6.000	5.350	4.917
M 7	2	1	0.541	7.000	6.350	5.917
M 8	1	1.25	0.677	8.000	7.188	6.647
M 9	3	1.25	0.677	9.000	8.188	7.647
M 10	1	1.5	0.812	10.000	9.026	8.376
M 11	3	1.5	0.812	11.000	10.026	9.376
M 12	1	1.75	0.947	12.000	10.863	10.106
M 14	2	2	1.083	14.000	12.701	11.835
M 16	1	2	1.083	16.000	14.701	13.835
M 18	2	2.5	1.353	18.000	16.376	15.294
M 20	1	2.5	1.353	20.000	18.376	17.294
M 22	2	2.5	1.353	22.000	20.376	19.294
M 24	1	3	1.624	24.000	22.051	20.752
M 27	2	3	1.624	27.000	25.051	23.752
M 30	1	3.5	1.894	30.000	27.727	26.211
M 33	2	3.5	1.894	33.000	30.727	29.211
M 36	1	4	2.165	36.000	33.402	31.670
M 39	2	4	2.165	39.000	36.402	34.670
M 42	1	4.5	2.436	42.000	39.077	37.129
M 45	2	4.5	2.436	45.000	42.077	40.129
M 48	1	5	2.706	48.000	44.752	42.587
M 52	2	5	2.706	52.000	48.752	46.587
M 56	1	5.5	2.977	56.000	52.428	50.046
M 60	2	5.5	2.977	60.000	56.428	54.046
M 64	1	6	3.248	64.000	60.103	57.505
M 68	2	6	3.248	68.000	64.103	61.505
S 0.3	1	0.08	0.0384	0.300	0.248	0.223
S 0.35	2	0.09	0.0432	0.350	0.292	0.264
S 0.4	1	0.1	0.0480	0.400	0.335	0.304
S 0.45	2	0.1	0.0480	0.450	0.385	0.354
S 0.5	1	0.125	0.0600	0.500	0.419	0.380
S 0.55	2	0.125	0.0600	0.550	0.469	0.430
S 0.6	1	0.15	0.0720	0.600	0.503	0.456
S 0.7	2	0.175	0.0840	0.700	0.586	0.532
S 0.8	1	0.2	0.0960	0.800	0.670	0.608
S 0.9	2	0.225	0.1080	0.900	0.754	0.684
S 1	1	0.25	0.1200	1.000	0.838	0.760
S 1.1	2	0.25	0.1200	1.100	0.938	0.860
S 1.2	1	0.25	0.1200	1.200	1.038	0.960
S 1.4	2	0.3	0.1440	1.400	1.205	1.112

右表：ミニチュアねじの基準寸法を示す．

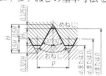

太い実線は基準山形を示す．

$H = 0.866025\, P,\ H_1 = 0.48\, P$
$d_2 = d - 0.649519\, P,\ d_1 = d - 0.96\, P$
$D = d,\ D_2 = d_2,\ D_1 = d_1$

〔注〕(1) 順位は1を優先的に，必要に応じて2を選ぶ．

うな各種のねじが規定されている．なお，メートル系ねじでは，ピッチもミリメートルで表すが，インチ系ねじでは1インチ（25.4 mm）当たりのねじ山の数で表している．

① **一般用メートルねじ**（JIS B 0205）　これは，表11・1に示すように，山の角度が60°で，山頂は平らに，谷底は丸められていて，はめあわせたときに，山頂と谷底の間にすきまができるが，工作が容易である．

同表に示す“並目”のJIS規格は，国際規格であるISOメートルねじの全系列を採用し，一般に用いるメートルねじ“並目”として規定されたものである．

また，表11・2に示す一般用メートルねじ“細目”は，同じ山形の“並目”に比べて直

表 11·2　一般用メートルねじ“細目”のピッチの選択（JIS B 0205）

（単位 mm）

呼び径	順位[1]	ピッチ[2]	呼び径	順位[1]	ピッチ[2]	呼び径	順位[1]	ピッチ[2]
1	1	0.2	9	3	1　0.75	33	2	(3)　**2**　1.5
1.1	2	0.2	10	1	**1.25**　1　0.75	35[4]	3	1.5
1.2	1	0.2	11	3	1　0.75	36	1	**3**　2　1.5
1.4	2	0.2	12	3	**1.5**　**1.25**　1	38	3	1.5
1.6	1	0.2	14	1	**1.5**　1.25[3]　1	39	2	**3**　2　1.5
1.8	2	0.2	15	3	1.5　1	40	3	**3**　2　1.5
2	1	0.25	16	1	**1.5**　1	42	1	4　**3**　2　1.5
2.2	2	0.25	17	3	1.5　1	45	2	4　**3**　2　1.5
2.5	1	0.35	18	3	**2**　1.5　1	48	1	4　**3**　2　1.5
3	1	0.35	20	1	**2**　1.5　1	50	3	3　2　1.5
3.5	2	0.35	22	2	**2**　1.5　1	52	2	**4**　3　2　1.5
4	1	0.5	24	1	**2**　1.5　1	55	3	**4**　3　2　1.5
4.5	2	0.5	25	3	2　1.5　1	56	1	**4**　3　2　1.5
5	1	0.5	26	3	1.5	58	3	**4**　3　2　1.5
5.5	3	0.5	27	2	2　1.5　1	60	2	**4**　3　2　1.5
6	1	0.75	28	3	2　1.5　1	62	3	**4**　3　2　1.5
7	2	0.75	30	1	(3)　**2**　1.5　1	64	1	**4**　3　2　1.5
8	1	**1**　0.75	32	3	2　1.5	65	3	4　3　2　1.5

〔注〕 [1] 順位は1から優先的に選ぶ．これはISOメートルねじの呼び径の選択基準に一致している．
[2] 太字のピッチは，呼び径1～64 mmの範囲で，ねじ部品用として選択したサイズで，一般の工業用として推奨する．
[3] 呼び径14 mm，ピッチ1.25 mmのねじは，内燃機関用点火プラグのねじにかぎり用いる．
[4] 呼び径35 mmのねじは，ころがり軸受を固定するねじにかぎり用いる．

〔備考〕 1. かっこを付けたピッチは，なるべく用いない．
2. 上表に示したねじよりピッチの細かいねじが必要な場合は，つぎのピッチの中から選ぶ．
　　　　3　2　1.5　1　0.75　0.5　0.35　0.25　0.2 mm
なお，下表に示すものより大きい呼び径には，一般に，指示したピッチを用いないのがよい．

ピッチ（mm）	0.5	0.75	1	1.5	2	3
最大の呼び径（mm）	22	33	80	150	200	300

136 | **11章** | 主要な機械部品・部分の図示法

径に対するピッチの割合が細かくなっているねじで，強度や水密性を必要とするときとか，光学機械など薄肉部品のねじ，あるいは大径のねじ（呼び径70以上）などのときに使用される．

"細目"には，一つの直径に対するピッチの種類がいくつかあり，表11・2に示すように，その組合わせが規定されている．

なお，この系列で呼び径1.4以下の小径のねじは，**ミニチュアねじ**（JIS B 0201）として別に規定されている．

② **ユニファイ並目ねじ**（JIS B 0206）　これはインチ系で，アメリカ，イギリス，カナダの間で協定統一されたねじであり，協定を意味するユニファイねじという名称で呼ばれ，また，これら3国の頭文字をとってABCねじと呼ばれることもある．このねじは，山の角度が60°であり，基準山形はメートルねじと同じである．このねじは，JISでは航空機その他，とくに必要な場合に限り用いるよう規定されている．

③ **ユニファイ細目ねじ**（JIS B 0208）　これは，山形はユニファイ並目ねじと同じであるが，並目ねじに比べて直径に対するピッチの割合が細かくなっているねじで，航空機その他，とくに必要な場合に限り用いられる．

④ **管用ねじ**　管用（くだよう）ねじはインチ系で，山の角度は55°であり，これには**管用平行ねじ**（JIS B 0202）と，**管用テーパねじ**（JIS B 0203）の2種が規定されている．

（2）**台形ねじ**　これは，ねじ山の形が台形をしたねじで，運動伝達用に適しており，工作機械の親ねじ用として使用されている．

4. ねじの表し方

ねじには，その種類，寸法およびピッチなどによってさまざまなものがあるので，それらを表すには，JISに定められたねじの表し方（JIS B 0123）によることになっている．表11・3は，ねじの種類を表す記号およびねじの呼びの表し方の例を示したものである．

（1）**ねじの表し方の項目および構成**　ねじの表し方は，ねじの呼び，ねじの等級およびねじ山の巻き方向の各項目について，次のように構成することになっている．以下，これらの項目について説明する．

| ねじの呼び | – | ねじの等級 | – | ねじ山の巻き方向 |

（2）**ねじの呼び**　ねじの呼びは，ねじの種類を表す記号，直径または呼び径を表す数字，およびピッチまたは25.4 mmについてのねじ山数（以下，山数という）を用い，次のいずれかによって示せばよい．

① **ピッチをミリメートルで表す場合**　たとえば，メートルねじ"並目"，メートルねじ"細目"およびミニチュアねじがこれに当たり，次のように表す．

表 11·3 ねじの種類を表す記号およびねじの呼びの表し方の例

区　分	ねじの種類		ねじの種類を表す記号	ねじの呼びの表し方の例	引用規格
ピッチを mm で表すねじ	一般用メートルねじ	並目	M	M 10	**JIS B 0209-1**
		細目		M 10×1	**JIS B 0209-1**
	ミニチュアねじ		S	S 0.5	**JIS B 0201**
	メートル台形ねじ		Tr	Tr 12×2	**JIS B 0216**
ピッチを山数で表すねじ	管用テーパねじ	テーパおねじ	R	R 3/4	**JIS B 0203**
		テーパめねじ	Rc	Rc 3/4	
		平行めねじ	Rp	Rp 3/4	
	管用平行ねじ		G	G 5/8	**JIS B 0202**
	ユニファイ並目ねじ		UNC*¹	1/2-13 UNC	**JIS B 0206**
	ユニファイ細目ねじ		UNF*²	No. 6-40 UNF	**JIS B 0208**

〔**注**〕 *¹ UNC…unified national coarse の略. *² UNF…unified national fine の略.

ねじの種類を表す記号	ねじの呼び径を表す数字	×	ピッチ

　メートルねじ "並目" の場合には，表 11·1 により，その種類は M の記号であり，呼び径 10 mm のときには，表 11·1 により，ピッチは 1.5 mm であるから，"M 10×1.5" とするはずであるが，"並目" のように，同一呼び径に対し，ピッチがただ一つだけ規定されているねじでは，ピッチは省略することになっているので，この場合は "M 10" として表せばよい．ミニチュアねじの場合も同様である．

　しかし，メートルねじ "細目" では，表 11·2 に見られるように，同一呼び径に対し，ピッチが 2 種類以上規定されているものが多いので，必ずピッチも示しておかなければならない．このように，メートルねじの場合，ピッチの記入のないものは "並目"，あるものは "細目" であると考えればよい．

　② **ユニファイねじの場合**　ユニファイ並目ねじおよびユニファイ細目ねじの場合には，次のように表せばよい．

ねじの直径を表す数字または番号	-	山数	ねじの種類を表す記号

　ユニファイねじでは，並目ねじの記号は UNC，細目ねじの記号は UNF と使い分けられていて，まぎらわしくなるおそれがないので，すべて山数を記入する．

　なお，ユニファイねじで直径 1/4 インチ未満の小径のねじでは，直径寸法の代わりに No. 1 ～ No. 12 の番号で呼ぶ，いわゆるナンバーねじが規定されていて，それぞれ次の例のように表示することになっている．

138 │ **11章** 主要な機械部品・部分の図示法

〔例〕　No. 8 – 32 UNC，3/8 – 16 UNC，No. 0 – 80 UNF，5/16 – 24 UNF

③　**ユニファイねじを除くピッチを山数で表すねじの場合**　各種の管用ねじなどがこれに当たり，次のようにして表す．

ねじの種類を表す記号	ねじの直径を表す数字	–	山数

ただし，管用ねじでは，いずれも同一直径に対し，山数がただ一つだけ規定されているので，一般に山数は省略してよい．

（3）　ねじの等級　ねじは，その寸法許容差の精粗によって，表 **11·4** に示すように，いくつかの等級に分けられているので，必要な場合には，ねじの呼びのあとにハイフンをはさんでこれらの記号を付記すればよい．

〔例〕　M 20 – 6 H，M 45×1.5 – 4 h

等級の異なるおねじとめねじの組合わせである場合には，めねじの等級を先に記し，左下がりの斜線をはさんで，おねじの等級を記せばよい．

〔例〕　M 3.5 – 5 H/6 g

なお，ねじの等級は，必要がないときは省略してもよい．

表 **11·4**　推奨するねじの等級*

ねじの種類		ねじの等級（精←粗）
メートルねじ	おねじ	4 h，6 g，6 f，6 e
	めねじ	5 H，6 H，7 H，6 G
ユニファイねじ	おねじ	3 A，2 A，1 A
	めねじ	3 B，2 B，1 B
管用平行ねじ	おねじ	A，B

〔注〕　* メートルねじの場合は公差域クラスをいう．

（4）　ねじの条数　1 リード（ねじが 1 回転して進む距離）の間に 1 条だけらせんのあるねじを**一条ねじ**という．これは，一般に多く使用されているねじである．これに対して，1 リードの間に 2 条以上のらせんのあるねじを**多条ねじ**といって，それぞれの条数によって二条ねじ，三条ねじなどと呼ぶ．このように，多条ねじでは，リードはピッチの条数倍となる．

多条ねじを表すには，L（リード）および P（ピッチ）の文字を用い，次のようにすればよい．

①　**多条メートルねじの場合**

ねじの種類を表す記号	ねじの呼び径を表す数字	×L	リード	P	ピッチ

②　**多条メートル台形ねじの場合**

ねじの種類を表す記号	ねじの呼び径を表す数字	×	リード	（P	ピッチ	）

〔例〕　M 8×L 2.5 P 1.25　… 二条メートル並目ねじ M 8 リード 2.5 ピッチ 1.25

　　　Tr 40×14（P 7）　… 二条メートル台形ねじ Tr 40 リード 14 ピッチ 7

（5） ねじ山の巻き方向 ねじは，溝が右方向に切られた右ねじがほとんどであるが，必要によって溝が反対方向に切られた**左ねじ**が用いられることがある（図11・3）．

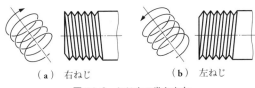
図 11・3 ねじ山の巻き方向

左ねじを示すためには，LH（left hand の略）の記号を用い，ねじの呼びに追加して，次の例のように，必ず示しておかなければならない．右ねじの場合は別に表示をしないでよいが，とくに必要な場合には，RH（right hand の略）の記号を用いればよい．

〔例〕　M 8 − LH，M 14×1.5 − LH

5. ねじおよびねじ部品の製図規格

ねじを製図する場合には，すべて **JIS B 0002-1 〜 3**（製図―ねじ及びねじ部品）に定められた製図規格にもとづいて行うことになっている．

旧規格である **JIS B 0002**（ねじ製図）は，1956 年に制定されて以来，数回の訂正を経ただけで，長年にわたって親しまれてきたが，1998 年，**ISO** にもとづいて大幅に改正が行われるに至った．この規格は，「第 1 部：通則」，「第 2 部：ねじインサート」および「第 3 部：簡略図示方法」の 3 部に分かれているが，第 2 部のねじインサートは，ねじの補修部品であり，わが国ではなじみが薄いので，本書では説明を省略する．

ねじの図示については，上記規格の第 1 部において，実形図示および通常図示の方法，寸法記入方法が定められ，第 3 部において，ねじおよびナット，小径のねじの簡略図示法が定められている．

6. ねじおよびねじ部品の図示方法

（1） ねじの実形図示　図 11・4 に示したようなねじを実形に近く描く図示の方法は，刊行物，取扱説明書などにおいて用いられることがあるが，非常に手数を要するので，絶対に必要とする場合にだけ使用するのがよい．

この場合においても，ねじのピッチや形状などを厳密な尺度で描く必要はなく，つる巻き線は直線で表せばよい．

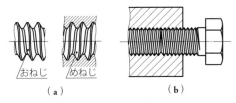
図 11・4 ねじの実形図示

（2） ねじの通常図示　通常に用いられるすべての種類の製図では，次に説明するような慣例に従った単純な図示方法を用いればよい．

① **ねじの外観および断面図**　この場合の線の使用法は，次のようにする〔図 11・5，図 11・7 参照〕．

ねじ山の頂を連ねた線（おねじの外径線，めねじの内径線）…太い実線
ねじの谷底を連ねた線（おねじ，めねじの谷径線）…細い実線
　この場合，ねじの山の頂と谷底とを表す線の間隔は，ねじの山の高さとできるだけ等しくするのがよい．ただし，この間隔は，太い線の太さの2倍か，0.7 mmのいずれかよりも大きくすることが必要である．

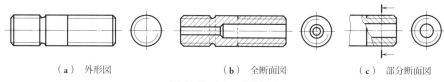

（a）外形図　　　　（b）全断面図　　　　（c）部分断面図

図 11·5　ねじの通常図示

② **ねじの端面から見た図**　ねじの端面から見た図（丸く現れるほうの図）において，ねじの谷底は，図11·5に示すように，細い線を用い，かつ円周の約3/4の円の一部で表す．このとき，できれば，右上方に4分円を開けるのがよい．この場合，面取り円を表す太い線は省略するものとする．

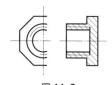

図 11·6

　この1/4の欠円部分は，やむを得ない場合には，他の位置にあってもよい（たとえば左下，図11·6参照）．

③ **かくれねじ**　かくれねじでは，山の頂および谷底は，図11·7に示すように，いずれも細い破線で表せばよい．

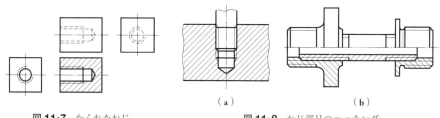

図 11·7　かくれねじ　　　　図 11·8　ねじ部品のハッチング

④ **ねじ部品のハッチング**　断面図で示すねじ部品では，ハッチングは，ねじの山の頂を示す線まで延ばして引く（図11·8参照）．

⑤ **ねじ部の長さの境界**　切られたねじ部の長さの境界は，それが見える場合は，太い実線によって示しておく．もしそれがかくれている場合には，細い破線を用いればよい．ただし，図11·5(c)のように，ねじ部を部分断面図によって表す場合には，省略してもよい．

これらの境界線は，図 11·8(a)に示すように，おねじの外径，またはめねじの谷の径を示す線まで引いて止める．

⑥ **不完全ねじ部** 図 11·9 のように，ねじ部の終端を越えたねじ山が完全でない部分を不完全ねじ部という．この部分は一般には図示しないでよいが，機能上必要である場合〔たとえば，植込みボルトでは，図 11·8(a)のように，ねじ込み可能なところまでしっかりと植え込むため〕とか，この部分に寸法を記入する場合には，傾斜した細い実線で示しておけばよい．

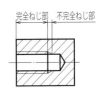

図 11·9 不完全ねじ部

⑦ **組み立てられたねじ部品** ねじ部品の組立図においては，図 11·8(b)に示したように，おねじを優先させ，めねじをかくした状態で図示することになっている．

なお，1998 年の改正以前では，図 11·10 に示すように，めねじがどこまで切ってあるかを示す A-B の線を描くよう定めてあったが，以後では，上記の規定により，この線を描かないことになったので，注意してほしい．

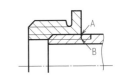

改正前：直線 A-B を描く．
改正後：直線 A-B を描かない．
図 11·10

⑧ **ねじの寸法記入法** ねじの呼び径は，図 11·11 に示すように，一般の寸法と同様に，寸法線および寸法補助線を用いて記入する．

ねじ長さの寸法は，一般に必要であるが，止まり穴深さは，通常，省略してもよい．この止まり穴深さ表示の必要性は，部品自身またはねじ加工に使用する工具がどのようなものであるかによって決まるので，記入しない場合には，ねじ長さの 1.25 倍程度に描いておけばよい．また，図 11·12(b)に示すような簡単な表示で深さ指定を行ってもよい．

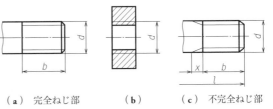

(a) 完全ねじ部　　(b)　　(c) 不完全ねじ部
図 11·11 ねじの寸法記入法

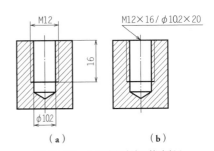

(a)　　(b)
図 11·12 ねじ長さ寸法の簡略記入

(3) ねじの簡略図示

① **一般簡略図示** ねじを最も簡略に図示する場合には，ねじ部品の必要最小限の特徴だけを示せばよく，次のような部分は描かないでよい．

〔例〕 ナットおよび頭部の面取り部の角，不完全ねじ部，ねじ先の形状，逃げ溝．

142 | **11章** | 主要な機械部品・部分の図示法

表 **11·5** ボルト・ナット・小ねじの簡略図示 (JIS B 0002-3)

No.	名　称	簡略図示	No.	名　称	簡略図示
1	六　角　ボ　ル　ト	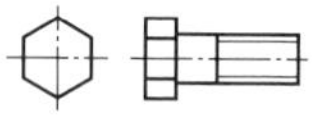	9	十字穴付き皿小ねじ	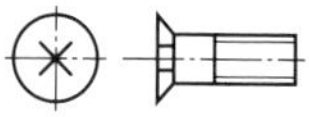
2	四　角　ボ　ル　ト	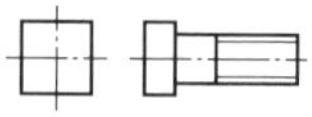	10	すりわり付き止めねじ	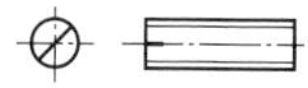
3	六角穴付きボルト	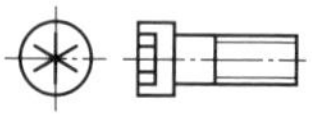	11	すりわり付き木ねじおよびタッピンねじ	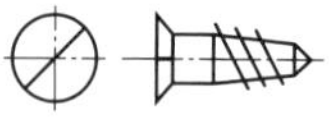
4	すりわり付き平小ねじ(なべ頭形状)	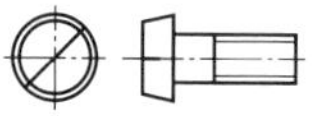	12	ちょうボルト	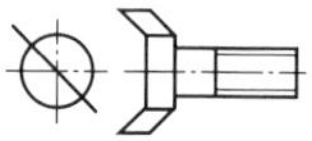
5	十字穴付き平小ねじ	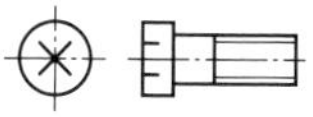	13	六　角　ナ　ッ　ト	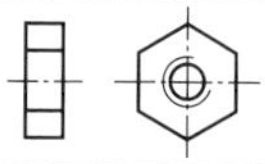
6	すりわり付き丸皿小ねじ	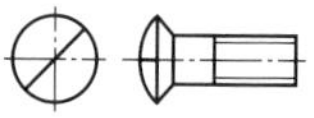	14	溝付き六角ナット	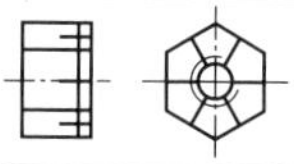
7	十字穴付き丸皿小ねじ	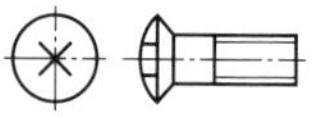	15	四　角　ナ　ッ　ト	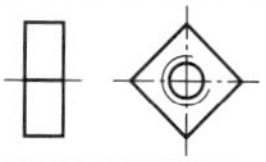
8	すりわり付き皿小ねじ	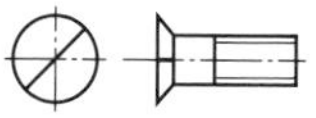	16	ちょうナット	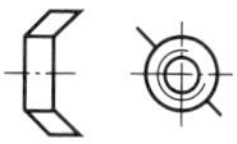

② **ねじおよびナット**　ねじの頭の形状，ねじ回し用の穴などの形状，またはナットの形状を示す場合には，表11·5に示す簡略図示の例を使用すればよい．なお，この図に示してない特徴の組合わせも使用してよい．さらに，この簡略図示の場合には，ねじ側端面の図示は必要ではない．

③ **小径のねじ**（図11·13）　次のⓐ，ⓑのような場合には，図11·14に示すようなもっと簡略化した図示法を用いてもよい．

ⓐ　直径（図面上の）が6 mm 以下．

ⓑ　規則的に並ぶ同じ形状および寸法の穴またはねじ．

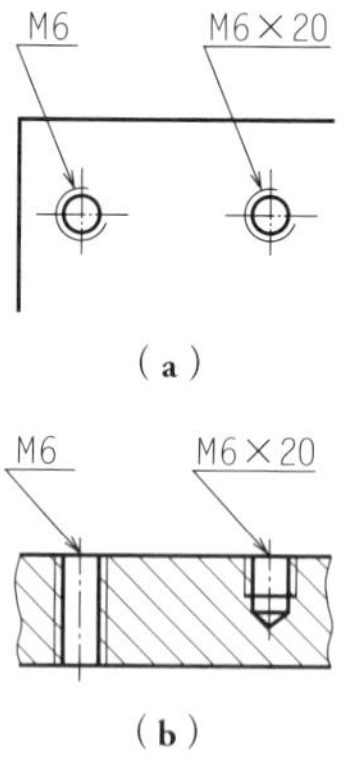

図 **11·13** 小径ねじの図示法

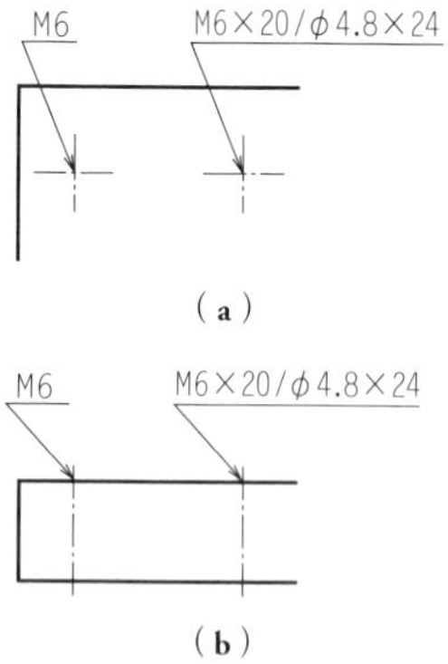

図 **11·14** 小径ねじの簡略図示法

なお，図に見られるように，引出線の矢印は，穴の中心線を指すように引き出さなければならない．

7. ボルト，ナットの知識

JIS に定められたボルト，ナットには，さまざまな種類のものがあるが，以下では，最も一般に用いられる六角ボルト，ナットについて説明をしておく（図 11・15）．

（1） 六角ボルトの種類 六角ボルトは，その材料によって，鋼製，ステンレス鋼製および非鉄金属製ボルトの各種がある．また，その形状によって，次の3種がある．

① **呼び径六角ボルト** このボルトは，軸部にねじ部および円筒部があり，円筒部の径は呼び径にほぼ等しいのが特徴である〔図 11・16（a）〕．なお，呼び径六角ボルトは，ねじ部を除去加工によって工作するのがふつうである．

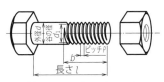

図 **11・15** ボルトとナット

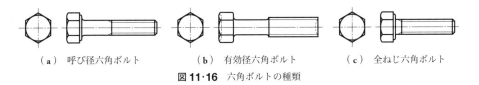

（a） 呼び径六角ボルト　　　　（b） 有効径六角ボルト　　　　（c） 全ねじ六角ボルト

図 **11・16** 六角ボルトの種類

② **有効径六角ボルト** 呼び径六角ボルトと同様に，軸部にねじ部と円筒部をもつが，円筒部の径がねじの有効径にほぼ等しいのが特徴である〔図 11・16（b）〕．なお，このボルトは，一般にねじ部を転造加工によって工作する．

③ **全ねじ六角ボルト** ボルトの軸部全体にわたってねじ加工が行われ，円筒部がないのがこのボルトの特徴である〔図 11・16（c）〕．全ねじ六角ボルトは，一般にねじ部を転造加工によって工作する．

（2） 六角ナットの種類 JIS にもとづく六角ナットは鋼製とし，その種類は呼び高さによって次の2種がある．

① **六角ナット** ねじの呼び d に対するナットの呼び高さが $0.8\,d$ 以上の六角ナット．これには両面取りと座付きのものがある．いずれもスタイル1とスタイル2に分けられているが，前者は後者よりも約 10 ％頭が低い（巻末の付表 **3・1** 参照）．

② **六角低（ひく）ナット** ナットの呼び高さが $0.8\,d$ 未満の六角ナット．

（3） 六角ボルト，ナットの使用箇所 図 11・17 は，六角ボルト，ナットの使用方法を示したもので，それぞれ次のように呼ばれる．

同図（a）は，部品を貫いて締めつけるもので，通しボルトと呼ばれる．同図（b）は，ナットを用いず，本体にめねじを切って，これにボルトをねじ込むことによって部品を締

めつけるもので，押えボルトという．また，同図(c)は，植込みボルトと呼ばれ，丸棒の両端にねじを切ったもので，その一方は本体に切られためねじに植え込まれ，ほかの一方にはナットをはめて締めつけるものである．

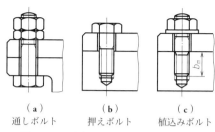

図 11·17 六角ボルト，ナットの使用方法

植込みボルトには，本体にねじ込まれる部分の長さ b_m に 1 種，2 種および 3 種の 3 通りがあって，めねじ側の材質により，次のように使い分ける．

$b_m ≒ 1.25\,d$…鋼（鉄鋼品・鍛鋼品を含む）または鋳鉄のとき（1 種）．

$b_m ≒ 1.5\,d$…鋼（鉄鋼品・鍛鋼品を含む）または鋳鉄のとき（2 種）．

$b_m ≒ 2\,d$…軽合金のとき（3 種）．

（4）**六角ボルト，ナットの部品等級** JIS では，一般用ねじ部品のすべてについて，その精度により，部品等級 A，B および C の 3 等級を規定しており，六角ボルト，ナットにもこれが適用される．

六角ボルトでは，精度のほか，寸法によって表 11·6 に示すように等級の区分がなされ，ねじの呼びが M 1.6 ～ M 24，かつ呼び長さが 10 d または 150 mm 以下のものを部品等級 A とし，これより大きい寸法領域のボルトを部品等級 B としている．

六角ナットでは，ねじの呼び M 16 以下のものを部品等級 A とし，M18 または M 20 以上のものを部品等級 B としている（低ナット-面取りなし-を除く）．

表 11·6　六角ボルトの部品等級 A および B の寸法区分

ねじの呼び d		M 1.6 ～ M 24 のもの*	M 27 ～ M 64 のもの**
ねじの長さの呼び l	10 d または 150 mm 以下のもの	部品等級 A の領域	部品等級 B の領域
	10 d または 150 mm のいずれかを越えるもの		

〔注〕　*細目ねじの場合は M 8 ～ M 24．
　　　**有効径六角ボルトの場合は等級 B のみで M 3 ～ M 20．

なお，ボルト，ナットいずれも，M 5 ～ M 64 のものを部品等級 C としている（細目ねじにはない）．

（5）**ボルト，ナットの六角部の略画法**　図 11·18 は，ボルト，ナットの六角部の描き方を示したものである．いずれも呼び径 d を基準とし，示された比率で作画すれば，簡単で実体に近い図を描くことができる．

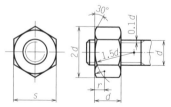

図 11·18　ボルト，ナットの六角部の描き方

11・2 ばね製図

ばねには種々のものがあるが，その形状，性質などによって分類すると，コイルばね，重ね板ばね，竹の子ばね，渦巻きばね，皿ばねなどがある．次に，**JIS B 0004** ばね製図による，これらのばねの略画法を説明する．

1. コイルばね

コイルばねは，最も多く使用されるばねであるが，これには，丸い針金を巻いたもの

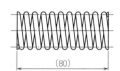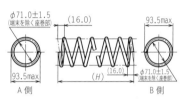

要 目 表			
材料			SWOSC-V
材料の直径		mm	4
コイル平均径		mm	26
コイル外径		mm	30±0.4
総巻数			11.5
座巻数			各1
有効巻数			9.5
巻方向			右
自由高さ		mm	(80)
ばね定数		N/mm	15.0
指定	高さ	mm	70
	高さ時の荷重	N	150±10%
	応力	N/mm²	191
最大圧縮	高さ	mm	55
	高さ時の荷重	N	375
	応力	N/mm²	477
密着高さ		mm	(44)
先端厚さ			(1)
コイル外側面の傾き		mm	4 以下
コイル端部の形状			クローズドエンド(研削)
表面処理	成形後の表面加工		ショットピーニング
	防せい処理		防せい油塗布

（a）圧縮コイルばね(1)

要 目 表			
材料			SUP 9
材料の直径		mm	9.0
コイル平均径		mm	80
コイル内径		mm	71.0±1.5
総巻数			(6.5)
座巻数			A 側:0.75, B 側:0.75
有効巻数			5.13
巻方向			右
自由高さ (H)		mm	(238.5)
ばね定数		N/mm	24.5±5%
指定	高さ	mm	152.5
	高さ時の荷重	N	2 113±123
	応力	N/mm²	687
最大圧縮	高さ	mm	95.5
	高さ時の荷重	N	3 510
	応力	N/mm²	1 142
密着高さ		mm	(79.0)
コイル外側面の傾き			11.9 以下
硬さ		HBW	388～461
コイル端部の形状	A 側		切放し，ピッチエンド
	B 側		切放し，ピッチエンド
表面処理	材料の表面加工		研削
	成形後の表面加工		ショットピーニング
	防せい処理		黒色粉体塗装

（b）圧縮コイルばね(2)

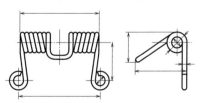

（c）ねじりコイルばね

〔備考〕　総巻数…コイルの端から端までの巻数．
　　　　有効巻数…ばねとしての機能をはたす部分の巻数．

図 **11・19** 各種コイルばね（製作図）

と，四角な針金を巻いたものがあり，かつ力を受ける方向によって，**圧縮コイルばね**（圧縮作用を受けるもの），**引張りコイルばね**（引張り作用を受けるもの），および**ねじりコイルばね**（ねじり作用を受けるもの）がある．

図 **11・19** は，これらの製作図に用いられる図示法を示したものである．この場合の図示法は，実際形状に最も近く表されているので，一般の部品を描き表す図示法と同様である．ただし，コイル部分を正しくらせん形に投影する必要はなく，すべて同一傾斜の直線で描けばよい．

なお，コイルばねは，一般に，**無荷重の状態で描く**ことになっている．また，図中には主要な寸法のみを記入し，荷重，許容差など，図中に記入しにくい事項は，要目表に一括して記入する．これは，後述するほかのばねの場合でも同様である．

以上のような図示法は，最もていねいなものであるが，手数を要するので，一般には図 **11・20** のように，両端を除いた同一形状部分の一部を省略図示することが広く行われている．この場合，省略した部分は，その線径の中心線のみを，細い一点鎖線で示しておけばよい．

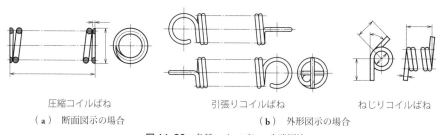

（a）　断面図示の場合　　　　　　（b）　外形図示の場合

図 **11・20**　各種コイルばねの省略図法

図 **11・21** は，ばね専門工場の標準品を購入する場合に描かれる略画法である．この場合には，ばね材料の中心線を太い実線で描き，要目表で詳細の指定を行えばよい．なお，組立図，説明図などのコイルばねは，図 **11・22** に示すように，断面だけで表してもよい．

コイルばね，竹の子ばねでは，ねじの場合と同様に，右巻きのものがふつうであるた

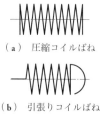

（a）　圧縮コイルばね

（b）　引張りコイルばね

図 **11・21**　コイルばねの線図的略画法

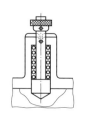

図 **11・22**　コイルばねの組立図を断面で示した場合

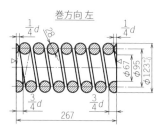

図 **11・23**　左巻きばね

め，左巻きのものが必要な場合には，図 **11・23** に示すように，巻き方向を明記したが，2007 年の改正により，この規定はなくなった．なお，巻き方向は要目表には明記される．

2. 重ね板ばね

数枚のばね板を重ね合わせてつくったもので，自動車や鉄道車両の車体などのように，強大な荷重を受ける場合に使用され，**JIS B 2710** に規定されている．

図 **11・24(a)** は，重ね板ばねの製作図に用いられる図例を示したものである．重ね板ばねの場合には，ボルト，ナット，金具などとともに組み立てられた状態で描くのがふつうであって，これらの部品の詳細図は別に描き表すのがよい．また，ばね板は，ふつう，規格化されているので，一般には組み立てられた状態でその展開長さを記入すればよいが，規格外品その他，とくに必要がある場合には，1 枚のばね板の図を描き表しておく．

なお，重ね板ばねでは，コイルばねと異なり，**ばね板が水平の状態で描く**のが原則であるが，図に見られるように，それに無荷重時の状態の一部を，想像線で描き表しておく．

また，同図(**b**)は，社内規格などに定められているばね，または専門工場の標準品を購入する場合などに用いられる線図的な略画法を示したものである．

3. 竹の子ばね

これは，薄板を渦巻き状に打ち抜いたり，あるいは帯鋼を巻いてつくられるものであっ

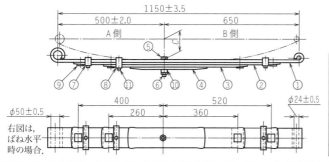

(**a**) 製作図例

(**b**) 線図的略画法

図 11・24 重ね板ばね

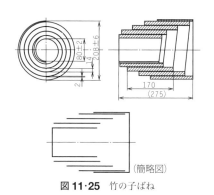

図 11·25 竹の子ばね

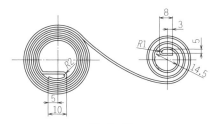

材料		SUS 301 – CSP
板厚	mm	0.2
板幅	mm	7.0
全長	mm	4000
硬さ	HV	490 以上
10回転時巻戻しトルク	N·mm	69.6
10回転時の応力	N/mm²	1486
巻軸径	mm	14
香箱内径	mm	50
表面処理		—

図 11·26 渦巻きばね

て, 図 11·25 に示す竹の子ばねは, このばねの代表的なものである. これは, コイルばねと同じく, 右巻きのものがふつうである.

4. 渦巻きばね

このばねは, 時計のぜんまいなどに用いられ, 力を蓄えてそのエネルギーを原動力として用いる場合に使用される.

図 11·26 は, 渦巻きばねの製作図用の図例を示したものである. この場合も, 無荷重時の状態で描くのを標準とする.

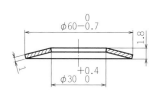

材料		SK 5 – CSP
内径	mm	30 $^{+0.4}_{0}$
外径	mm	60 $^{0}_{-0.7}$
板厚	mm	1
高さ	mm	1.8
指定	たわみ	1.0
	荷重 N	766
	応力 N/mm²	1100
最大	たわみ	1.4
	荷重 N	752
	応力 N/mm²	1410

図 11·27 皿ばね

5. 皿ばね

皿ばねは, 底のない皿のような形をしたばねで, 座金と同様の目的で使用されることが多い. このばねの図示にも特別異なったところはないので, 説明は省略する (図 11·27).

11·3 歯車製図

1. 歯車について

図 11·28 に示すような2個の円板の接触面上に, 一定の条件に従った凹凸, すなわち歯形をつくってかみ合わせると, 接触面に生じるすべりを除くことができ, 回転を確実に

伝えることができる．これが歯車であって，歯車には次のような特長がある．

① 回転を確実に効率よく伝達できる．ただし，2軸間の距離が比較的短いときに使用される．

② 歯車の歯数を変えることによって，回転比を容易に変えることができ，その回転は終始一定である．

③ 耐久度が大である．

④ 2軸が平行でなくても，回転を伝達できる．ただし，この場合は，かさ歯車，ねじ歯車，ウォーム ギヤ対などを用いる（表 11・7 参照）．

なお，その他いろいろの特長を有しているので，歯車は，伝動装置，変速装置などに広く用いられている．

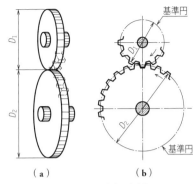

図 11・28　歯車の原理

表 11・7　歯車の分類

2軸の関係	種　類	用いられる歯車
2軸が平行な場合	円筒歯車，ラック	平歯車，はすば歯車，やまば歯車，ラック
2軸が交差する場合	かさ歯車	すぐばかさ歯車，はすばかさ歯車，まがりばかさ歯車
2軸が平行でもなく，交わりもしない場合	食違い歯車	ねじ歯車，ハイポイド ギヤ対，ウォームおよびウォーム ホイール（ウォーム ギヤ対）

〔備考〕　上記のうち，円筒面（または円すい面）の外側に歯がつくられているものを外（そと）歯車といい，同じく内側に歯がつくられているものを内（うち）歯車という．

2.　歯車の種類

歯車には，その形状とかみ合う相手歯車の軸との関係によって，次のような種類がある．なお，かみ合う一組の歯車では，大歯車を**ギヤ**，小歯車を**ピニオン**という．

（1）**平歯車**（**スパー ギヤ**）　これは，円周面上に軸と平行な直線歯を刻んだ歯車である（図 11・29）．回転運動を直線運動に変えるような場合には，直径の無限大な平歯車，すなわち**ラック**とピニオンが用いられる（図 11・30）．

（2）**はすば歯車**（**ヘリカル ギヤ**）　この歯車の歯は，軸線に対して斜めに刻まれている（図 11・31）．なお，はすば歯車においては，歯車軸と歯形の中心線とによってつくられる角を**ねじれ角**という．図 11・32 は，はすば歯車の一種であるが，これは，斜め歯を

（a）　外歯車　（b）　内歯車
図 11・29　平歯車

図 11・30　ラックとピニオン

中央で折り曲げて山形にしたもので，**やまば歯車**と呼ばれている．

（3） **かさ歯車（ベベル ギヤ）** これは，円すい面上に放射状の歯を刻んだ歯車で，ちょうど傘を広げたような形状をしている．図 11・33（a）はすぐばかさ歯車で，歯を放射状に設けたもの，同図（b）は傾斜したはすばかさ歯車，同図（c）はまがりば

図 11・31　はすば歯車

図 11・32　やまば歯車

かさ歯車といって，歯の形状が円弧の一部からなっている．なお，同図（d）はハイポイド ギヤ対（つい）といって，2軸が同一平面上で交わらないかさ歯車である．

（a）　すぐばかさ歯車　　（b）　はすばかさ歯車　　（c）　まがりばかさ歯車　　（d）　ハイポイド ギヤ対
図 11・33　かさ歯車の各種

（4） **ねじ歯車（スクリュー ギヤ）**
　この歯車は，はすば歯車とよく似た形をしているが，そのかみ合いの状態は，図 11・34 に示すように，軸が互いにある角度で交わる場合に用いられる．一般には 90°の場合が多い．

（5） **ウォームおよびウォーム ホイール**　図 11・35 において，①は台形ねじを切った軸で，これをウォーム（芋虫の意味）といい，②には，こ

図 11・34　ねじ歯車

図 11・35　ウォーム①とウォーム ホイール②（ウォーム ギヤ対）

れにかみ合うように台形ねじの歯形が刻まれており，これをウォーム ホイールという．ウォームとウォーム ホイールの組合わせで呼ぶときはウォーム ギヤ対（つい）という．ウォームの山は，ねじと同様に，二条，三条などに切られる場合がある．

3.　歯車の歯形

　歯車には，以上のように種種のものがあるが，これらの歯形は，**インボリュート曲線**によって形成され，**インボリュート歯形**という（図 11・36）．

図 11・36 インボリュート歯形曲線

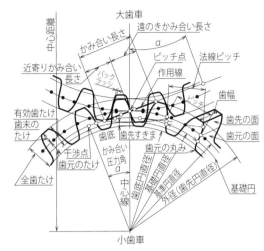

図 11・37 歯形各部の名称

インボリュート歯形は，製作が容易であり，互換性にすぐれ，またかみ合いにおいて両軸間の距離に多少の狂いがあっても回転比に影響がない．

4. 歯形各部の名称

図 11・37 に，歯形各部の名称を示す．

5. 歯形の大きさ

歯車の歯形の大きさには，次のような表し方がある．

（1） **モジュール** これは，メートル法による歯車の歯形の大きさを示す場合に用いられるもの（m の記号で表す）で，最も多く使用されている．

モジュール m は，ピッチ円の直径 d (mm) を，歯数 z で除した値で，次の式で示される．

$$\text{モジュール}\, m = \frac{\text{ピッチ円の直径(mm)}}{\text{歯数}} = \frac{d}{z} \quad (\text{mm})$$

モジュールは，歯末の高さと等しく，その値が大きいほど歯形は大となる．

（2） **ダイヤメトラル ピッチ** ダイヤメトラル ピッチ（D_p の記号で表す）は，インチ寸法による歯車の歯形の大きさを表すのに用いられる．これは，歯数 z を，インチ寸法で表した歯車ピッチ円の直径で除した値であって，式で示すと

$$\text{ダイヤメトラル ピッチ}\, D_p = \frac{\text{歯数}}{\text{ピッチ円の直径(インチ寸法)}} = \frac{z}{d}$$

であり，ピッチ円直径 1 インチ（25.4 mm）当たりの歯数を示している．したがって，この D_p の値が小さいほど歯は大きい．

（3） **円ピッチ** 円ピッチ（p の記号で表す）は，ピッチ円の円周の長さを歯数で除した値であって，これを式で示すと

$$\text{円ピッチ}\,p = \frac{\text{ピッチ円周の長さ}}{\text{歯数}} = \frac{\pi d}{z} \quad (\text{mm または in})$$

以上のうち，JIS では，モジュールを用いて歯の大きさを表すこととしている．表 11·8 は，JIS に定められたモジュールの標準値を示したものである．

6. 基準ラック

インボリュート歯車では，モジュールは等しくても歯数の異なる歯車では，その歯形は異なるので，このような歯車によって，基準となる歯形を規定するのは不便である．ところが，インボリュート曲線は，基礎円の直径が無限大になると直線となる．したがって，ピッチ円直径が無限大の歯車，すなわちラックでは，その歯形は直線歯形となる．

表 11·8 歯直角モジュールの標準値（JIS B 1701-2）

（a） 1 mm 以上の場合

I	II
1	1.125
1.25	1.375
1.5	1.75
2	2.25
2.5	2.75
3	3.5
4	4.5
5	5.5
6	6.5*
	7

I	II
8	9
10	11
12	14
16	18
20	22
25	28
32	36
40	45
50	

（b） 1 mm 未満の場合

I	II
0.1	0.15
0.2	0.25
0.3	0.35
0.4	0.45
0.5	0.55
0.7	
0.8	0.75
	0.9

〔備考〕 ここでは，モジュールとは基準ピッチを円周率 π で除した値と定義している．I を優先的に，必要に応じて II の順に選ぶ．
*できるだけ避けるのがよい．

そこで，JIS では，歯数の影響を受けず，かつ単純な形状のラックの歯形を規定することによって，これとかみ合うすべての歯車の歯形を規定している．このようなラックを**基準ラック**という．

図 11·38 は，JIS に規定された基準ラックを示したものである．

基準ラックは，図からわかるように，すべてモジュールを基準にして歯形の寸法が決められている．また，歯の傾斜の角

項目	標準基準ラックの寸法
α_p	20°
h_{ap}	1.00 m
c_p	0.25 m
h_{fp}	1.25 m
ρ_{fp}	0.38 m

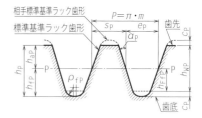

図 11·38 基準ラック

度（**圧力角**という）は，20°と定められているが，平歯車では，基準ピッチ円における圧力角が 20°であることになる．

表 11·9 に，JIS に規定されていたインボリュート平歯車およびはすば歯車の寸法割合を参考のため示す．

なお，はすば歯車では，図 11·39 でわかるように，軸に直角な面で見た歯形と，歯すじに直角な面で見た歯形では異なるので，前者を軸直角方式といい，後者を歯直角方式と

表11·9 インボリュート平歯車およびはすば歯車の寸法

項 目	平歯車 標準	平歯車 転位	はすば歯車 歯直角方式 標準	はすば歯車 歯直角方式 転位	はすば歯車 軸直角方式 標準	はすば歯車 軸直角方式 転位
基準モジュール	m		歯直角モジュール m_n		正面モジュール m_t	
標準圧力角	$\alpha = 20°$		歯直角圧力角 $\alpha_n = 20°$		正面圧力角 $\alpha_t = 20°$	
基準ピッチ円直径	zm		$zm_n/\cos\beta$		zm_t	
全歯たけ*	$2.25\,m$ 以上		$2.25\,m_n$ 以上		$2.25\,m_t$ 以上	
転位量	0	xm	0	xm_n	0	$x_t m_t$
歯末のたけ	m	$(1+x)m$	m_n	$(1+x)m_n$	m	$(1+x_t)m_t$

〔注〕 * 一対の歯車の転位係数の和が大きい場合には，この値より小さくすることがある．
〔備考〕 z：歯数，β：基準ピッチ円筒上のねじれ角．

いう．したがって，はすば歯車では，このいずれの方式によるものであるかを示しておかなくてはならない．

7. 標準歯車と転位歯車

歯車の歯切り法にはいろいろな方法があるが，その最も代表的なものは，ラック状（またはピニオン状）のカッタを用い，歯車素材（**ブランク**という）を，ちょうどカッタと転がり接触を行うように運動させて歯切りを行う方法で，これを**創成歯切り**という（図11·40）．

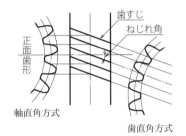

図11·39 軸直角方式と歯直角方式

また，歯車には，歯切りの方式によって標準歯車と転位歯車とがある．

前述の基準ラックの輪郭をラック形工具に与えて，図11·40(a)のように，理想的に転がり接触させれば，標準歯車が創成される．

いま，この歯切りにおいて，ラックの基準ピッチ線を，同図(b)のように，歯切りピッチ線から xm だけ，すなわちモジュールの x 倍だけずらして歯切りをすれば，やはり同じ歯数の歯車が創成される．これを転位歯車といい，この場合の xm を**転位量**，x を**転位係数**という．

また，この転位が，基準ピッチ円の外側にとられたときを正の転位，内側にとられたときを負の転位という．したがって，標準歯車は転位量が0の転位歯車であるというこ

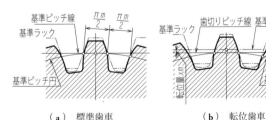

(a) 標準歯車　　　　(b) 転位歯車

図11·40 歯切りの方式

とができる．

図 11・41 は，転位量 0 の場合と正転位させた場合との歯形を示したものである．転位歯車は，工具を転位しない場合よりも歯溝が狭くなり，歯の厚さが大となる．

インボリュート歯車では，歯数が少なくなると，工具により歯元がえぐられて歯の強度が減少するなど，好ましくない状態になるので，転位を行ってそのような影響を防いでいる．

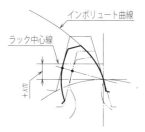

図 11・41 転位による歯形の変化

なお，正の転位歯車では，図のようにインボリュート曲線の先のほうを使用することになるので，ピッチ円直径が増加する．したがって，中心距離が押えられている場合，大歯車のほうに負の転位を行って，その分だけピッチ円直径を減じてやればよい．

8. 歯車の図示方法

歯車の図示方法については，**JIS B 0003** 歯車製図が定められており，主としてインボリュート歯車として取り扱われている平歯車，はすば歯車（ねじ歯車として使われるものを含む），やまば歯車，ねじ歯車，すぐばかさ歯車，まがりばかさ歯車，ハイポイド ギヤ対，ウォームおよびウォーム ホイール（ウォーム ギヤ対）の 8 種について，その図示法を規定しているが，このほかの歯車にも適用してよいことになっている．以下，**JIS** にもとづく各種歯車の図示法について説明する．

（1）**歯車の一般図示法**　歯車を図示するには，ねじの場合と同様に，歯形を省略して示す略画法を用いる．この場合の線の使い方は，次のとおりである（図 11・42）．

① **歯先円**　太い実線で表す．

② **基準円（ピッチ円）**　細い一点鎖線で表す．

③ **歯底円**　細い実線で表す．

④ **歯すじ方向**　通常 3 本の細い実線で表す．

ただし，歯底円は省略してもよく，とくにかさ歯車およびウォーム ホイールの側

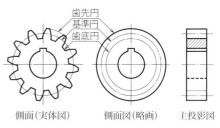

図 11・42 歯車の一般図示法

面図（歯車軸方向から見た図）では，省略するのがふつうである．また，正面図すなわち主投影図（歯車軸に直角な方向から見た図）を断面図で示すときには，歯底円を示す線は太い実線で表すことに注意してほしい．これは，断面図の約束で，歯車の歯は切断してはならないからである．

図 11・43 は，かみ合っている一組の平歯車を示したものである．両歯車のかみ合って

いる部分の歯先円は，双方とも太い実線（図中Ⓑ）で表す．また，主投影図を断面にして示すときは，かみ合い部の一方の歯先を示す線は，破線（図中Ⓐ）としなければならない．

(2) **平歯車の図示法** 図11·44は，かみ合っている平歯車の正面図を示す略画法であって，組立図などに用いられる．この場合，歯元線およびかみ合い部のピッチ線は全然描かなくてよい．まぎらわしくない場合は，同図(a)のように，ピッチ線は全然描かないでもよい．

なお，平歯車であることをとくに示す必要があるときは，同図(c)のように，3本の細い実線による平行線を引いておく．

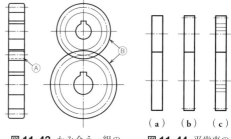

図11·43 かみ合う一組の平歯車

図11·44 平歯車の図示法

図11·45は，一連の平歯車がかみ合っている場合の図示法である．同図(a)は，同図(b)を正しく投影して示したものであるが，中心間の実距離が表せないので，同図(c)のように，回転投影図の要領で，主投影図の軸心が一直線上になるよう展開して示せばよい．

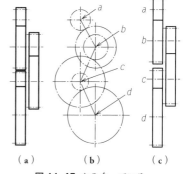

図11·45 かみ合っている一連の歯車図示法

(3) **はすば歯車およびやまば歯車の略画法** 図11·46(a)は，はすば歯車の，同図(b)は，やまば歯車の略画法を示したものである．この場合には，図に示すように，歯すじ方向を示す3本の細い実線を引いておかなければならない．ただし，この細い実線の傾斜角は，実際の歯の角度とは関係なく，適宜な角度で引けばよい．

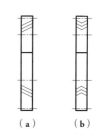

図11·46 はすば歯車およびやまば歯車の略画法

なお，これらの歯車の正面図を断面にして示すときは，歯すじ方向は紙面よりも手前の歯の歯すじ方向を，3本の細い二点鎖線（想像線）を用いて表すことになっている．これは，紙面の背後の歯すじ方向を破線で表すと，方向が逆になるので，間違えやすくなるのを防ぐためである．

(4) **ねじ歯車の図示法** 図11·47は，ねじ歯車の図示法を示したものである．同図(a)は組立図などに用いられるもので，この場合も歯すじ方向を3本の細い実線で示しておく．また，同図(b)は，同図(a)をいっそう簡略にした図示法である．

(5) かさ歯車の図示法　図11・48は，かみ合っているかさ歯車の図示法を示したものである．同図(a)はふつうに用いられるもの，同図(b)は組立図などに用いられている略図であり，同図(c)はいっそう簡略に示す場合の略図である．なお，図11・49は，まがりばかさ歯車，図11・50は，ハイポイド ギヤ対の略図を示したものであるが，これらの場合にも，図に示すように，歯すじを示す曲線を3本の細い実線で表しておかなければならない．

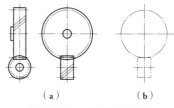

図11・47　ねじ歯車の図示法

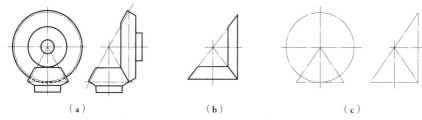

図11・48　かみ合っているかさ歯車の図示法

(6) ウォームおよびウォーム ホイールの図示法　図11・51は，ウォームおよびウォーム ホイール（ウォーム ギヤ対）の図示法を示したものである．同図(a)は組立図などに用いられるもので，この場合のピッチ円は，左に示した側面図のわん曲した歯の中央部の直径で示される．なお，歯底円および喉の直径円は記入しない．同図(b)は，同図(a)をいっそう簡略にした画法である．

図11・49　まがりばかさ歯車の図示法

図11・50　ハイポイド ギヤ対の図示法

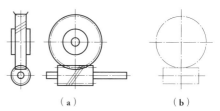

図11・51　ウォームおよびウォーム ホイール（ウォーム ギヤ対）の図示法

9. 歯車の製作図および要目表について

　歯車の製作図を描く場合には，図だけを用いたのでは，歯車の製作上，きわめて重要な歯形，モジュール，圧力角などの要目を記入することはできない．そこで，図とともに要目表をつくり，図には，主として歯車素材を製作するのに必要な寸法を記入し，また表には，歯切り，組立，検査などに必要な事項を記入して，これら両者を併用することにより，必要な精度を有する歯車の製作が滞

歯車製図　11·3

平歯車

歯車歯形			転 位	仕上方法	ホブ切り
基準ラック	歯 形	並 歯		精 度	JIS B 1702-1　7級
	モジュール	6			JIS B 1702-2　8級
	圧力角	20°		相手歯車歯数	50
歯 数		18		相手歯車転位量	0
基準円直径		108		中心距離	207
転位量		+ 3.16	備考	バックラッシ	0.20～0.89
全歯たけ		13.34		材料	
歯厚	またぎ歯厚	47.96 $^{-0.08}_{-0.38}$ (またぎ歯数= 3)		熱処理	
				硬さ	

(単位 mm)

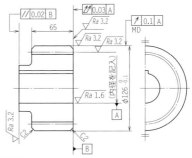

図 11·52　平歯車

はすば歯車

歯車歯形	標 準	歯	またぎ歯厚	62.45 $^{-0.09}_{-0.18}$
歯形基準平面	歯直角	厚		(またぎ歯数= 5)
基準ラック	歯 形	並 歯	仕上方法	研削仕上
	モジュール	4.5	精 度	JIS B 1702-1　5級
	圧力角	20°		JIS B 1702-2　5級
歯 数	32		相手歯車歯数	105
			相手歯車転位係数	0
ねじれ角	18.0°		中心距離	324.61
ねじれ方向	左	備	基礎円直径	141.409
		考	材料	SNCM 415
基準円直径	151.411		熱処理	浸炭焼入れ
			硬さ (表面)	HRC 55～61
全歯たけ	10.13		有効硬化層深さ	0.8～1.2
転位係数	+ 0.11		バックラッシ	0.2～0.42
			歯形修整およびクラウニングを両歯面に施す.	

(単位 mm)

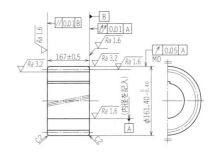

図 11·53　はすば歯車

内はすば歯車

歯車歯形	標 準	歯	オーバーピン	470.088 $^{+0.953}_{+0.582}$
歯形基準平面	歯直角	厚	(玉) 寸法	(玉径= 7.000)
基準ラック	歯 形	並 歯	仕上方法	ピニオンカッタ切り
	モジュール	3	精 度	JIS B 1702-1　8級
	圧力角	20°		JIS B 1702-2　9級
歯 数	104		相手歯車歯数	38
ねじれ角	30°		相手歯車転位係数	0
*リード	2613.805	備	中心距離	152.420
ねじれ方向	図 示	考	バックラッシ	0.47～0.77
基準円直径	480.355		材料	S 45 C
全歯たけ	9.00		熱処理	焼入れ焼戻し
転位係数	0		硬さ	HB 201～269

(単位 mm)

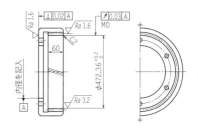

図 11·54　内はすば歯車

すぐばかさ歯車

区 別	大歯車	(小歯車)	区 別	大歯車	(小歯車)
モジュール	6		測定位置	外端歯先円部	
圧力角	20°		歯底 弦歯厚	8.08 $^{-0.10}_{-0.22}$	
歯 数	48	(27)	弦歯たけ	4.14	
軸 角	90°		仕上方法	切 削	
基準円直径	288	(162)	精 度	JIS B 1704　8級	
歯たけ	13.13		バックラッシ	0.2～0.5	
歯末のたけ	4.11		歯当たり	JGMA 1002-01区分 B	
歯元のたけ	9.02		材料	SCM 420 H	
外端すい距離	165.22		熱処理		
基準円すい角	60° 39'	(29° 21')	有効硬化層深さ	0.9～1.4	
歯底円すい角	57° 32'		硬さ (表面)	HRC 60±3	
歯先円すい角	62° 28'				

(単位 mm)

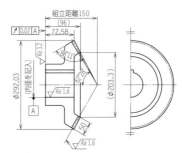

図 11·55　すぐばかさ歯車

りなくできるようにしなければならない．

また，精度の高い歯車を製作する場合には，ふつうの歯車の製作用図面における要目表よりも，さらに詳細な事項を追記する．

図 11・52 ～図 11・55 中の表は，各種歯車についての要目表の例を示したものであるが，これらの要目表には，原則として，歯切り，組立，検査などに必要な事項を記入する．次の項目は，一般製作図にも必ず記入する要目である（巻末の付図 2・3 ～付図 2・5 参照）．

① 基準ラック（歯形，モジュール，圧力角），② 歯数，③ 基準円直径．

11・4　転がり軸受製図

1.　転がり軸受の種類

転がり軸受は，軸と軸受部分とを直接接触させず，図 11・56 に示すように，その中間に玉または"ころ"を入れ，転がり接触をさせるようにしたもので，面と面で接触するすべり軸受に比べ，その摩擦は 15％程度以下で，機械の効率を著しく高めることができるので，広く使用されている．

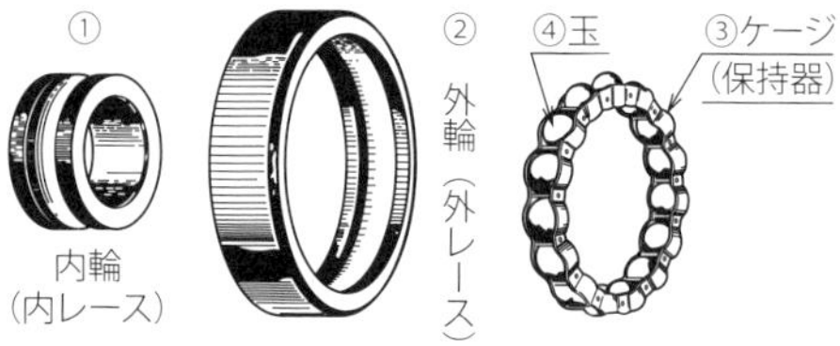

転がり軸受には，荷重の加わり方によって，図 11・57 のように，**ラジアル軸受**（軸線に直角な荷重を受ける）と**スラスト軸受**（軸線方向に荷重を受ける）とがある．これらの軸受は，いずれも図に示すように，軌道輪（内輪および外輪），転動体（玉またはころ）および保持器によって構成されている．転動体には，玉，円筒ころのほかに，円すいころ，樽状ころおよび針状ころなどが使用される．

図 11・56　分解したラジアル玉軸受

図 11・58 は，転がり軸受の系統別一覧を示したものである．

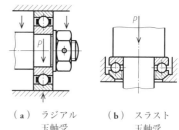

（a）ラジアル玉軸受　　（b）スラスト玉軸受

図 11・57　転がり軸受の種類

2.　転がり軸受の図示方法

転がり軸受は，専門メーカーの製品をそのまま使用するので，これを図示するには，正確にその寸法，形状どおりに描く必要はなく，定められた簡略図示方法による．JIS には，製図－転がり軸受（JIS B 0005-1 ～ 2）において，第 1 部：基本簡略図示方法および第 2 部：個別簡略図示方法が定められており，簡略の程度によって，そのいずれかを用いることになっている．

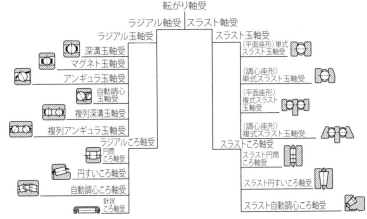

図 11·58 おもな転がり軸受の系統別一覧

（**1**）**基本簡略図示方法** 一般的な目的のために，転がり軸受を図示する場合（たとえば，軸受の形状や荷重特性などを正確に示す必要がない場合）には，図 11·59 のように四角形で示し，かつその四角形の中央に直立した十字を描き，それが転がり軸受であることを示すことになっている．この十字は，外形線に接してはならない．

これらに用いる線は，図面の外形線として用いられる線と同一の太さの線で描けばよい．

なお，同図（**b**）は，転がり軸受の正確な外形を示す必要がある場合に用いる図示法を示したもので，その断面を実際に近い形状で示し，同様に，その中央に直立した十字を描いておけばよい．

また，図 11·60 は，軸受中心軸に対して軸受の両側を描く場合を示したものである．

軸受の簡略図示方法においては，ハッチングは施さないほうがよいが，必要な場合には，図 11·61 のように，同一方向のハッチングを施せばよい．

（**2**）**個別簡略図示方法** 個別簡略図示方法は，転動体の列数とか調心の有無など，転がり軸受をより詳細に示す必要のある場合に用いるとされている．

表 11·10 は，軸受の種類およびその簡略図示方法を示したものである．

表の簡略図示方法における図要素の意味は，次のとおりである．

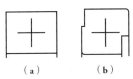

図 11·59 転がり軸受の基本簡略図示法

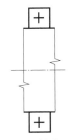

図 11·60 軸受の両側を描く場合

図 11·61 軸受のハッチング

表 11·10 転がり軸受の個別簡略図示方法 （JIS B 0005-2）

（a） 玉軸受およびころ軸受

簡略図示方法	玉軸受（図例および規格）	ころ軸受（図例および規格）
	単列深溝玉軸受 (JIS B 1512) ユニット用玉軸受 (JIS B 1558)	単列円筒ころ軸受 (JIS B 1512)
	複列深溝玉軸受 (JIS B 1512)	複列円筒ころ軸受 (JIS B 1512)
		単列自動調心ころ軸受 (JIS B 1512)
	自動調心玉軸受 (JIS B 1512)	自動調心ころ軸受 (JIS B 1512)
	単列アンギュラ玉軸受 (JIS B 1512)	単列円すいころ軸受 (JIS B 1512)

※「適用」欄

（b） 針状ころ軸受

簡略図示方法	図例および関連規格		
	内輪付き（またはなし）針状ころ軸受 (JIS B 1536-1)	内輪なしシェル形針状ころ軸受 (JIS B 1536-2)	ラジアル保持器付き針状ころ軸受 (JIS B 1536-3)
	複列内輪付き（またはなし）針状ころ軸受	内輪なし複列シェル形針状ころ軸受	複列ラジアル保持器付き針状ころ

（c） スラスト軸受

簡略図示方法	玉軸受（図例および規格）	ころ軸受（図例および規格）
	単式スラスト玉軸受 (JIS B 1512)	単式スラストころ軸受
	複式スラスト玉軸受 (JIS B 1512)	スラスト保持器付き針状ころ (JIS B 1512)
	複式スラストアンギュラ玉軸受 (JIS B 1512)	スラスト保持器付き円筒ころ
	調心座付き単式スラスト玉軸受	
	調心座付き複式スラスト玉軸受	スラスト自動調心ころ軸受 (JIS B 1512)

※「適用」欄

① **長い実線の直線** 調心できない転動体の軸線を示す．

② **長い実線の円弧** 調心できる転動体の軸線，または調心輪・調心座金を示す．

③ **短い実線の直線** ①の長い実線の直線に直交させ，転動体の列数および転動体の位置を示す．

この場合の線の種類は，基本簡略図示方法の場合と同じく，外形線と同一の太さで描けばよい．

図11・62は，この簡略図示を用いた図例を示したもので，参考のため下半分はその断面を実際に近い形状で図示してある．

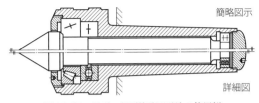

図11・62 軸受の個別簡略図示法の使用例

3. 旧規格による転がり軸受の略画法

上記は，**ISO**に準拠して1999年に改正された簡略図示方法を示したものであるが，1956年に制定され，今日まで使用されていた旧規格による略画法は，いままでの図面や文献に残っているので，参考までに図11・63に示しておく．

これによれば，使用目的により，次の3種類に分けられている．

図示(1) 転がり軸受の輪郭と内部構造の概要を図示する場合．
図示(2) 転がり軸受の輪郭と記号とを併記する場合．
図示(3) 系統図などで，転がり軸受であることを記号だけで表示する場合．

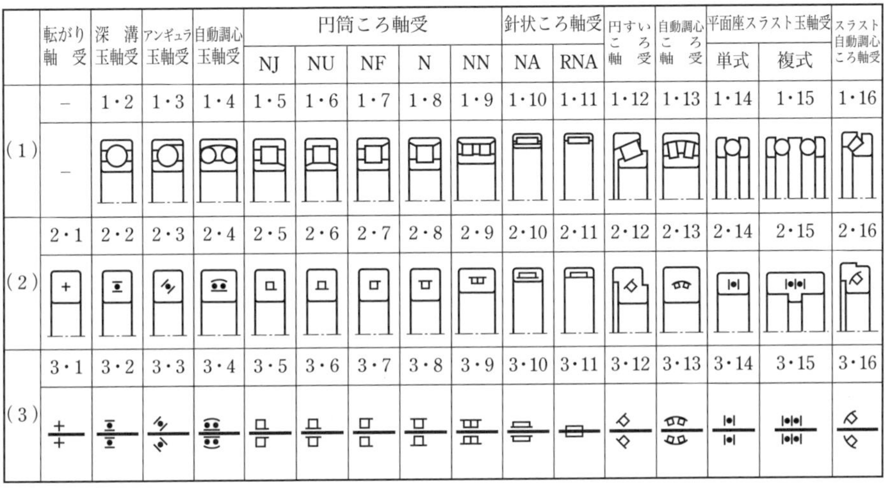

図11・63 転がり軸受の略画法

11·5　センタ穴の簡略図示方法

旋盤などで旋削作業を行う場合，工作物の一端あるいは両端を，センタで支えて行うことが多いが，このセンタを挿入するため，センタ穴ドリルを用いて，センタ穴をあけておかなければならない．

図 11·64 は，JIS に定められたセンタ穴を示したもので，R形，A形およびB形のものがあるが，これらの正確な形状，寸法をとくに示す必要がない場合，JIS では，表 11·11 に示すような簡略図示方法が定められているので，これによって簡単に指示することができる．

ところで，このセンタ穴は，加工上の便宜のためにあけられるもので，完成品にこの穴を残さなければならない場合，残してもよい場合および残ってはならない場合の 3 通りがある．そこで，表示のような記号を用いてそれらを指示するのであるが，それに続けて次のようにセンタ穴の呼び方を記入しておくのがよい．

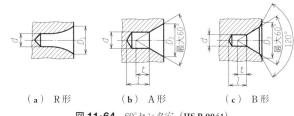

（a）R形　　（b）A形　　（c）B形
図 11·64　60°センタ穴（JIS B 0041）

表 11·11　センタ穴の記号および呼び方の図示方法（JIS B 0041）
（単位 mm）

要求事項	記　号	呼 び 方
センタ穴を最終仕上がり部品に残す場合		JIS B 0041-B2.5/8
センタ穴を最終仕上がり部品に残してもよい場合		JIS B 0041-B2.5/8
センタ穴を最終仕上がり部品に残してはならない場合		JIS B 0041-B2.5/8

〔例〕　JIS B 0041 − B 2.5/8

〔説明〕　JIS B 0041：この規格の規格番号，−B：センタ穴の種類の記号（R，A または B），2.5/8：パイロット穴径 d，座ぐり穴径 D（D_1〜D_3），二つの数値（d および D）を並べて斜線で区切る．

ただし，センタ穴を残してもよい場合は無記号なので，穴の中心位置から引出線を用いて記入すればよい．

12

CAD 機械製図

12·1 CAD 製図について

コンピュータ技術の発展はめざましく，CAD（**computer aided design**），すなわちコンピュータを利用して設計や製図を行うシステムは，企業はもとより学校教育にも取り入れられている．

このことは，単に設計製図の段階に止まらず，機械によって図面を読み取らせ，その情報を直接製造過程に流す CAM（**computer aided manufacturing**）システムが開発され，これら両者をあわせた CAD/CAM システムが大きな成果をあげている．いまや，CAD を抜きにして製図は語れない時代となった．

そこで，JIS においても，従来の手描き製図に加えて，CAD 製図（**JIS B 3402**）という規格を定めていたが，2000 年に公布された ISO に準拠した一連の JIS 製図規格の改正に伴い，JIS B 3402：2000（CAD 機械製図）として改正が施されたので，この規格（以下，CAD 製図という）について説明する．

ただし，CAD による製図といっても，その製図法そのものは手描きの機械製図の場合とほとんど異なることはないので，その部分は本書でいままで説明したことを参照していただくこととし，ここでは，情報を入力する CAD としての特異性を有する部分についての説明のみを行うこととする．

12·2 CAD 機械製図規格の内容

1. CAD 製図の具備すべき情報と基本要件

CAD 製図においては，図面管理上必要な情報として，たとえば，図面名称，図面番号，製図者，図面承認者などを明記しておかなければならない．

また，形状に必要な情報として，正確な投影図，断面図，寸法，三次元形状データなどの明記が必要である．

さらに，属性情報として，たとえば，材料，熱処理条件，引用規格なども必要に応じて

164 | **12章** | ＣＡＤ機械製図

記入しておくのがよい．

　これに加えて，CAD 製図の基本要件として，上記の情報は明確に表現してあることが必要であり，あいまいな解釈が生じないように，表現の一義性をもたせなければならない．

　なお，CAD 製図には，適切なシステムを用い，手描き製図と混用しない．ただし，製図者，設計者，図面承認者などの署名は，混用とみなさない．

　そのほか，製品（または部品）の製作のための CAD 図面情報は管理状態になければならない．

2. 図面の大きさおよび様式（2 章 2・1 節，2・2 節参照）

　表題欄に用いた CAD システム名，添付データ情報など，CAD 特有の情報を追加記入する．

3. 線

（1） 線の種類，用途および太さ（2 章 2・5 節参照）　線の種類については，表 2・4 による規定のほかに，表 12・1 に示す線の基本形とその呼び方を規定している．これは，JIS Z 8312（製図―表示の一般原則―線の基本原則）に基づいたものである．

　ただし，線の太さについては，CAD の特性を考慮して，0.13 mm，1.4 mm および 2 mm を追加規定している．

表 **12・1**　線の基本形

線の基本形（線形）	呼び方［対応英語(参考)］
————————————	実線［continuous line］
— — — — — — — —	破線［dashed line］
—　　—　　—　　—　　—	跳び破線［dashed spaced line］
—－—·—·—·—·—	一点長鎖線［long dashed dotted line］
—－··—··—··—··	二点長鎖線［long dashed double－dotted line］
—·—···—···—	三点長鎖線［long dashed triplicate－dotted line］
····································	点線［dotted line］
— - — - — - — - — -	一点鎖線［long dashed short dashed line］
— - - — - - — - - — - -	二点鎖線［long dashed double－short dashed line］
- · - · - · - · - · - ·	一点短鎖線［dashed dotted line］
- ·· - ·· - ·· - ·· - ··	一点二短鎖線［double－dashed dotted line］
- ·· - ·· - ·· - ·· - ··	二点短鎖線［dashed double－dotted line］
- ·· - ·· - ·· - ·· - ··	二点二短鎖線［double－dashed double dotted line］
- ··· - ··· - ··· - ···	三点短鎖線［dashed triplicate－dotted line］
— ··· — ··· — ··· — ···	三点二短鎖線［double－dashed triplicate－dotted line］

なお，計画図，設備配置図などで筆記具にボールペンを用いる場合には，線の太さは問わないこととした．これは，このような場合，線の太さを変えることが困難な機種もあるからである．

(2) 線の要素の長さ　破線，一点鎖線，二点鎖線，点線などの，それぞれの線の要素の長さは，図 12・1 のようにすればよい．

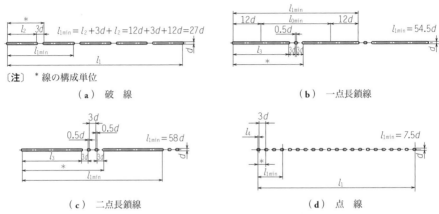

〔注〕 * 線の構成単位

(a) 破　線　　　　　　　　　　　(b) 一点長鎖線

(c) 二点長鎖線　　　　　　　　　(d) 点　線

図 12・1　線の要素の長さ

(3) 線の組合わせ　線は，図 12・2 に示すように，線の基本形を 2 本組み合わせて，意味をもった線として使用してもよい．

(a) 実線と破線の組合わせ　　　　(b) 実線と一様な波形実線との組合わせ

図 12・2　線の組合わせ

(4) 線の表し方の一般事項　線の太さ方向の中心は，線の理論上描くべき位置になければならない．また，平行な線と線との最小間隔は，とくに指示がない限り 0.7 mm とする．

(5) 線の交差　長・短線で構成される線を交差させる場合には，図 12・3 に示すように，なるべく長線で交差させる．ただし，一方が短線で交差してもよいが，短線と短線で交差させないのがよい．また点線を交差させるには，点と点で交差させるのがよい．

(6) 線の色　線の色は黒を標準とするが，他の色を使用または併用する場合には，それらの色の線が示す意味を図面上に注記しておかなければならない．ただし，他の色を使用する場合には，鮮明に複写できる色でなければならない．

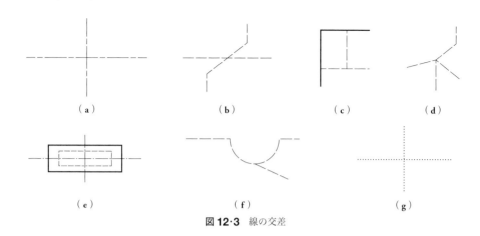

図 12·3　線の交差

4. 文字（2章 2·6節参照）

CAD製図では，コンピュータ ソフトまたはプリンタに付属または内蔵されているフォント（文字の大きさや字体を表す言葉）を主として使用するので，この規格には種々の書体が参考として掲げられているが，とくに規定したものではない．ただし，一連の図面では，同じフォントを使用するのがよい．

また，文字の大きさの呼びは，2.5 mm，3.5 mm，5 mm，7 mm および 10 mm を標準とするとしている．

5. 尺度（2章 2·4節参照）

例外的に現尺，縮尺および倍尺のいずれも用いない場合には，"非比例尺"と表示する．なお，二次元図面に三次元図形を参考図示する場合には，その三次元図形に尺度を表示しない．参考図示に尺度はほとんど必要ではないからである．

6. 金属硬さ

金属硬さを指示する場合には，ロックウェル硬さ（HR），ビッカース硬さ（HV），ブリネル硬さ（HB），その他のいずれかによって指示する．

〔例〕　ビッカース硬さの場合　400 HV

7. 熱処理

熱処理は，熱処理の方法，熱処理温度，後処理の方法などを表題欄の中，もしくはその付近または図中のいずれかに指示する．

〔例〕　油焼入れ焼戻し，810℃〜560℃，320℃〜270℃，410〜480 HV

13

図面管理

13·1 図面管理について

　図面は，その製品を製作するときに使用されるが，それに関係するほかの作業にも使用されている．このような重要な図面も，その保管と運用にあたって管理が不充分であると，重複または紛失などのため，たちまち作業に支障をきたすことになる．このような不備をなくし，図面を合理的に保管および運用できるようにすることを**図面管理**という．一般には，原図の作成とその原図の運用を中心に，複写図の取扱いまでを含んでいる．

13·2 照合番号

　多くの部品で組み立てられるものは，それら個々の部品に番号をつけて整理し，生産の合理化をはかっている．この整理番号のことを**照合番号**という．照合番号の記入法は，円内に数字で記入し，部品図の中，またはかたわらに引出線を用いて記入するのが原則で，一般の多くは，次の様式によって書かれている．

図 13·1 照合番円

　① 図中に書かれている照合番号数字は，寸法数字よりも大きい数字（縦5〜8 mmの文字）で書き，ほかの数字と明りょうに区別するために，照合番号を円で囲む．この円の直径（10〜16 mm程度）は図形の大小に応じて適当な大きさのものにし，図面の調和をはかることが必要である．ただし，同一図面内では同じ大きさの円とする（図 **13·1**，図 **13·2**）．

　② 組立図には，各部品から引出線を出して，部品図と同じ照合番号を記入し，両者の対照に便利なものとする．この引出線は，寸法線と間違えられな

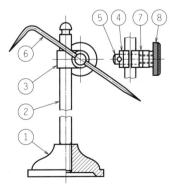

図 13·2 照合番号の整列

いように斜線で表し，その延長が照合番円の中心を通る方向に引いて照合番円と結ぶ．

③ この引出線の端につける矢または黒丸は，その端を外形線につけるときは矢とし（図 13・2），外形線の内側などの実質部につけるときは黒丸で示す（図 13・3）．

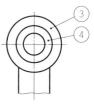

図 13・3

④ 照合番円が多く集まるようなときは，雑然とすることなく，整然とした配列で記入しなければならない（巻末の付図 2・8 参照）．

なお，組立図などの場合で，ほかに製作図があるときは，照合番号の代わりに，その図面番号を記入してもよいことになっている．

13・3　表題欄，部品欄および明細表

1. 表題欄，部品欄

図を描き，寸法を記入して，各部の大きさを表しただけでは，図面としての用途を全うできない．すなわち，その図面の細目事項を記入し，図面の性質を明らかにすることが必要であるが，それらは表題欄，部品欄，あるいは図面明細表に記入される．

（1）**表題欄**　表題欄は，ふつう，図面の右下隅に設けて，これに図面番号，図名，尺度，投影法の区別，製図所名，図面作成年月日などを明記し，責任者の署名をするが，記入の様式については，各会社，工場においていろいろ工夫している．なお，表題欄のうち，図面番号，図名，作成元などは，その右下隅にあって，その長さは 170 mm 以下と定められている．図 13・4 に示した表題欄は，広く一般に行われている標準形の一例であり，その記入要領は次のとおりである．

① 図名の欄には製作品名および図面の種類が記入される．

② 図面番号の欄にある L－101 は，一例を示したもので，この場合の L は旋盤，すなわち lathe の頭文字 L をとったものである．また，その次に示されている数字 101 のうち，最初の 1 は，この図面の紙の大きさが，A 列 1 番であることを表示したものである（A 列 2 番のときは 2 として示す）．

そのあとの数字 01 は，描かれた図面のうちでいちばん初めのものであることを意味する．したがって，L－101 は，A 列 1 番の用紙に描かれた，旋盤の 1 号の図面であるということを表示したことになる．また 101 の数

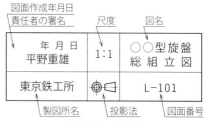

図 13・4　表題欄

字は，ある工場では 1001 としたり，10001 として表示したりしているが，このへんのところは，適宜に便利なものを採用すればよい．

なお，**図面番号は，表題欄に示すほか，さらに図面の左上の隅に，さかさまに記入するのがよい**．これは，図面の破損と整理上の一石二鳥をねらった便法である（巻末の付図 **2・1 ～付図 2・12** 参照）．

③　尺度の欄には，図中に用いた尺度を記入するが，それらの記入法については，比の形で表し，次の例に従えばよい（**p.14** 参照）．

〔**例**〕　1：1（現尺），1：5（縮尺），2：1（倍尺）

なお，従来では，尺度は分数の形で記入されていた．〔**例**〕　1/1，1/5，2/1

④　投影法は，第三角法，第一角法の別を記号を用いて記入する（**4 章，図 4・7** 参照）．

⑤　製図所名の欄には，図面を作成した場所名を記入する．

⑥　図面作成の年月日は，図面完成の年月日を記入するが，この欄には，また責任者（設計者，製図者，検図者など）の署名あるいは認印が行われる．

（**2**）　**部品欄**　部品欄は，図面内に描いてある各部品に関する諸事項を記載する欄である．この欄には，ふつう，次の諸事項を記入する．

①　照合番号（部品番号）… 図面に記載された照合番号を記入する．

②　名称 … 部品の名称，ときには呼び方を記入する．

③　材質 … 部品の材料を記入するが，これらは，材料記号（**10 章，表 10・3** 参照）によって表す．

④　個数 … 1 台当たりの必要個数を記入する．製造個数でないことに注意してほしい．

⑤　重量 … 部品の 1 個当たりの重量を記入する．

⑥　工程 … 部品の加工過程を記入する．

たとえば，鋳造品を機械加工して仕上げる場合ならば，木型工場で木型をつくり，次に鋳物工場へ，さらに機械仕上工場へと移行して加工されるが，これらの工場名を，いちいち記入するのはめんどうなので，一般に次の略称を使用している．

木 … 木型工場　　**イ** … 鋳物工場　　**キ** … 機械仕上工場　　**仕** … 仕上組立工場

ソ … 倉庫　　　　**タ** … 鍛造工場　　**カ** … 製カン工場　　**シ** … 試験場

⑦　備考 … ボルト，ナット，座金，ピンなどのように，標準品を使用できる場合は，**JIS** の規格番号および呼び方を記入する．

JIS 製図規格には，部品欄の位置と部品欄に記載する事項などに関する規定がないので，多種多様な形式が採用されている．

図 **13・5** は，一般に採用されている部品欄と照合番号の図示例を示したものである．

（**3**）　**表題欄と部品欄の位置**　表題欄と部品欄の位置は，図形の配置に注意し，図面を折りたたんで保管した場合でも，それらがすぐわかるように，さまざまに工夫される．

3					
2					
1					
照合番号	部品名称	材料	個数	質量	備　考

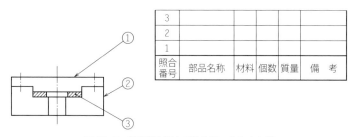

図 13·5 部品欄と照合番号を組み合わせた例

（a）　（b）　（c）　（d）

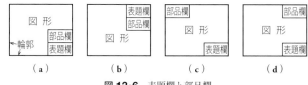

図 13·6 表題欄と部品欄

図 **13·6** は，実際に各工場で多く使用されているような表題欄と部品欄の配置例を示したもので，ちょっとした工夫により，もう一段上のサイズの製図用紙を使わないですますことができる．

2. 明細表

簡単な機械の組立図などでは，全部品の明細を部品欄に記入することができるが，複雑な組立図になると，その全部を記入することは不可能なので，このような場合には，とくに，明細表というものが作成される．これは全部品の明細を記載した表であって，組立図とは別個に作成されるものである（図 **13·7**）．

この明細表は，組立図と部品図との連絡を保ち，実際の製作に必要な図面の枚数，所要材料の準備，何々の図面が出図したかなどを，一見してわかるよう，かつまた，図面の整理に便利なように工夫してつくる．

LG-1000	作成		審査		注文者		表枚数
○○式旋盤図面明細表					数量		
					日限		
項番	図番	品名	員数	材質	工程	重量	備考
1	LG-1001						
2	〃-10011						
3							
4							
5							
6							

図 13·7 明細表

13·4 図面の訂正・変更

図面は，出図後にその内容を訂正・変更する必要が生じる場合がある．この場合には，図 **13·8** に示すように，訂正または変更か所に適切な記号を付記し，かつ訂正または変更

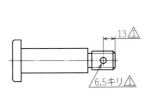

(**a**) 形状の変更例

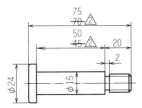

(**b**) 寸法の変更例

図 13·8 図面の変更

以前の図形，寸法などは判読できるよう，適切に保存しなければならない．この場合は，さらにその訂正または変更の事由，氏名，年月日などを明記して，当該図面管理部署に届け出なければならない（図 **13·9**）．

記号	年月日	訂　正　記　事	印
△	XX·X·X	円筒穴の追加のため	平野
△	同上	寸法変更のため	平野

図 13·9 訂正欄の例

13·5 | 検図

産業の中心は図面であり，その図面に誤りが全然なく，いったん出図された図面が何の変更，訂正もなしに，水の流れるように，最後まで流れて目的に到達するということはむずかしいことであるが，少しでも誤りを減らすということは非常に重要なことである．こ

表 13·1 事務的なチェック リスト

検図項目	検　図　要　目	検図項目	検　図　要　目
作成年月日	記入されているか．	材質記号	適正な記号が記入されているか．
図面番号	記入されているか．	尺　　度	図形と尺度が適正か．
設計者	チェック サインがなされているか．	図　　法	適正な指定の図法で描かれているか．
製図者	チェック サインがなされているか．	備　　考	相手照合番号，呼び方が記入されているか．
照合番号	記入されているか．		
個　　数	適正な記入がなされているか．		

172 | 13章 | 図面管理

表 13·2 部品図のチェック リスト

検 査 項 目	検 事 項
① 寸　　　法	① 各部品について，図面寸法を当たってチェックする． ② 工作寸法の記入方法は適正であるか． ③ 寸法の記入漏れおよび重複寸法はないか． ④ 投影図および断面図の不足，投影の誤りはないか注意すること．
② 個　　　数	① 部品個数および照合番号をチェックする． ② 部品の漏れがないか注意すること．
③ 規格標準部品	① 規格，標準部品を規格および基本形と照合し，チェックする． ② 購入品はカタログと照合し，チェックする． ③ ゲージ関係寸法を規格と照合し，チェックする．ゲージ No. の記入漏れに注意すること． ④ 歯車，ウォーム ギヤ対，ばねなどの計算値を組立図の記入値と照合し，チェックする．
④ 組合わせ寸法	① はめあい，組合わせ寸法およびはめあい記号をチェックする． ② 組立て，分解が可能か，とくに部品の当たりに注意すること． ③ ねじのピッチの記入誤りおよび記入漏れに注意すること． ④ アタッチメントおよび治工具との関係位置および寸法をチェックする．
⑤ 材質，熱処理	① 材質の適否，熱処理およびかたさをチェックする． ② 熱処理ののち，加工について注意すること． ③ とくに焼入れかたさの記入漏れに注意すること． ④ 表面処理の指示について注意すること．
⑥ 工　作　法	① 工作法（加工機械および工具）および工作寸法についてチェックする． ② 工作は必要な基準面および補助ボスの記入漏れに注意すること． ③ 仕入記号の適否および記入漏れに注意すること． ④ 平面度，直角度，平行度および工作に必要な特記事項の記入漏れに注意すること．
⑦ 作　　　動	① 設計仕様に対する動きおよび調整量をチェックする． ② 動きに対して部品の当たりはないか，とくに注意すること． ③ ねじ歯車，はすば歯車，ウォーム ギヤ対の左右およびクラッチの向きを回転方向およびスラスト方向に注意すること．
⑧ 最　終　検　図	① 訂正寸法をふたたびチェックする． ② チェック漏れがないか注意すること．
⑨ 写　図　検　図	トレースの訂正部分をチェックする．

のような誤りをなくすために，現在広く使用されている方法として，チェック リストによる検図法がある．

　表 13·1，表 13·2 に，一般に使用されているチェック リストの一例を示した．このようなチェック リストを使用して各項目ごとに検図を行い，図の誤りを発見，訂正することによって，図面の権威を高め，多くのトラブルを未然に防ぐことができる．

標 準 数 13·6 173

13·6 標準数

1. 標準数について

標準化の目的は，高品質，低コスト，納期の短縮などがあげられるが，設計者が設計の自由を主張し，大きさ，容量などの主要寸法について，その選択を無分別に行ってしまうと，当然，これらの標準化の目的とする事柄は遂行されないことになってしまう．ここで，もし設計を行う際に，設計数値を系列立った合理的な数列から選ぶようにするならば，設計に要する時間を短縮することができ，特殊な工具や材料の使用も少なくなり，部品の互換性もいっそう向上するとともに，標準化のための時間，労力，経費の面でも多大な節約がもたらされる．

このような目的にかなう数列として，JIS では標準数（JIS Z 8601）を定めており，工業標準化，設計などにおいて段階的に数値を定める場合には，この標準数を用い，また単一の数値を定める場合でも，標準数から選ぶこととしている．

JIS に定められた標準数は，ISO にもとづき，工業上に用いられる諸数値において，これに合理的かつ包括的な段階を与え，いわば予備的な規格化を図るのを目的として，数種の公比をもつ等比数列を，実用上便利な数系列に整理したものである．

2. 標準数の説明

一連の品物を設計するに当たりいろいろな寸法の段階が定められるが，これを一つ上または一つ下の寸法と明確に区別しようとするとき，経験によれば，単純にその寸法の差によるよりも，その比によったほうが，多くの場合，自然に感じられることがわかっている．たとえば，紙の幅の規格において，A 列および B 列のいずれもが，公比 $\sqrt{2}$ の等比数列となっている．このようにすれば，小さいものでも大きいものでも増加率はすべて等しいから，次の段階との不自然な隔たりや狭まりがな

表 13·3 標準数（JIS Z 8601）

R 5	R 10	R 20	R 40
1.00	1.00	1.00	1.00
			1.06
		1.12	1.12
			1.18
	1.25	1.25	1.25
			1.32
		1.40	1.40
			1.50
1.60	1.60	1.60	1.60
			1.70
		1.80	1.80
			1.90
	2.00	2.00	2.00
			2.12
		2.24	2.24
			2.36
2.50	2.50	2.50	2.50
			2.65
		2.80	2.80
			3.00
	3.15	3.15	3.15
			3.35
		3.55	3.55
			3.75
4.00	4.00	4.00	4.00
			4.25
		4.50	4.50
			4.75
	5.00	5.00	5.00
			5.30
		5.60	5.60
			6.00
6.30	6.30	6.30	6.30
			6.70
		7.10	7.10
			7.50
	8.00	8.00	8.00
			8.50
		9.00	9.00
			9.50

174 | **13章** 図面管理

い．その他の場合でも，このような関係がきわめて妥当であることはいうまでもないであろう．

標準数は，このような理論によって定められたものである．

表 **13·3** に示すように，標準数には，R 5，R 10，R 20 および R 40 の四つの数列が定められている．これらはすべて十進法によったもので，1 から 10 までの間がみな等比級数的段階となるよう区分されている．

すなわち，R 10 の数列では，この区分の数が 10 個であり，このそれぞれの区分の間に，等比的中間値を入れて 20 個としたものが R 20 の数列であり，さらに同様にして R 40 の数列がつくられている．逆に，もっと粗い区分として，R 10 の数列から一つおきに項を取り去って五つの区分としたものが R 5 の数列である．これらを基本数列の標準数という．

また，ここには示してないが，特別な場合にだけ用いる特別数列として，R 80 の数列も別に用意されている．

3. 標準数の利用による効果

① これらの標準数列は，1 から 10 までの間しか定められていないが，十進法に従ったものであるので，これらの数値を 10^n したもの（すなわち，10 倍，100 倍，1000 倍，… あるいは 1/10 倍，1/100 倍，1/1000 倍，… したもの）は，すべて標準数となるから，その数値には制限がない．

② R 5，R 10，R 20，R 40 という四つの数系列を含んでいるので，並級のものから精密なものまで，目的に応じて自由に選択できる．

③ 一度標準数に従って設計値，規格値を定めれば，後日，より大きなもの，より小さなものについて設計，標準化する必要が生じたときでも簡単に処理できる．

4. 標準数の使用法

一般に，標準数の中から数値をとる場合には，できるだけ増加率の粗い数列を選ぶことが望ましい．すなわち，できれば R 5 の数列からとり，やむを得ない場合にだけ R 10，R 20，R 40 の順でとる．

また，標準数を選ぶ場合，ある数列をそのまま用いることができない場合には，次のようにすればよい．

（1） いくつかの数列を併用する ある範囲を，すべて同一の数列からとると，部分的に不具合であるときは，それをいくつかの範囲に分け，それぞれの範囲に対し，別の適当な数列を選んで用いればよい．

（2） 誘導数列として用いる ある数列のある数値から始めて，二つ目，三つ目，…，P 個目ごとに数値をとって並べた数列を**誘導数列**といい，P をピッチ数という．

これを利用したものに，たとえばカメラの絞り目盛がある．これには，1.4，2.0，2.8，

標準数　13·6　175

表 13·4 基本数列およびおもな誘導数列

系列の種類	記号	公比（約）	次の値に対する 増大の割合(%)
誘導数列	R 5/3	4	300
誘導数列	R 5/2	2.5	150
誘導数列	R 10/3	2	100
基本数列	R 5	1.6	60
誘導数列	R 20/3	$1.4 \fallingdotseq \sqrt{2}$	40
基本数列	R 10	1.25	25
誘導数列	R 40/3	1.18	18
基本数列	R 20	1.12	12
誘導数列	R 80/3	1.09	9
基本数列	R 40	1.06	6

表 13·5 標準数の適用例

区　別	内　　　容
寸　法	各部の長さ，幅，高さ，板厚，丸棒の直径，管の内外径，線径，ピッチ（ボルト穴などの）.
面　積	各表面積，管，軸などの断面積.
容　積	ガス，水などのタンク容器，運搬車.
定格値	出力（kW，馬力），トルク，流量，圧力.
重　量	糸の番手，ハンマの頭.
比の値	歯車，ベルト車などの変速比など.
その他	引張り強さ，安全率，回転数，周速度，濃度，温度，試験や検査実験に用いる数値（実験物の寸法，時間など）.

4, 5.6, …, 32 という数が使われているが，これは R 20 数列により，1.4 から始めて，三つ目ごとにとったものである（ただし，3 桁の数字は 2 桁に丸めてある）．したがって，これは R 20 から導いた誘導数列であり，そのピッチ数は 3 であって，これを次のような記号で表す．

　　もとの数列記号 / ピッチ数（数列の範囲）

　このカメラの絞りの例では，R 20/3（1.4, …, 32）のように表せばよい．

　表 13·4 は，工学上よく用いられる基本数列と，おもな誘導数列，およびそれらの公比を示したものである．

5. 標準数の適用例

　上述のように，標準数は製品設計の際のさまざまな場面において，きわめて有効に活用することができる．表 13·5 は，標準数を設計に適用した例を示したものである．

6. 円筒型容器の例

　一つの系列をなす円筒型の容器をつくろうとするとき，直径 d，高さ h を R 10（100, …）および R 10（125, …）にし，$\pi = 3.15$（$\pi = 3.14$ であるが，標準数を用いるため近似値）とすると，その容積 V は

表 13·6 円筒型容器の寸法，容積

番号	直径 d (mm) R 10	高さ h (mm) R 10	容積 V (l) R 10/3
1	100	125	1
2	125	160	2
3	160	200	4
4	200	250	8
5	250	315	16
6	315	400	31.5
7	400	500	63
8	500	630	125
9	630	800	250
10	800	1000	500

176 | **13章** | 図 面 管 理

標準数だけの積

$$V = \left(\frac{\pi}{4}\right) d^2 h$$

で表されるから，V はもちろん標準数になる．

　この例では，表 **13·6** のように，V の数列は R 10/3 で表される．

14

スケッチ

14·1 スケッチの意義

　スケッチとは，製品の実物を見ながらつくった図面である．スケッチは，ふつう製図機械や定規などを用いずフリーハンドで描かれ，次のような場合に必要とされる．
　① 既成品と同一のものをつくる場合．
　② 損傷製品の部品を新製する場合．
　③ 実物をモデルとして新製品をつくる場合．
　スケッチを描く場合は，まず品物の形状をスケッチし，次に測り落とし，測り違いのないように注意して寸法記入を行う．さらにどんな材料を用いてあるか，また，はめあいの程度などを調べてスケッチに付記する．これでスケッチができあがるが，このほかにスケッチの整理番号，名称，材料，個数等を記入する．

14·2 スケッチ作成の用具

　スケッチを描くには，鉛筆 (HB)，消しゴム，紙類，ものさし，パス（外パス，内パス）などの用具のほかに，精密測定用具として，ノギス，マイクロメータ，シックネスゲージ，ねじゲージなどを用意すればよい．

14·3 スケッチ作成の順序と方法

　スケッチの作成は，一般に次の順序で行うのがふつうである．
　① まず最初に**組立図**をフリーハンドで描く．この場合，すべての部品がよくわかるように描き，かつ断面は想像して描く．
　② 組立図ができたら，分解順に部品を並べ，それらに 1，2，3，… の整理番号を記入して，それぞれの**部品図**をフリーハンドで描く．

整理番号は組立図にも記入する．部品図を作成する場合には，形状を描く一方，材料，仕上げ，はめあい程度などを漏らさず記入する．

③ **表題欄**，**部品欄**などをつくり，これにそれぞれの必要事項を記入する．

14・4 形状のスケッチと寸法の測定記入

形状のスケッチは，なるべく投影法にもとづいて，正面図，側面図（または平面図）を描くのがよいが，簡単なものは，等角投影法などを用いて描いてもよく，スケッチ者がわかる程度に，なるべく図形を簡略にする．

スケッチするには，次の方法がある．

1. フリーハンドによる方法

これは，縮尺にとらわれずに形状を描く方法であって，この場合，用紙は方眼紙を使用すれば描きやすい（図 **14・1**）．

2. プリントによる方法

これは，実物の表面に光明丹を塗るか，あるいは油ボロで表面をこすって，これに紙を押し当てて実形を取る方法である．なお，この方法による場合は，実物と等しい大きさとなるので，寸法を省略することがある．

3. 型取りによる方法

部品面の外周が不規則な曲線となっている場合は，フリーハンドでは描きにくいので，このようなときは，直接その面を紙の上に当て，品物の外周を鉛筆で型取る方法が用いられる（図 **14・2**）．図形のスケッチができたら，これに寸法補助線，寸法線，矢印などを記入し，次に品物の寸法を測定して寸法数値を記入するが，重要寸法はとくに注意して記入しなければならない．このために寸法の重複があってもかまわない．

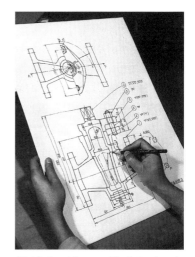

図 14・1 フリーハンドによるスケッチ

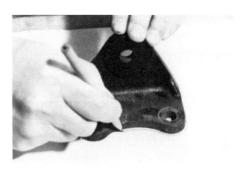

図 14・2 型取りによる方法

4. カメラを用いる方法

スケッチだけではわかりにくい複雑な品物とか，大きい機械などでは，カメラを用いて適当な角度から数枚撮影しておき，スケッチと併用すれば，あとから図面を引く場合に，品物の立体感がよくわかり，便利な場合が多い．

写真は投影法によるよりも，その品物の形状を最もよく表す角度から写したほうがよい．また，この場合，とくに重要な面，あるいはほかの面との境界がわかりにくいような面があれば，その面に白墨などを塗りつけて撮影すればいっそうわかりやすい．

14·5 | 材料の見分け方

スケッチ図面にも，もちろん使用材料は詳細に明記しなければならない．しかし，この場合は，直接製品を見て材料の鑑別を行うので，ある程度の熟練を要するが，その方法は次に述べるように，材料の色沢，肌合いおよび硬さなどによって判別する．

1. 色沢および肌合いによる材質の判別

① **鋳鉄** 仕上げてない表面はザラザラしている．仕上げてあるものは，一見軟鋼と変わらないが，注意してみると，針で突いたような穴がある．また仕上面の色とつやは，銀鼠色（つやのある灰色）である．

② **鋳鋼** 仕上げられていない面は，肌が鋳鉄よりなめらかで，仕上げた面は軟鋼に近い．仕上げた面の色とつやは，銀鼠色（鋳鉄よりわずかに紫色）がかってつやがある．

③ **鋼** 黒皮（鍛造・鋳造時に生じる酸化皮膜）は，青黒いつやがある．仕上げられたものは，軟鋼か硬鋼かわからないので，この場合は硬さ計によって判別する．

④ **青銅（砲金）** だいだい（橙）色をしている．

⑤ **黄銅（しんちゅう）** 黄色（砲金より黄色）をしている．

⑥ **銅** 小豆色ですぐわかる．

⑦ **バビット メタル** 白色であるが，アルミニウムよりもはるかに重い．

⑧ **軽合金** 白色で非常に軽い．

2. 硬さによる材質の判別

外観上から材料の鑑定が困難な場合は，硬さ計などによって材質を判別する．たとえば，鋼材では，熱処理のいかんによって硬さがいろいろに変わる．しかし，仕上面の色沢，肌合いは変わらないので，この際には，ショアの硬さ計などで製品を5か所ぐらい試験して平均硬さ数を求め，これによって材料の種別を判定する．

14·6 スケッチに対する表面性状図示記号

スケッチに表面性状図示記号を入れる場合は，規格にもとづいて記入すればよい（8 章参照）が，粗さ測定機によらない場合は，仕上精度は各工場でまちまちなので，それぞれ工場規格に合わせる必要がある．たとえば，中仕上といっても各工場ごとにその仕上精度には差異があるので，表面性状図示記号を記入するには，表面粗さ標準片などを用いて比較測定するか，現場担任者とよく打ち合わせる必要がある．

14·7 はめあい部品のスケッチ

はめあい部品のスケッチをするには，はめあい方式をよくのみこんでいなければならない．また，スケッチをする前に，その品物の取扱い者に対して，使用上，はめあい部分は具合が良いか悪いか，あるいは故障しないかどうかを確認し，もしも悪い点があったら，改善をするようにしなければならない．

14·8 スケッチ上の注意事項

スケッチに際しては，とくに次の諸点に注意することが必要である．
① 所要のスケッチ用具を忘れてはならない．
② スケッチは，簡略で見やすくする．
③ 整理番号は，基礎となるものから記入する．
④ 標準部品は，略図と呼び方で示すようにする．
⑤ 組合わせとなる部分に対しては，必ず合印を記入する．
⑥ 対称形となるものは，省略画法を用いて描く．

14·9 スケッチ図の描き方

図面は，水平線，垂直線，曲線など，複数の線の集合体である．これらの線は人によってさまざまな描き方が存在する．製図の"人に情報を伝える"という観点から，図面は見やすくなければならない．

スケッチ図を描きやすくするためには，次の三つのことを意識して行うとよい．

① 手首，肘を固定しながら鉛筆を持つ．
② 力を抜く．
③ どのような線を引くのかをイメージする．

次に，スケッチ図の描き方の事例を挙げる．

1. 直線の描き方

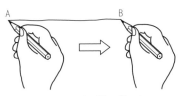

図 **14·3** 水平線の描き方

① **水平線の描き方** 水平線を描く際には，小指を支点にして鉛筆を垂直に保ち，手首と指を動かしながら線を引く．A点から描き始めるときに，常にB点を意識しながら左から右に線を引く（図 **14·3**）．

② **垂直線の描き方** 手首と指のポジションは水平線と同様で，C点から描き始めるときに，常にD点を意識しながら下から上に線を引く（図 **14·4**）．

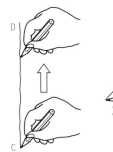

図 **14·4** 垂直線の描き方

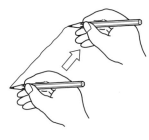

図 **14·5** 斜線の描き方（右上がり）

③ **斜線の描き方** 短い斜線は手首を使い，長い斜線は肘も同時に移動させながら線を引く．引く方向は，右上がりの斜線（図 **14·5**）は左下から右上に，左上がりの斜線は右下から左上に線を引く．

④ **平行線の描き方** 図面の中には平行線が多く存在する．スケッチ図で平行線を描いていく際には，一定の間隔に点を並べ，各点を結ぶことにより引くことができる．

図 **14·6**(**a**)のように，すでに引かれている線を基準にし，その線上に小指を支点として，水平線の場合は左から右に，垂直線の場合は下から上に線を引く．また，同図(**b**)の

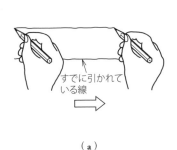

(**a**)

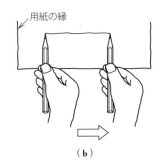

(**b**)

図 **14·6** 平行線の描き方

ように，用紙の縁をガイドにして描く方法もある．

2. 円弧の描き方

① **円弧の描き方**（その1）

大きめの円の描き方として，円の直径と等しい長さを一辺とする正方形と中心線を描く．直径を一辺とする正方形を4等分して円弧を描き，それを最後につなげることで円が描ける（図 14・7）．

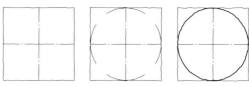

図 **14・7** 円弧の描き方（その1）

② **円弧の描き方**（その2）

始めに中心線を描き，中心線上に円の半径の印 ABCD をつけ〔図 14・8(a)〕，印 A から印 B を通り，印 D まで半円を描く〔同図(b)〕．反対側も印 A から印 C，印 D の順に半円を描くことで円が描ける〔同図(c)〕．

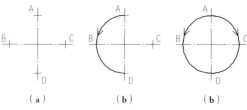

図 **14・8** 円弧の描き方（その2）

③ **円弧の描き方**（その3）

図 **14・9** 円弧の描き方（その3）

小さい円や円弧は，一筆か二筆で容易に描くことができる．図 14・9 のように，1/4 の円弧の場合は，45°の線を描き，それぞれの線上に半径の印を付けて線上の印をつなげ，円弧を描く．

15

その他の工業部門製図

　本書において，前章までに述べてきた事柄は，主として機械製作図の製図法に関するものであった．このような機械製図においては，製図は品物の形状をなるべく正確に描くということが建前であって，ねじや歯車などの省略図示においてすらも，そのような原則は崩されてはいなかった．このことは機械以外の製図，たとえば建築や土木の製図のように，対象物がはっきりとした形を有する場合でも，ほぼ同様な方法が用いられているが，しかし，それぞれの部門の特殊性によって，機械製図とは違ったいろいろ独特な表現方法が用いられている．

　また，電気配線図や配管図などでは，それらの接続を示すことが目的であるので，実物をシンボライズした簡単な図記号を用い，実体とはかなりかけ離れた表現方法を用いて表している．

　以下では，これらのうち，とくに代表的な部門における製図法について簡単に説明する．

15·1 　建築製図

1.　建築図面の種類

　建築製図においては，作成される図面の種類がきわめて多く，その主要なものをあげれば，表 15·1 に示すようなものがある．JIS では，建築図面の製図について，JIS A 0150

表 15·1　建築図面の種類

種　類	説　　明
配　置　図	敷地に建物を配置した図面．
平　面　図	建物の平面を示した図面であるが，機械製図などの平面図とは異なり，建物を柱の中間あたりで水平に断って，これを上方から見た図．
立　面　図	建物の外形を示した図．
断　面　図	建物を垂直な面で切断して示した図．
展　開　図	建物内部の四囲の壁面を展開して描いた図．
伏　せ　図	建物各部の構造体を上方から見た図で，基礎伏せ図，床伏せ図，小屋伏せ図，屋根伏せ図，天井伏せ図，その他のものがある．
軸　組　図	建物外壁面，間仕切り壁面の骨組みを示した図．
詳　細　図	各部構造をくわしく図示したもの．

（建築製図通則）を定めている．

図 15·1 は，建築図面を示したものである．建築製図において平面図とは，同図に示すように，建物の高さの中間あたりを水平に切断し，それを上部から見て，柱や壁，それに床面の状態などを描いたものをいうのである．

また，建物を横から見て描いたものを立面図といい，それを見る方角により，東立面図，西立面図などと呼ばれ，とくに投影関係によらず，平面図の周囲に適宜配置される．

2. 図面の構成について

図面の構成要素，すなわち図面のサイズ，文字，尺度，線ならびに投影法などについては，上記規格の最新版において，JIS Z 8311 ～ 8315-1 ～ 4 によるとしている（1 章，表 1·1 ① 参照）．

したがって，これらについては，2 章および 3 章を参照してほしい．また，図形の表し方，寸法記入法についても，JIS Z 8316，JIS Z 8317-1 によるとしているので，いずれも 4 章および 5 章を参照していただきたい．

3. 位置の表示

建築図面においては，柱中心線など基準となる線，すなわち基準線が重要な意味をもつ．これらの基準線は，一般に細い実線，あるいは一点鎖線で引かれるが，それをはっきり示すために，線の片方，あるい

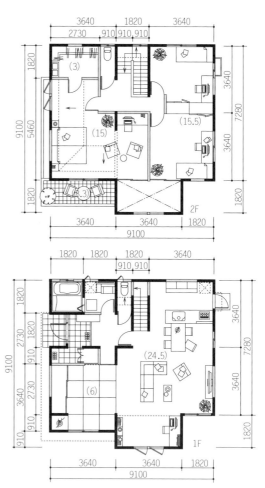

図 15·1 建築図面（平面図）
〔ミサワホーム（株）カタログより〕

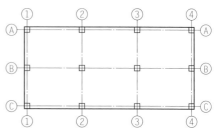

図 15·2 基準線の表示

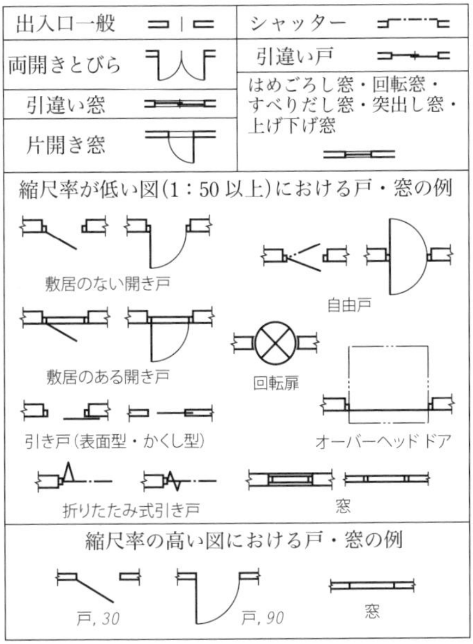

図 15・3 平面表示記号

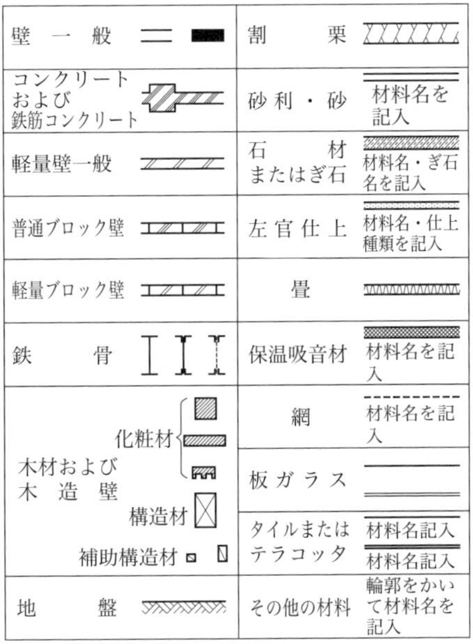

図 15・4 材料構造表示記号

は両側に，図 15・2 に示すように，細い実線の円をつけて示し，必要に応じてラテン文字および数字を記入しておけばよい．

4. 平面表示記号

平面図においては，出入り口，窓，家具などは一般に記号を用いて描かれる．図 15・3 は，JIS に定められた平面表示記号を示したものである．

5. 材料構造表示記号

建築製図における各図面においては，断面部に，なるべく材料や構造を記号を用いて示しておくのがよい．図 15・4 は，JIS に定められた材料構造表示記号を示したものである．これらの記号は，原則として 1:100 ～ 1:200 の図面に用いられる．

6. 寸法記入法

建築製図においても，寸法の記入法は，5 章で説明した方法によればよい．

ただし，従来の JIS 規格では，建築製図に用いる寸法線の両端は，図 15・5 のように表示するよう定めていた．

図 15・5(a)，(b)は，一般の寸法記入に使用するものである．また同図(c)は，ある基準となる線（組立基準線という）からの距離を示すときに使用される（図 15・7 参照）．この場合の組立基準線の

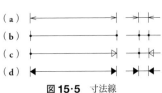

図 15・5 寸法線

表示には，原則として一点鎖線を用いるが，まぎらわしくない場合には，細い実線でもよい．

組立基準線を表示するには，図 15・6 のような記号を用いることとして

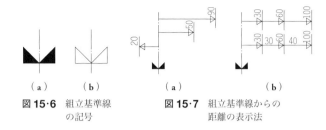

図 15・6　組立基準線の記号

図 15・7　組立基準線からの距離の表示法

いる．この記号は，原則として図面の下または右から見て，とがったほうを上にして記入する．なお，この組立基準線は，図 15・8 に示すように，ほかの線と重なる場合には，重なる部分の線を省略し，かつなるべくほかの線とつながらないようにするのがよい．

図 15・9 は，既製の構成材（たとえばドア パネルなど）の，基準線間の距離の表示する方法を示したものである．

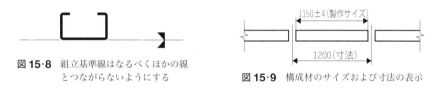

図 15・8　組立基準線はなるべくほかの線とつながらないようにする

図 15・9　構成材のサイズおよび寸法の表示

15・2　土木製図

土木製図については，JIS A 0101（土木製図）において定められている．

土木製図には，その図面の数は非常に多いが，これを大別すれば，ランドスケープ製図および構造図の二つに分けることができる．

1.　ランドスケープ製図

ランドスケープは，一般に景観のことをいうが，製図では，樹木や構造物を含む地形の状況を表示する．表示の範囲は，仕事の種類に応じて要求される精度によるとされる．図 15・10(a)〜(e)に，記号の適用例の一部を示す．

不規則な曲線を表す場合には，同図(f)のような表示法が用いられる．

2.　構造図

土木関係の構造物には，鉄骨構造，鉄筋コンクリート構造のものが多い．鉄骨構造の図面に用いる鋼材や溶接記号についてはすでに述べたので，そのほか鉄筋の図示について説明する．

（1）**鉄筋の図示方法**　鉄筋は，その径に応じた 1 本の実線で表すのが原則である．ま

た，鉄筋を断面にするときは，その径に応じた円を塗りつぶして示す（図 15・11）．

鉄筋の端のフックを示すには，その向きに従い，表 15・2 の表示による．

なお，配筋を示す側面図においては，同一断面にない鉄筋も，図 15・12 に示すように，実線で示してよい．ただし，配筋を示す平面図においては，考えている断面にない鉄筋は図示しないのが原則とされているが，とくに必要な場合には，破線を用いてこれを示せばよい．また，図 15・12 に示すような部分拡大図においては，鉄筋は 2 本の実線または白丸で示す．

（2）材料の図示方法 断面でとくに材料を示す必要がある場合は，図 15・13 に示す図記号を用いて示すことになっている．このほかの図記号を用いる場合には，図面の適当な箇所に注記しておかなければならない．

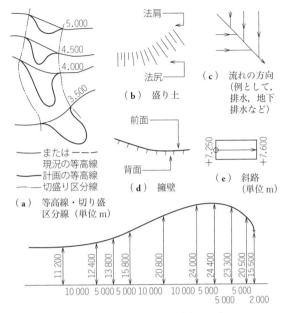

図 15・10 ランドスケープ製図における図示方法

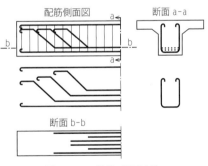

図 15・11 鉄筋の図示方法

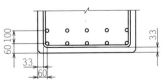

図 15・12 部分拡大図における鉄筋の図示

表 15・2 鉄筋の表示

フックが付けられた鉄筋の端部（立面図）	90°曲げられた鉄筋	
	90°と180°の間で曲げられた鉄筋	
	180°曲げられた鉄筋（直線と円弧からなる実線で表示）	
真っ直ぐな鉄筋が並んでいる場合，または真っ直ぐな鉄筋が同一面にある場合（細線を鉄筋の端部に設け，対応する鉄筋に番号を付ける）		

（a）木材　　（b）石材　　（c）玉石, 割栗　　（d）鋼　　（e）コンクリート

図 15・13　材料の図示方法

15・3　電気製図

電気関係の図面には次の2種のものがある．

1. 電気図面

図 15・14 は, 電気図面の一例を示したものである．これは電気機械器具に関する図面で, その図法は, いままでに述べた一般製図法と変わりがないから, その説明は省略する．

2. 電路線図

これは実際の電線の種類, 位置などに関係なく, 電路の接続系統を示す図面である．これは, 次の2種類に分類することができる．

（1）**接続図**　これは, 図 15・15 に示すように, 主として電気機器内部, および電気機器相互間の電気的接続状態, および機能を表す図であって, その場合の付属品は, 表 15・3 に示すような電気用図記号を用いて描き表される．

表 15・3　電気用図記号（JIS C 0617 より抜粋）

名称	図記号	名称	図記号	名称	図記号	名称	図記号
直流		巻線またはコイル		電池	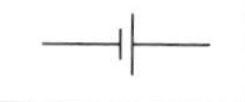	ホトダイオード	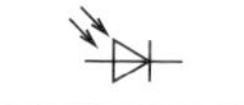
交流		インダクタ		ヒューズ	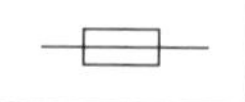	フォトセル	
可変		磁心入インダクタ		開閉器	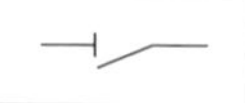	PNPトランジスタ	
端子		2巻線変圧器		整流接合	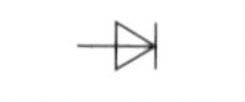	NPNトランジスタ	
接地		遮へい付き2巻線変圧器		交流電源		単接合トランジスタ(P形ベース)	
フレーム接地	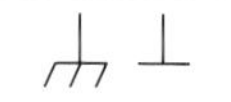	単相電圧調整変圧器		回転機(電動機)		単接合トランジスタ(N形ベース)	
抵抗器	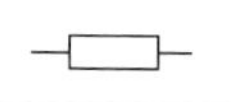	コンデンサ		半導体ダイオード	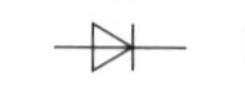	マイクロホン(一般)	
可変抵抗器	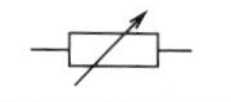	可変コンデンサ		トンネルダイオード	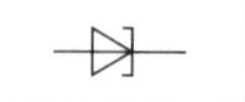	スピーカ(一般)	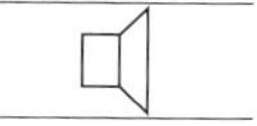

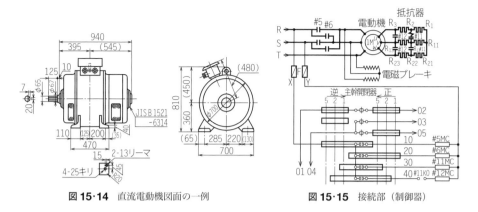

図 15・14　直流電動機図面の一例　　　　図 15・15　接続部（制御器）

（2）　配線図　これは，図 15・16 に示すように，電線の配置を示す製作図で，電気機械器具の大きさ，取付け位置，電線の太さ，長さ，配線の位置および方法などを示す図面

表 15・4　構内電気設備の配線用図記号（JIS C 0303 より抜粋）

名　称	図記号	名　称	図記号	名　称	図記号	名　称	図記号	名　称	図記号
天井隠ぺい配線	———	接　地	⏚	ルームエアコン	RC	コンセント	⬤◆	配電盤 分電盤 制御盤	▭
床隠ぺい配線	- - - -	受電点	⤓	白熱灯 HID灯	○	点滅器	●◆	押しボタン	⊡
露出配線	-----	バスダクト	▨▨▨	壁付白熱灯 HID灯	◐	開閉器	S	ブザー	▱
立上り	↗	合成樹脂線ぴ	——	蛍光灯	⊶	配線用遮断器	B	差動式スポット型感知器	⌒
引下げ	↙	換気扇	∞	非常用照明	●	電力量計	Wh	煙感知器	S

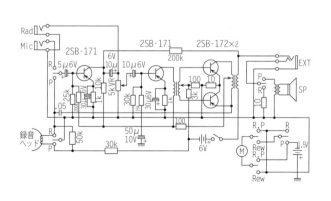

図 15・16　テープレコーダ配線図

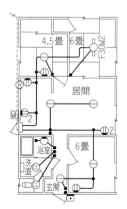

図 15・17　屋内配線図

である.なお,JISでは,表15・4のように,配線用図記号を規定している.図15・16は家電機器の配線図の例を,また図15・17は,屋内配線図の例を示したものである.

15・4 配管製図

1. 配管図について

管は,液体,気体などの輸送または移動に用いられるもので,各種の動力発生装置,制御装置などに不可欠のものである.管を配置することを配管(パイピング)といい,配管図面の製図に関しては,JISでは,「製図―配管の簡略図示方法―第1部～第3部」(JIS B 0011-1～3) を規定している.第1部:通則および正投影図,第

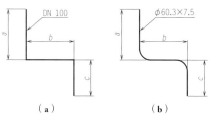

図15・18 管の図示法

表15・5 配管製図に用いる線の種類 (JIS B 0011-1)

線の種類		呼び方	線の適用 (JIS Z 8316 参照)
A	———————	太い実線	A1 流れ線および結合部品
B	———————	細い実線	B1 ハッチング B2 寸法記入 　　(寸法線,寸法補助線) B3 引出線 B4 等角格子線
C	～～～～～	フリーハンドの波形の細い実線	C1/D1 破断線 (対象物の一部を破った境界,または一部を取り去った境界を表す)
D	——/\/\———	ジグザグの細い実線	
E	━ ━ ━ ━	太い破線	E1 他の図面に明示されている流れ線
F	― ― ― ―	細い破線	F1 床 F2 壁 F3 天井 F4 穴 (打抜き穴)
G	―――・―――	細い一点鎖線	G1 中心線
EJ	━━・━━・━━	極太の一点鎖線*	EJ1 請負契約の境界
K	――・・――・・――	細い二点鎖線	K1 隣接部品の輪郭 K2 切断面の手前にある形体

〔注〕 * 線の種類Gの4倍の太さ.

2部：等角投影図，第3部：換気系および排水系の末端装置をそれぞれ規定している．なお，この第3部では，それ以外の配管系に用いる図記号は規定しておらず，従来用いられていた図記号を第1部の付属書に掲げている．

2. 正投影図による配管図

（1）**管などの図示方法** 管などを表す流れ線は，管の径には無関係に，管の中心線に一致する位置に，1本の太い実線で表す．

曲がり部は簡略化して，図 15・18（a）に示すように，流れ線を頂点までまっすぐにのばしてもよい．ただし，より明確化するために，同図（b）に示すように，円弧で表してもよい．

（2）**線の太さ** 配管製図においては，管を表す線は，一般に1種類の太さの線だけを用いる．ただし，とくに必要がある場合には，2種類以上の太さの線を用いてもよい．

表 15・5 は，配管製図に用いる線の種類を示したものである．

（3）**管の呼び径の記入法** 配管用鋼管は，呼び径の表し方には，A（ミリメートル系）およびB（インチ系）の2通りがあって，これらの呼び径を記入するには，図 15・18（a）に示すように，呼び径を表す寸法数値の前に短縮記号 "DN" を記入しておくことになっている．この "DN" は，標準サイズ（nominal size）を表すものである．

また，管の寸法は，管の外径（d）および同図（b）に示す肉厚（t：図中の $\phi 60.3 \times 7.5$）によって示してもよい．

（4）**管の交差部および接続部** 接続していない交差部は，図 15・19（a）に示すように，切れ目をつけずに交差させて描いてよい．ただし，ある管の背後を通る管であることを明示する必要がある場合には，同図（b）のように，陰にかくれた管を表す線に切れ目をつければよい．この切れ目の幅は，管を表す線の5倍以上とする．

溶接などによる永久結合部は，図 15・20 に示すように，線の太さの5倍を直径とする点で表す．

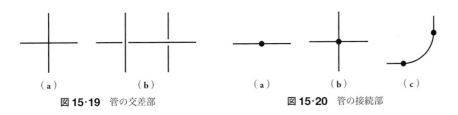

（a）　　　　　（b）　　　　　　　（a）　　　　　（b）　　　　（c）
図 **15・19** 管の交差部　　　　　　図 **15・20** 管の接続部

（5）**流れの方向** 流れの方向は，図 15・21 に示すように，流れ線上またはバルブを表す図記号の近傍に，矢印で指示すればよい．

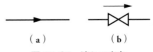

（a）　　　　（b）
図 **15・21** 流れの方向

3. 等角投影法による配管図

　配管は，一般に，三次元にわたって施工されるので，この工作図には，三次元にわたる情報が盛られていることが要望される場合がある．このような場合には，図 15·22 に示すように，等角投影図による配管図にすればよい．

　すべての場合の，個々の管，または組み立てられた管の座標は，据えつけられた全体に対して採用された座標によることとし，その座標軸に平行に走る管は，特別な指示は行わずに，その軸に平行に描き，座標軸方向以外の方向に斜行する管は，図 15·22 に示すように，ハッチングを施した補助投影面を用いて表すこととしている．

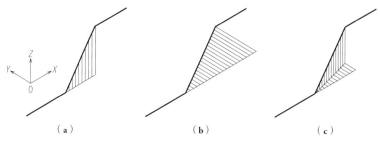

図 15·22　等角投影法による配管図

付録1　製図器材とその使い方

製図には，製図器械や種々の用具資材が使われる．いかに技術が優秀でも，これらの用具資材が粗悪ではよい図面は描けないから，その品質はできるだけ吟味する必要がある．

付 1・1　製図器材

1. 製図器械

製図器械には，一般にドイツ式とイギリス式が用いられるが，これを用途からみると，次のように分けられ，セットになって収められている（付図1・1参照）．

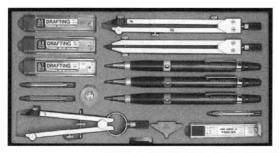

〔セットのおもな内容〕
　大コンパス(差替鉛筆付き伸縮脚)
　スプリングコンパス(差替鉛筆付き)
　ディバイダ(大150 mm)
　アタッチメント(0.3, 0.5, 0.7 mm)
　シャープペンシル(0.3, 0.5, 0.7 mm)
　コンパス用替芯

付図 1・1　製図器械〔(株)武田製図機械製作所カタログより〕

① **大コンパス**　半径140 mmから50 mmくらいの大きな円を描くのに用いる．
② **中コンパス**　半径70 mmくらいから10 mmくらいまでの中円を描くのに用いる．
③ **スプリング　コンパス**　半径20 mm以下の小さい円を描くのに用いる．
④ **ディバイダ**　ディバイダは，両脚の開きで，品物の長さやものさしの寸法を紙面に移したり，また，線，円などの間隔などを分割するのに用いる．

以上のほか，**ビーム　コンパス**，**からす口**などがある．

2. 製図板

製図板は，製図をするときに使用する台板である（付図1・2）．製図板の大きさは，大（1210

付図 1・2　製図板

mm×910 mm)，中（1060 mm×760 mm），小（910 mm×610 mm）とあり，一般に大を使用する．

3. 定規類

① **三角定規** 三角定規は直角三角形につくった定規で，付図 1・3 のようなものが 2 枚一組になっている．その大きさは，図に示した a の部分の長さで表すが，製図用としては 300 mm および 100 mm の大，小各一組ずつを用意すればよい．

② **T定規** T定規はT字形をした定規（付図 1・4）であり，その頭部の縁を製図板の側面に当てて上下にすべらせ，平行線を引いたり，また三角定規を長手のほうの縁に当ててすべらせて，垂直線を引いたり斜線を引いたりするのに用いる．

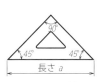

付図 1・3　三角定規

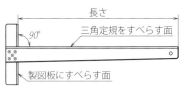

付図 1・4　T定規

③ **雲形定規** 雲形定規は，付図 1・5 のように，いろいろの曲線をたくみに組み合わせたもので，ふつう 6 枚，12 枚，25 枚，…などと，何枚かが一組となっている．

付図 1・5　雲形定規

④ **スケール** ものさしは，竹製，プラスチック製，ステンレス製などがあり，一般にはプラスチック製で長さ 300 mm のものが用いられ，縮尺目盛がついているものがよい（付図 1・6）．

付図 1・6　スケール

⑤ **分度器** 分度器（付図 1・7）は，半円形または全円形の円弧上に 180°または 360°の目盛を刻んだものである．

4. 製図機械

上述のようなT定規や三角定規を使わずに，これらの役目を一つの機械で行い，きわめて

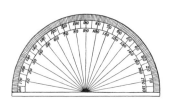

付図 1・7　分度器

能率的に製図を行うことのできる製図機械が広く使用されている．製図機械は，付図 1・8 に示すように，互いに直角に固定された水平，垂直のスケールを，プーリ機構，リンク機構あるいはレール機構（トラック式）によって，製図板上のいずれの位置にも軽く，しかも正確に平行移動ができるようにしたもので，スケールには目盛（1 mm および 0.5 mm

製図器材 | 付1・1 | 195

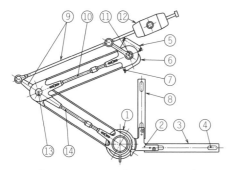

① ヘッド ② スケール取付け板 ③ 水平スケール ④ スケール取付け金具 ⑤ ヒンジ ⑥ 取付け金具 ⑦ スケール密着調整ねじ ⑧ 垂直スケール ⑨ バランス アーム ⑩ 上部アーム ⑪ 上部関節 ⑫ バランス ウェイト ⑬ 下部関節 ⑭ 下部アーム

〔注〕 製図機械が水平面だけで使用される場合，⑨バランスアーム，⑫バランス ウェイトは必要がない．

付図 **1・8** 製図機械（プーリ式，垂直面用）（JIS B 9513）

付図 **1・9** 製図機械（トラック式）

の目盛）が施されており，必要な長さの水平，垂直の線をただちに引くことができる．また，斜線を引く場合には，分度器の角度目盛（1/6度）に従い，スケールを必要な角度に固定すれば，きわめて簡単に引くことができる．付表 **1・1** に，製図機械の作動範囲による種類を示す．

付表 **1・1** 製図機械（JIS B 9513）

（単位 mm）

最小作動範囲	呼び記号	用紙寸法	運動機構による呼び記号
450× 650	0406	A2	P, K, T
650× 900	0609	A1	P, K, T
900×1 250	0912	A0	P, K, T
1 250×2 600	1226	A0×3	T

〔注〕 P…プーリ式，K…リンク式，T…トラック式を示す．

5. その他の器具と材料

① **鉛筆** 鉛筆の芯（しん）のかたさについては，**JIS** で 17 種が規定され，H の数が多くなるほどかたく，B の数が多くなるほどやわらかい．F はちょうど中間のかたさである．製図用鉛筆としては，これらのうち HB，H，3H の 3 種のものを用意すればよいが，さらに文字および各線を描くための理想的なかたさを示すと，付表 **1・2** のとおりとなる．

また，付図 **1・10** に示すような，0.7 mm，0.5 mm，0.3 mm などの細芯ホルダが使用されている．

② **製図用紙** 製図用紙には，ト

付表 **1・2** 鉛筆のかたさと使用例

濃度記号	種 類	使用例
HB, F	中硬質	外形線，文字，矢印の先
H, 2H, 3H	硬 質	かくれ線，中心線，寸法線

付図 **1・10** ホルダ

レーシング ペーパ，ケント紙，セクション ペーパなどを用いる．

③ **消しゴム** 硬質の高級品と軟質の高級品各 1 個を用意すればよい．

④ **その他** 製図用具としては以上のほか，製図用紙を張りつけるのに用いる製図用テープ，鉛筆の芯研ぎ器，羽根ぼうき，字消し板（付図 1・12），各種のテンプレート（付図 1・13），その他いろいろのものがある．

付図 **1・11** 消しゴム

付図 **1・12** 字消し板

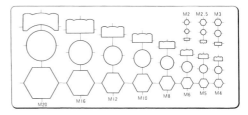

付図 **1・13** テンプレート（型板）の例

付 **1・2** 図面の描き方

1. 製図者と用具の位置

付図 1・14 は，製図をするときの製図者の正しい位置と姿勢を示したものである．用具のうち，あまり使用しないものは，なるべく机上に置かないようにする．また，T 定規が動く範囲内には，どのようなものも置いてはならない．

2. 製図用紙の張りつけ方

製図用紙を製図板に張りつけるときの要領は，付図 1・15 に示す数字の順番に従って，

（a）T 定規を用いる場合　　　　　　（b）製図機械を用いる場合

付図 **1・14** 製図者の姿勢

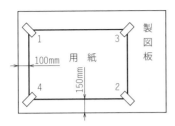

付図 1・15 用紙の張りつけ方

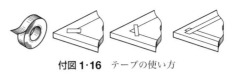

付図 1・16 テープの使い方

製図用テープで止め，かつ用紙を外側へピンと張って止める．必ず専用の製図用テープを使用するのがよい．

3. 線の引き方

製図上ではいろいろの線を用いて図形を表すが，この線を引くのに，鉛筆による場合と，からす口またはニードル ペン（製図用万年筆ともいう．付図 1・17）を用いてインクで書き表す場合（**墨入れ**または**インキング**という）の二つの方法がある．

なお，下書き用に鉛筆で描かれた図を**元図**（もとず）といい，この上にトレーシングペーパを張りつけ，必要な部分だけを鉛筆あるいはインクを用いて透写して描くことを**トレース**という．このトレースした図を，複写図をつくる**原図**（げんず）という．

鉛筆原図では，汚れやすいのと消えやすいため，鉛筆原図から，半透明の特殊な用紙に，複写機でコピーしたものを青写真用の原図として用いることが多く，これを**第二原図**という．

(1) 鉛筆書きの要領

① **鉛筆の削り方** 線を引くのに用いる鉛筆の芯は，付図 1・18(a)に示すように，先端をのみ形に偏平に削れば線の太さは一様でかつ的確に描ける．なお，文字を書く場合の鉛筆は同図(b)のような円すい形にすればよい．

② **鉛筆書きの順序** 図面を鉛筆書きする順序を示すと，付図 1・19 のとおりである．

(2) インキングの要領

① **からす口の使い方** からす口にはインクを刃先から 5 mm くらい含ませるのがよい．その場合，一般に付図 1・20(a)のように，小紙片の先にインクをつけて，からす口に含ませるようにする．線を引くには，まず，からす口を垂直に立て，定規の縁に同図(b)のように当て，線を引く方向にわずかに傾けて線を引き出し，かつ停止せずに一定の

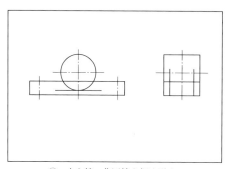
① 中心線,作図線を細く引く.

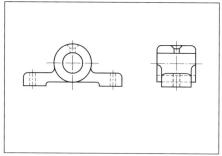
② 外形線,かくれ線を引く.

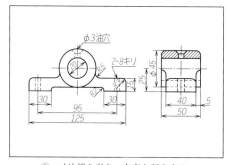
③ 寸法線を引き,文字を記入する.

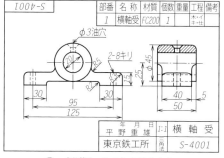
④ 表題欄,その他を記入する.

付図 1·19 鉛筆書きの順序（元図をつくる）

速度で引く．円を描く場合は，線の継ぎ目が中心線上になるようにする．また，からす口の先は，インクのかすがたまりやすいので，ときどきふきとり，新しいインクに入れ換える．

② **からす口の研ぎ方** からす口は，口先がいちばん大切である．口先が不ぞろいになったときには，油といしで直せばよい．それには，油といしに油を2～3滴落とし，二

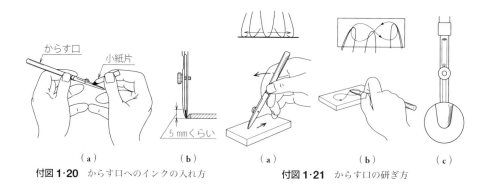

付図 1·20 からす口へのインクの入れ方　　付図 1·21 からす口の研ぎ方

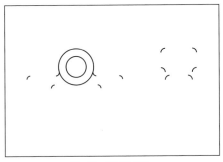
① 円，円弧を描く．

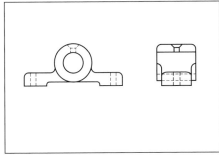
② 外形線，かくれ線を引く．

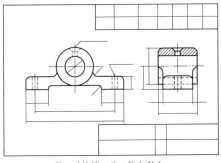
③ 寸法線，その他を引く．

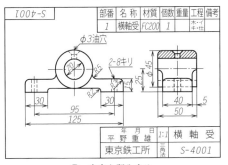
④ 文字を記入する．

付図 1・22 インキングの順序

つの刃先が接触する程度に締めたからす口の口先を付図 1・21(**a**)に示すようにといし面に当て，矢の方向に軽く動かし，両端の刃先を一様に研ぐ．次に，同図(**b**)のように，∞字形に動かしながら，かつ，からす口の先を同図(**c**)のように丸く研ぎあげればよい．ただし，2枚の刃先をあまりに鋭くすると，紙が切れるから注意を要する．

　③ **インキングの順序**　インキングは付図 1・22 の順序で行うのがよい．インキングの場合，付図 1・23(**a**)のように，線の太さをそろえ，線と線との継ぎ目がそろっている状態が望ましいので，何度も練習するとよい．

　(3) **水平線の引き方**　水平線は，付図 1・24 に示すように，T定規の頭部の縁を製図板に密着させて，長手の上縁に沿って，左から右へ線を引けばよ

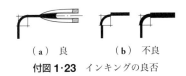
(**a**) 良　　　(**b**) 不良
付図 1・23 インキングの良否

付図 1・24 水平線の引き方

い．ただし，鉛筆の場合は，付図 1・25 (a)のようにやや前方へ傾けて当て，からす口，ニードル ペンの場合は同図(b)，(c)のように直角に当てなければならない．

（4） **垂直線の引き方** 垂直線は三角定規を用い，その直角の一辺を T 定規の縁に合わせ，他の一辺に沿って下から上へと，付図 1・26(a)に示す要領で引けばよい．製図機械を用いるときもこの要領でよいが，同図(b)のように，スケールの右側に沿って上から下へと引きおろしてもよい．

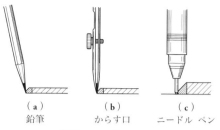

(a) 鉛筆　　(b) からす口　　(c) ニードル ペン

付図 1・25　線の引き方

（5） **円，円弧の描き方** コンパスによって円，円弧を描く場合は，付図 1・27 〜 付図 1・29 に示す要領で描く．

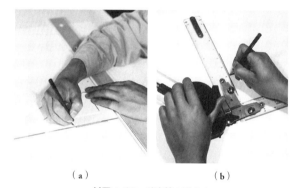

(a)　　(b)

付図 1・26　垂直線の引き方

コンパスの針先と，鉛筆の芯の出し方および削り方は，付図 1・30 のようにすればよい．

（6） **曲線の描き方** 付図 1・31 に示すような点 1 〜 10 を結ぶ曲線は，コンパスでは描きにくいので，ふつう雲形定規が用いられる．雲形定規にはさまざまな曲線を集めてあるので，それらの曲線から適当なものを探し出し，その線に沿って各点を結べば，目的の

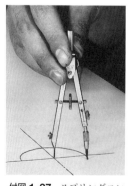

付図 1・27　スプリングコンパスの使い方

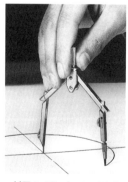

付図 1・28　中コンパスの使い方

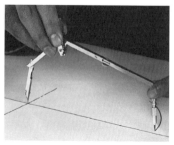

付図 1・29　中継ぎを用いてとくに大きい円を描く

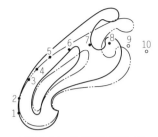

付図 1·30　コンパスの針先と芯の削り方（単位 mm）

付図 1·31　雲形定規の使い方

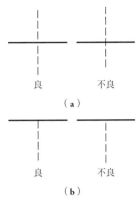

(a)

(b)

付図 1·32　実線と破線との交差

曲線を描くことができる．

(7) **実線と破線との交差**

① **破線が実線上を貫通する場合**　破線が実線上にかからないように，すきまの部分で実線をはさむようにする．これは実線を浮き出させて見せるようにするためである〔付図 1·32(a)〕．

② **実線から破線を引き出す場合**　破線の引出しは必ず実線に接するようにし，すきまをあけて引かないこと〔同図(b)〕．

(8) **破線どうしの交差**

① **破線どうしが貫通する場合**　見てきれいなように，ダッシを十字に交わらせるか，すきまの部分に他方のダッシをはさむようにする〔付図 1·33(a)〕．

② **破線から破線を引き出す場合**　必ずダッシが T 字形に交わるようにする．すきまをあけたり，すきまからは引き出さないこと〔同図(b)〕．

③ **破線どうしが接する場合**　②と同じく，同じダッシがつながるように描く（付図 1·34）．

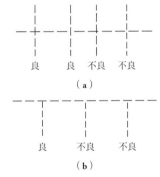

(a)

(b)

付図 1·33　破線どうしの交差

良

不良

不良

付図 1·34　破線どうしが接する場合

(9) **中心線の描き方**　一般に円の中心線などでは，一点鎖線を直角に交わらせるが，できれば長線の部分の中央で交わらせるのがよい〔付図 1·35(a)〕．小円の場合は逆にダッシを交わらせるが，さらに小さい円では，鎖線では引けないので，実線で十字に交わらせればよい〔同図(c)〕．

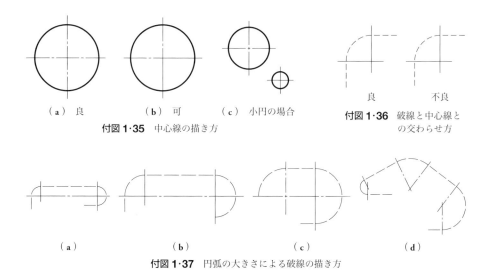

（a） 良　（b） 可　（c） 小円の場合

付図 1·35 中心線の描き方

良　不良

付図 1·36 破線と中心線との交わらせ方

（a）　（b）　（c）　（d）

付図 1·37 円弧の大きさによる破線の描き方

（10） **破線で円弧を描く場合** 破線で円弧を描く場合は，ダッシは中心線から出発して，中心線で終わるようにする（付図 1·36）．円弧がごく小さいときには，無理に破線としなくてもよく，大きくなるに従って線を切る箇所を増やす．90°以外の円弧の場合でも，ダッシは必ず中心線に接するようにしなければならない（付図 1·37）．

付録 2　JIS にもとづく標準図集

付図 2·1　V ブロック

付図 2·2　平プーリ

付図 2·3　平歯車

付図 2·4　すぐばかさ歯車

付図 2·5　ウォーム歯車

付図 2·6　すべり軸受

付図 2·7　フランジ形固定軸継手

付図 2·8　穴あけジグ組立図

付図 2·9　穴あけジグ部品図

付図 2·10　歯車ポンプ組立図

付図 2·11　歯車ポンプ部品図

付図 2·12　歯車ポンプ部品図

〔注〕　標準図集（付図 2·1 ～付図 2·12）は，手描きの原図を本書紙面に掲載するに当たり，全体の視認性を優先し，適宜，縮小を行ったものである．このため，必ずしも寸法通りの尺度ではなく，また，図面中の文字の大きさも一律ではない．

付録2　JISにもとづく標準図集

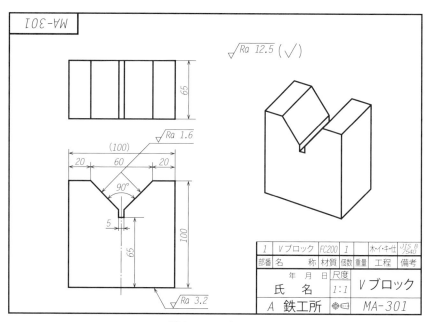

付図 2·1　Vブロック

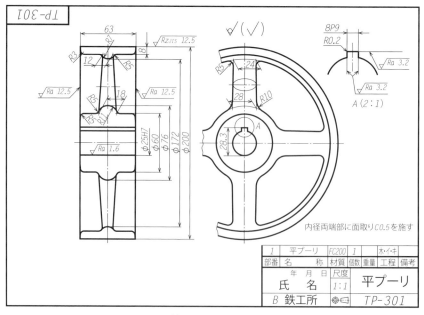

付図 2·2　平プーリ

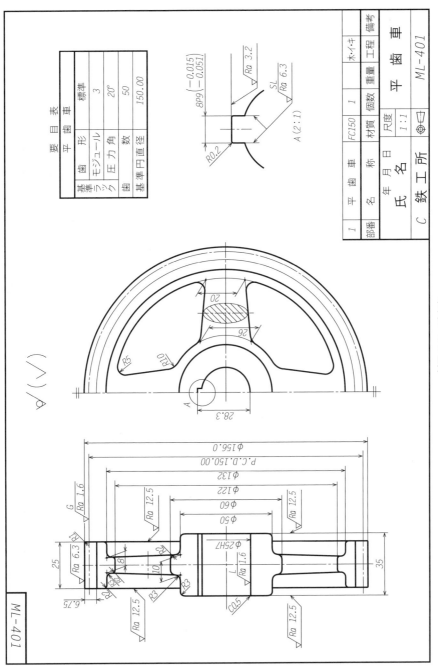

付図2・3 平歯車

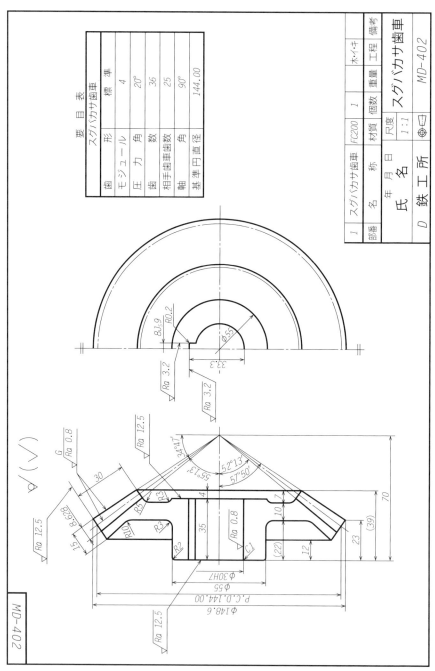

付図 2·4 すぐばかさ歯車

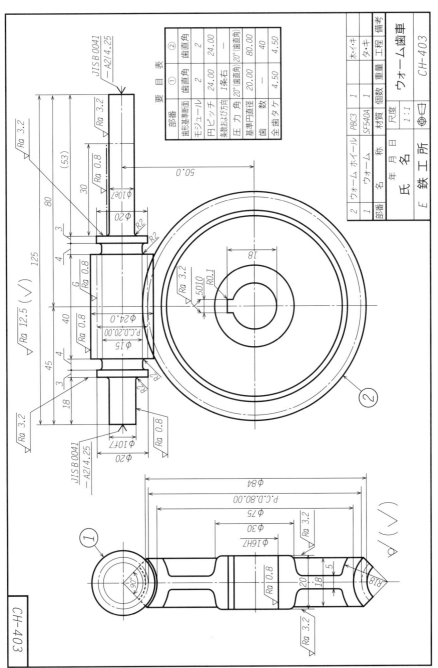

付図 2·5 ウォーム歯車

208 付録2 JISにもとづく標準図集

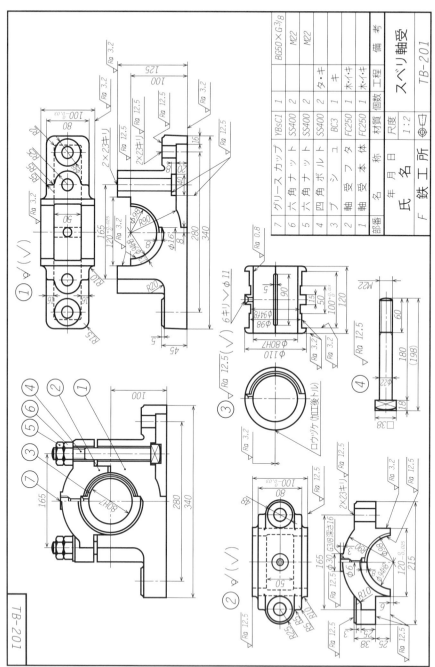

付図 2・6 すべり軸受

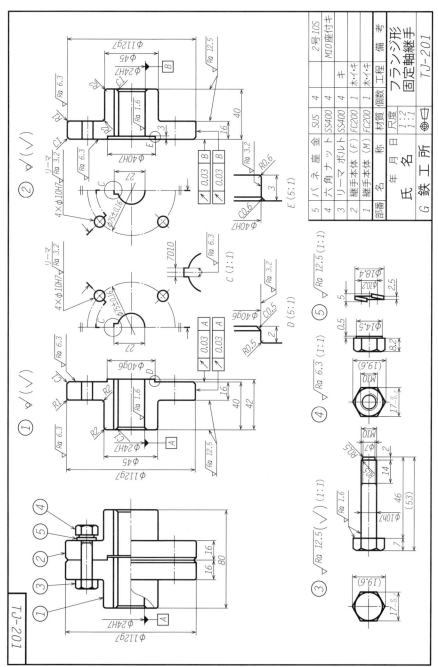

付図 2・7 フランジ形固定軸継手

付録2 JISにもとづく標準図集

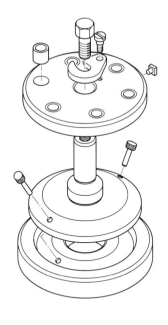

例	説 明
— 0.02	— は真直度の記号で，0.02 は公差値である．
○ 0.03	○ は真円度の記号で，0.03 は公差値である．
⌀ 0.02	⌀ は円筒度の記号で，0.02 は公差値である．
⊥ 0.02 C	⊥ は直角度の記号で，0.02 は公差値，C はデータムを指示する記号である．
// 0.05 B	// は平行度の記号で，0.05 は公差値，B はデータムを指示する記号である．
◎ φ0.02 C	◎ は同軸度の記号で，φ は公差域が円または円筒であることを示す．0.02 は公差値で，C はデータムを指示する記号である．
B A 図	A，B は線または面自体がデータム形体である．
C 図	C は寸法を指定してある形体の軸直線がデータムである．

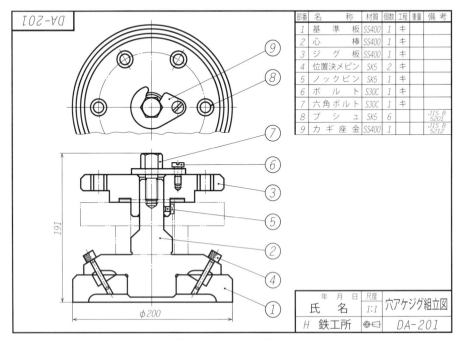

付図 2・8 穴あけジグ組立図

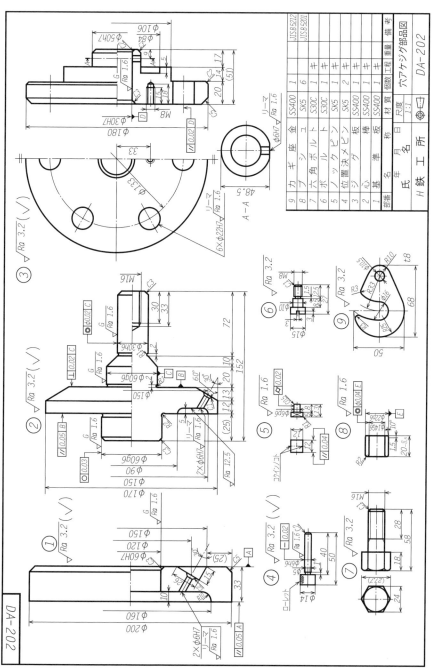

付図 2·9 穴あけジグ部品図

212 | 付録2 | JISにもとづく標準図集

歯車ポンプの外観

↓歯車ポンプの部品

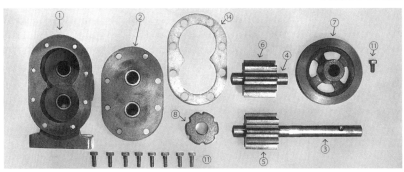

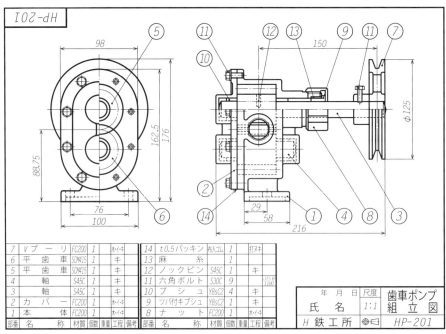

付図 2・10 歯車ポンプ組立図

JISにもとづく標準図集 | 付録2 | 213

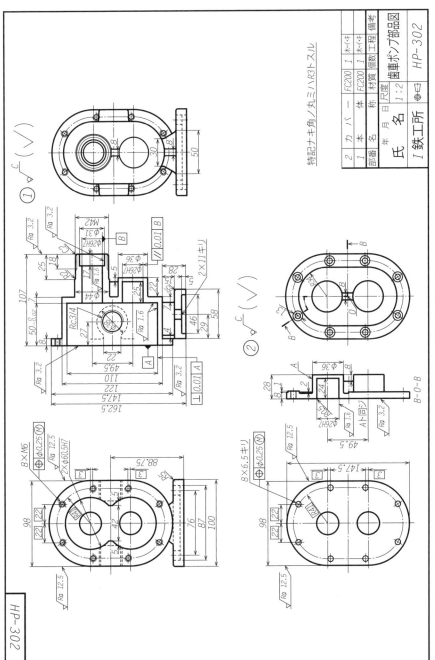

付図 2·11 歯車ポンプ部品図

214 付録2 JISにもとづく標準図集

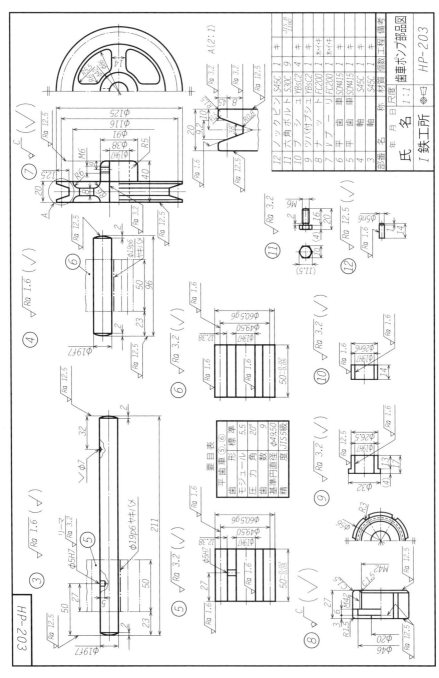

付図 2·12 歯車ポンプ部品図

付録 3　製図者に必要な JIS 規格表

付表 3·1　六角ボルト・六角ナットの JIS 規格抜粋
（JIS B 1180, 1181：2014）

付表 3·2　六角ボルト・六角ナットの種類
（JIS B 1180, 1181：2014）

付表 3·3　下穴径（メートル並目ねじ）
（JIS B 1004：2009）

付表 3·4　六角穴付きボルト
（JIS B 1176：2014）

付表 3·5　六角穴付きボルトに対するざぐりおよびボルト穴の寸法（参考）

付表 3·6　植込みボルト
（JIS B 1173：2010）

付表 3·7　平座金
（JIS B 1256：2008）

付表 3·8　ばね座金
（JIS B 1251：2018）

付表 3·9　すりわり付き小ねじ
（JIS B 1101：2017）

付表 3·10　十字穴付き小ねじ
（JIS B 1111：2017）

付表 3·11　V プーリの溝部の形状・寸法
（JIS B 1854：1987）

付表 3·12　平プーリの形状・寸法
（JIS B 1852：1980）

付表 3·13　フランジ形固定軸継手
（JIS B 1451：1991）

付表 3·14　フランジ形固定軸継手用継手ボルト
（JIS B 1451：1991）

付表 3·15　テーパ ピンの形状・寸法
（JIS B 1352：1988）

付表 3·16　平行ピンの形状・寸法
（JIS B 1354：2012）

付表 3·17　割りピンの形状・寸法
（JIS B 1351：1987）

付表 3·18　先割りテーパ ピンの形状・寸法
（JIS B 1353：1990）

付表 3·19　平行キーの形状・寸法
（JIS B 1301：1996）

付表 3·20　平行キー用のキー溝の形状・寸法
（JIS B 1301：1996）

付表 3·21　転がり軸受の取付け関係図表

〔注〕　付表 3·11，付表 3·13，付表 3·14，付表 3·16，付表 3·19 の図中の表面性状の図示方法は旧規格によるもので，近く新規格による方法に改正されると思われるが，現時点ではやむをえずそのままとしてある．

付表3·1 六角ボルト・六角ナットのJIS規格抜粋（JIS B 1180, 1181：2014）

（単位 mm）

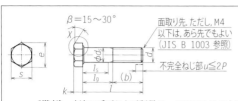
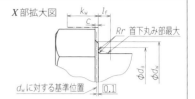

〔備考〕 寸法の呼びおよび記号は，JIS B 0143 による．

ねじの呼び d		M1.6	M2	M2.5	M3	M4	M5	M6	M8	M10	M12	M16	M20	M24
ピッチ P		0.35	0.4	0.45	0.5	0.7	0.8	1	1.25	1.5	1.75	2	2.5	3
b (参考)	$l \leq 125$	9	10	11	12	14	15	18	22	26	30	38	46	54
	$125 < l \leq 200$	15	16	17	18	20	22	24	28	32	36	44	52	60
c	最　大	0.25	0.25	0.25	0.4	0.4	0.5	0.5	0.6	0.6	0.6	0.8	0.8	0.8
d_a	最　大	2	2.6	3.1	3.6	4.7	5.7	6.8	9.2	11.2	13.7	17.7	22.4	26.4
d_s	基準寸法＝最大	1.6	2	2.5	3	4	5	6	8	10	12	16	20	24
d_w	最　小	2.27	3.07	4.07	4.57	5.88	6.88	8.88	11.63	14.63	16.63	22.44	28.19	33.61
e	最　小	3.41	4.32	5.45	6.01	7.66	8.79	11.05	14.38	17.77	20.03	26.75	33.53	39.98
l_f	最　大	0.6	0.8	1	1	1.2	1.2	1.4	2	2	3	4	4	4
k	基準寸法	1.1	1.4	1.7	2	2.8	3.5	4	5.3	6.4	7.5	10	12.5	15
k_w	最　小	0.68	0.89	1.10	1.31	1.87	2.35	2.70	3.61	4.35	5.12	6.87	8.60	10.35
s	基準寸法＝最大	3.20	4	5	5.5	7	8	10	13	16	18	24	30	36
	最　小	3.02	3.82	4.82	5.32	6.78	7.78	9.78	12.73	15.73	17.73	23.67	29.67	35.38
l	呼び長さ	12～16	16～20	16～25	20～30	25～40	25～50	30～60	40～80	45～100	50～120	65～150	80～150	90～150

〔備考〕
1. 上表は呼び径六角ボルトの並目ねじ（部品等級A，第1選択）を掲げた．
2. ねじの呼びに対して推奨する呼び長さ（l）は，上表の範囲で次の数値から選んで用いる．
   12, 16, 20, 25, 30, 35, 40, 45, 50, 55, 60, 65, 70, 80, 90, 100, 110, 120, 130, 140, 150
3. $k_{w,最小} = 0.7 k_{最小}$, $l_{g,最大} = l_{呼び} - b$, $l_{s,最小} = l_{g,最大} - 5P$, l_g：最小の締めつけ長さ

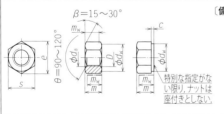

〔備考〕
1. 下表は六角ナット−スタイル1と2，並目ねじ（部品等級A，第1選択）を掲げた．
2. ねじの呼び M14 は，なるべく用いない．
3. スタイル1および2は，ナットの高さ（m）の違いを示すもので，スタイル2の高さはスタイル1より約10%高い．
4. 寸法の呼びおよび記号は，JIS B 0143 による．

ねじの呼び d			M1.6	M2	M2.5	M3	M4	M5	M6	M8	M10	M12	(M14)	M16
ピッチ P			0.35	0.4	0.45	0.5	0.7	0.8	1	1.25	1.5	1.75	2	2
c		最　大	0.2	0.2	0.3	0.4	0.4	0.5	0.5	0.6	0.6	0.6	0.6	0.8
d_a		最　小	1.6	2.0	2.5	3	4	5	6	8	10	12	14	16
d_w		最　小	2.4	3.1	4.1	4.6	5.9	6.9	8.9	11.6	14.6	16.6	19.6	22.5
e		最　小	3.41	4.32	5.45	6.01	7.66	8.79	11.05	14.38	17.77	20.03	23.36	26.75
スタイル1	m	最　大	1.3	1.6	2	2.4	3.2	4.7	5.2	6.8	8.4	10.8		14.8
	m_w	最　小	1.05	1.35	1.75	2.15	2.9	4.4	4.9	6.44	8.04	10.37		14.1
		最　小	0.8	1.1	1.4	1.7	2.3	3.5	3.9	5.2	6.4	8.3		11.3
スタイル2	m	最　大	—	—	—	—	—	5.1	5.7	7.5	9.3	12	14.1	16.4
		最　小	—	—	—	—	—	4.8	5.4	7.14	8.94	11.57	13.4	15.7
	m_w	最　小	—	—	—	—	—	3.84	4.32	5.71	7.15	9.26	10.7	12.6
s		基準寸法＝最大	3.2	4	5	5.5	7	8	10	13	16	18	21	24
		最　小	3.02	3.82	4.82	5.32	6.78	7.78	9.78	12.73	15.73	17.73	20.67	23.67

製図者に必要なJIS規格表 | 付録3 | 217

付表3·2 六角ボルト・六角ナットの種類 (JIS B 1180, 1181:2014)

六角ボルトの種類			ねじの呼び径 d の範囲
ボルト	ねじのピッチ	部品等級	
呼び径六角ボルト	並目ねじ	A	$d = 1.6 \sim 24$ mm. ただし, 呼び長さ l が $10\,d$ または 150 mm*以下のもの.
		B	$d = 1.6 \sim 24$ mm. ただし, 呼び長さ l が $10\,d$ または 150 mm*を超えるもの.
			$d = 27 \sim 64$ mm
		C	$d = 5 \sim 64$ mm
	細目ねじ	A	$d = 8 \sim 24$ mm. ただし, 呼び長さ l が $10\,d$ または 150 mm*以下のもの.
		B	$d = 8 \sim 24$ mm. ただし, 呼び長さ l が $10\,d$ または 150 mm*を超えるもの.
			$d = 27 \sim 64$ mm
全ねじ六角ボルト	並目ねじ	A	$d = 1.6 \sim 24$ mm. ただし, 呼び長さ l が $10\,d$ または 150 mm*以下のもの.
		B	$d = 1.6 \sim 24$ mm. ただし, 呼び長さ l が $10\,d$ または 150 mm*を超えるもの.
			$d = 27 \sim 64$ mm
		C	$d = 5 \sim 64$ mm
	細目ねじ	A	$d = 8 \sim 24$ mm. ただし, 呼び長さ l が $10\,d$ または 150 mm*以下のもの.
		B	$d = 8 \sim 24$ mm. ただし, 呼び長さ l が $10\,d$ または 150 mm*を超えるもの.
			$d = 27 \sim 64$ mm
有効径六角ボルト	並目ねじ	B	$d = 3 \sim 20$ mm

〔注〕 *いずれか短いほうを適用する.

六角ナットの種類			ねじの呼び径 D の範囲 (mm)
ナット	ねじのピッチ	部品等級	
六角ナット-スタイル1	並目ねじ	A	$1.6 \sim 16$
		B	$18 \sim 64$
	細目ねじ	A	$8 \sim 16$
		B	$18 \sim 64$
六角ナット-スタイル2	並目ねじ	A	$5 \sim 16$
		B	$20 \sim 36$
	細目ねじ	A	$8 \sim 16$
		B	$18 \sim 36$
六角ナット-C	並目ねじ	C	$5 \sim 64$
六角低ナット-両面取り	並目ねじ	A	$1.6 \sim 16$
		B	$18 \sim 64$
	細目ねじ	A	$8 \sim 16$
		B	$18 \sim 64$
六角低ナット-面取りなし	並目ねじ	B	$1.6 \sim 10$

付表 3·3　下穴径（メートル並目ねじ）（JIS B 1004：2009）　　（単位 mm）

ねじの呼び	ねじの呼び径 d	ピッチ P	基準のひっかかりの高さ H_1	100	95	90	85	80	75	70	65	最小許容寸法	4H(M1.4以下)5H(M1.6以上)	5H(M1.4以下)6H(M1.6以上)	7H
M1	1	0.25	0.135	0.73	0.74	0.76	0.77	0.78	0.80	0.81	0.82	0.729	0.774	0.785	—
M1.1	1.1	0.25	0.135	0.83	0.84	0.86	0.87	0.88	0.90	0.91	0.92	0.829	0.874	0.885	—
M1.2	1.2	0.25	0.135	0.93	0.94	0.96	0.97	0.98	1.00	1.01	1.02	0.929	0.974	0.985	—
M1.4	1.4	0.3	0.162	1.08	1.09	1.11	1.12	1.14	1.16	1.17	1.19	1.075	1.128	1.142	—
M1.6	1.6	0.35	0.189	1.22	1.24	1.26	1.28	1.30	1.32	1.33	1.35	1.221	1.301	1.321	—
M1.8	1.8	0.35	0.189	1.42	1.44	1.46	1.48	1.50	1.52	1.53	1.55	1.421	1.501	1.521	—
M2	2	0.4	0.217	1.57	1.59	1.61	1.63	1.65	1.68	1.70	1.72	1.567	1.657	1.679	—
M2.2	2.2	0.45	0.244	1.71	1.74	1.76	1.79	1.81	1.83	1.86	1.88	1.713	1.813	1.838	—
M2.5	2.5	0.45	0.244	2.01	2.04	2.06	2.09	2.11	2.13	2.16	2.18	2.013	2.113	2.138	—
M3×0.5	3	0.5	0.271	2.46	2.49	2.51	2.54	2.57	2.59	2.62	2.65	2.459	2.571	2.599	2.639
M3.5	3.5	0.6	0.325	2.85	2.88	2.92	2.95	2.98	3.01	3.05	3.08	2.850	2.975	3.010	3.050
M4×0.7	4	0.7	0.379	3.24	3.28	3.32	3.36	3.39	3.43	3.47	3.51	3.242	3.382	3.422	3.466
M4.5	4.5	0.75	0.406	3.69	3.73	3.77	3.81	3.85	3.89	3.93	3.97	3.688	3.838	3.878	3.924
M5×0.8	5	0.8	0.433	4.13	4.18	4.22	4.26	4.31	4.35	4.39	4.44	4.134	4.294	4.334	4.384
M6	6	1	0.541	4.92	4.97	5.03	5.08	5.13	5.19	5.24	5.30	4.917	5.107	5.153	5.217
M7	7	1	0.541	5.92	5.97	6.03	6.08	6.13	6.19	6.24	6.30	5.917	6.107	6.153	6.217
M8	8	1.25	0.677	6.65	6.71	6.78	6.85	6.92	6.99	7.05	7.12	6.647	6.859	6.912	6.982
M9	9	1.25	0.677	7.65	7.71	7.78	7.85	7.92	7.99	8.05	8.12	7.647	7.859	7.912	7.982
M10	10	1.5	0.812	8.38	8.46	8.54	8.62	8.70	8.78	8.86	8.94	8.376	8.612	8.676	8.751
M11	11	1.5	0.812	9.38	9.46	9.54	9.62	9.70	9.78	9.86	9.94	9.376	9.612	9.676	9.751
M12	12	1.75	0.947	10.1	10.2	10.3	10.4	10.5	10.6	10.7	10.8	10.106	10.371	10.441	10.531
M14	14	2	1.083	11.8	11.9	12.1	12.2	12.3	12.4	12.5	12.6	11.835	12.135	12.210	12.310
M16	16	2	1.083	13.8	13.9	14.1	14.2	14.3	14.4	14.5	14.6	13.835	14.135	14.210	14.310
M18	18	2.5	1.353	15.3	15.4	15.6	15.7	15.8	16.0	16.1	16.2	15.294	15.649	15.744	15.854
M20	20	2.5	1.353	17.3	17.4	17.6	17.7	17.8	18.0	18.1	18.2	17.294	17.649	17.744	17.854
M22	22	2.5	1.353	19.3	19.4	19.6	19.7	19.8	20.0	20.1	20.2	19.294	19.649	19.744	19.854
M24	24	3	1.624	20.8	20.9	21.1	21.2	21.4	21.6	21.7	21.9	20.752	21.152	21.252	21.382
M27	27	3	1.624	23.8	23.9	24.1	24.2	24.4	24.6	24.7	24.9	23.752	24.152	24.252	24.382
M30	30	3.5	1.894	26.2	26.4	26.6	26.8	27.0	27.2	27.3	27.5	26.211	26.661	26.771	26.921
M33	33	3.5	1.894	29.2	29.4	29.6	29.8	30.0	30.2	30.3	30.5	29.211	29.661	29.771	29.921
M36	36	4	2.165	31.7	31.9	32.1	32.3	32.5	32.8	33.0	33.2	31.670	32.145	32.270	32.420
M39	39	4	2.165	34.7	34.9	35.1	35.3	35.5	35.8	36.0	36.2	34.670	35.145	35.270	35.420
M42	42	4.5	2.436	37.1	37.4	37.6	37.9	38.1	38.3	38.6	38.8	37.129	37.659	37.799	37.979
M45	45	4.5	2.436	40.1	40.4	40.6	40.9	41.1	41.3	41.6	41.8	40.129	40.659	40.799	40.979
M48	48	5	2.706	42.6	42.9	43.1	43.4	43.7	43.9	44.2	44.5	42.587	43.147	43.297	43.487
M52	52	5	2.706	46.6	46.9	47.1	47.4	47.7	47.9	48.2	48.5	46.587	47.147	47.297	47.487
M56	56	5.5	2.977	50.0	50.3	50.6	50.9	51.2	51.5	51.8	52.1	50.046	50.646	50.796	50.996
M60	60	5.5	2.977	54.0	54.3	54.6	54.9	55.2	55.5	55.8	56.1	54.046	54.646	54.796	54.996
M64	64	6	3.248	57.5	57.8	58.2	58.5	58.8	59.1	59.5	59.8	57.505	58.135	58.305	58.505
M68	68	6	3.248	61.5	61.8	62.2	62.5	62.8	63.1	63.5	63.8	61.505	62.135	62.305	62.505

〔注〕　*めねじ内径の許容限界寸法は，**JIS B 0209-3** の規定による．

〔備考〕　─·─線から左側の太字体のものは，**JIS B 0209-3** に規定する 4H（M1.4 以下）または 5H（M1.6 以上）のめねじ内径の許容限界寸法内にあることを示す．同様に，----線から左側の太字体のものは，5H（M1.4 以下）または 6H（M1.6 以上）のめねじ内径の許容限界寸法内にあることを示す．また，──線から左側の太字体のものは，7H のめねじ内径の許容限界寸法内にあることを示す．

製図者に必要なJIS規格表 付録3 219

付表 3・5 六角穴付きボルトに対するざぐりおよびボルト穴の寸法（参考）

（単位 mm）

ねじの呼び d	d_1	d'	D	D'	H	H'	H''
M 3	3	3.4	5.5	6.5	3	2.7	3.3
M 4	4	4.5	7	8	4	3.6	4.4
M 5	5	5.5	8.5	9.5	5	4.6	5.4
M 6	6	6.6	10	11	6	5.5	6.5
M 8	8	9	13	14	8	7.4	8.6
M 10	10	11	16	17.5	10	9.2	10.8
M 12	12	13.5	18	20	12	11	13
M 14	14	15.5	21	23	14	12.8	15.2
M 16	16	17.5	24	26	16	14.5	17.5
M 18	18	20	27	29	18	16.5	19.5
M 20	20	22	30	32	20	18.5	21.5
M 22	22	24	33	35	22	20.5	23.5
M 24	24	26	36	39	24	22.5	25.5
M 27	27	30	40	43	27	25	29
M 30	30	33	45	48	30	28	32
M 33	33	36	50	54	33	31	35
M 36	36	39	54	58	36	34	38
M 39	39	42	58	62	39	37	41
M 42	42	45	63	67	42	39	44
M 45	45	48	68	72	45	42	47
M 48	48	52	72	76	48	45	50
M 52	52	56	78	82	52	49	54

[備考] 上表のボルト穴径 d' は、JIS B 1001 のボルト穴径2級による。

付表 3・4 六角穴付きボルト （JIS B 1176:2014）

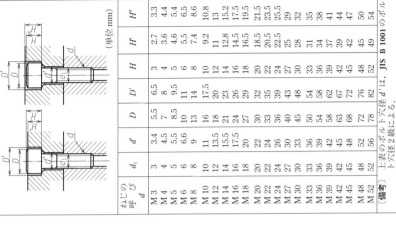

（単位 mm）

ねじの呼び d	ねじのピッチ P	b 参考	d_k 最大[*2]	d_a 最大	d_s 最大	e[*3] 最小	l_f 最大	k 最大	r 最小	s 呼び	t 最小	v 最大	d_w 最小	w 最小	全ねじ以外 呼び長さ l	全ねじ 呼び長さ l
M 1.6	0.35	15	3.00	2	1.60	1.733	0.34	1.60	0.1	1.5	0.7	0.16	2.72	0.55	2.5～16	2.5～16
M 2	0.4	16	3.80	2.6	2.00	1.733	0.51	2.00	0.1	1.5	1	0.2	3.48	0.55	2.5～16	3～16
M 2.5	0.45	17	4.50	3.1	2.50	2.303	0.51	2.50	0.1	2	1.1	0.25	4.18	0.85	3～20	4～20
M 3	0.5	18	5.50	3.6	3.00	2.873	0.51	3.00	0.1	2.5	1.3	0.3	5.07	1.15	4～25	5～20
M 4	0.7	20	7.00	4.7	4.00	3.443	0.6	4.00	0.2	3	2	0.4	6.53	1.4	6～40	6～25
M 5	0.8	22	8.50	5.7	5.00	4.583	0.6	5.00	0.2	4	2.5	0.5	8.03	1.9	8～50	8～25
M 6	1	24	10.00	6.8	6.00	5.723	0.68	6.00	0.25	5	3	0.6	9.38	2.3	10～60	10～30
M 8	1.25	28	13.00	9.2	8.00	6.863	1.02	8.00	0.4	6	4	0.8	12.33	3.3	12～80	12～35
M 10	1.5	32	16.00	11.2	10.00	9.149	1.02	10.00	0.4	8	5	1	15.33	4	16～100	16～40
M 12	1.75	36	18.00	13.7	12.00	11.429	1.45	12.00	0.6	10	6	1.2	17.23	4.8	20～120	20～50
(M 14)[*1]	2	40	21.00	15.7	14.00	13.716	1.45	14.00	0.6	12	7	1.4	20.17	5.8	25～140	25～55
M 16	2	44	24.00	17.7	16.00	15.996	1.45	16.00	0.6	14	8	1.6	23.17	6.8	25～160	25～60
M 20	2.5	52	30.00	22.4	20.00	19.437	2.04	20.00	0.8	17	10	2	28.87	8.6	30～200	30～70
M 24	3	60	36.00	26.4	24.00	21.734	2.04	24.00	0.8	19	12	2.4	33.81	10.4	40～200	40～80
M 30	3.5	72	45.00	33.4	30.00	25.154	2.89	30.00	1	22	15.5	3	43.61	13.1	45～200	45～100
M 36	4	84	54.00	39.4	36.00	30.854	2.89	36.00	1	27	19	3.6	52.54	15.3	55～200	55～110
M 42	4.5	96	63.00	45.6	42.00	36.571	3.06	42.00	1.2	32	24	4.2	61.34	16.3	60～300	60～130
M 48	5	108	72.00	52.6	48.00	41.131	3.91	48.00	1.6	36	28	4.8	70.34	17.5	70～300	70～150
M 56	5.5	124	84.00	63	56.00	46.831	5.95	56.00	2	41	34	5.6	82.26	19	80～300	80～160
M 64	6	140	96.00	71	64.00	52.531	5.95	64.00	2	46	38	6.4	94.26	22	90～300	90～180

[備考]
1. なるべく用いない。
2. ねじの呼びに対して推奨する呼び長さ (l) は、上表の範囲で次の数値から選んで用いる。

2.5, 3, 4, 5, 6, 8, 10, 12, 16, 20, 25, 30, 40, 45, 50, 55, 60, 65, 70, 80, 90,
100, 110, 120, 130, 140, 150, 160, 180, 200, 220, 240, 260, 280, 300

[*1] なるべく用いない。
[*2] ローレットがない頭部に適用する。
[*3] $e_{最小} = 1.14 s_{最小}$

付表3・6 植込みボルト（JIS B 1173:2010）

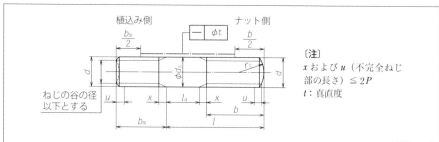

（単位 mm）

ねじの呼び径 d			4	5	6	8	10	12	(14)	16	(18)	20
ピッチ P		並目ねじ	0.7	0.8	1	1.25	1.5	1.75	2	2	2.5	2.5
		細目ねじ	−	−	−	−	1.25	1.25	1.5	1.5	1.5	1.5
d_s		最大（基準寸法）	4	5	6	8	10	12	14	16	18	20
b	$l \leq 125$	最小（基準寸法）	14	16	18	22	26	30	34	38	42	46
	$l > 125$		−	−	−	−	−	−	−	−	48	52
b_m	1種	最小（基準寸法）	−	−	−	−	12	15	18	20	22	25
	2種		6	7	8	11	15	18	21	24	27	30
	3種		8	10	12	16	20	24	28	32	36	40
r_e		（約）	5.6	7	8.4	11	14	17	20	22	25	28
l		呼び長さ	12〜(16)〜40	12〜(18)〜45	12〜(20)〜50	16〜(25)〜55	20〜(30)〜100	22〜(35)〜100	25〜(40)〜100	32〜(45)〜100	32〜(50)〜160	35〜(50)〜160

〔備考〕
1. ねじの呼びにかっこをつけたものは，なるべく用いない．
2. ねじの呼びに対して推奨する呼び長さ（l）は，上表の範囲で次の値の中から選んで用いる．
   12, 14, 16, 18, 20, 22, 25, 28, 30, 32, 35, 38, 40, 45, 50, 55, 60, 65, 70, 80, 90, 100, 110, 120, 140, 160
   ただし，かっこ内の値以下のものは，呼び長さ（l）が短いため規定のねじ部長さを確保することができないので，ナット側ねじ部長さを，上表の b の最小値より小さくしてもよいが，下表に示す $d+2P$（d はねじの呼び径，P はピッチで，並目の値を用いる）の値より小さくなってはならない．また，これらの円筒部長さは，下表の l_a 以上を原則とする．

ねじの呼び径 d （mm）	4	5	6	8	10	12	14	16	18	20
$d + 2P$	5.4	6.6	8	10.5	13	14	18	20	23	25
l_a		1		2		2.5		3		4

3. 植込み側のねじ部長さ（b_m）は，1種，2種，3種のうち，注文者がいずれかを指定する．なお，1種は $1.25d$，2種は $1.5d$，3種は $2d$ に等しいかこれに近く，1種および2種は鋼（鋳造品および鍛造品を含む）または鋳鉄に，3種は軽合金に植え込むものを対象としている．
4. 植込み側のねじ先は面取り先，ナット側のねじ先は丸先とする．

付表3·7 平座金 (JIS B 1256:2008)
(a) 小形−部品等級Aの形状・寸法

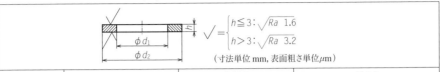

(寸法単位 mm, 表面粗さ単位 μm)

呼び径 (ねじの呼び径 d)	内径 d_1 基準寸法(最小)	最大	外径 d_2 基準寸法(最大)	最小	厚さ h 基準寸法	最大	最小
第1選択							
1.6	1.7	1.84	3.5	3.2	0.3	0.35	0.25
2	2.2	2.34	4.5	4.2	0.3	0.35	0.25
2.5	2.7	2.84	5	4.7	0.5	0.55	0.45
3	3.2	3.38	6	5.7	0.5	0.55	0.45
4	4.3	4.48	8	7.64	0.5	0.55	0.45
5	5.3	5.48	9	8.64	1	1.1	0.9
6	6.4	6.62	11	10.57	1.6	1.8	1.4
8	8.4	8.62	15	14.57	1.6	1.8	1.4
10	10.5	10.77	18	17.57	1.6	1.8	1.4
12	13	13.27	20	19.48	2	2.2	1.8
16	17	17.27	28	27.48	2.5	2.7	2.3
20	21	21.33	34	33.38	3	3.3	2.7
24	25	25.33	39	38.38	4	4.3	3.7
30	31	31.39	50	49.38	4	4.3	3.7
36	37	37.62	60	58.8	5	5.6	4.4
第2選択							
3.5	3.70	3.88	7.00	6.64	0.5	0.55	0.45
14	15.00	15.27	24.00	23.48	2.5	2.7	2.3
18	19.00	19.33	30.00	29.48	3	3.3	2.7
22	23.00	23.33	37.00	36.38	3	3.3	2.7
27	28.00	28.33	44.00	43.38	4	4.3	3.7
33	34.00	34.62	56.00	54.8	5	5.6	4.4

(b) 並形−部品等級Aの形状・寸法

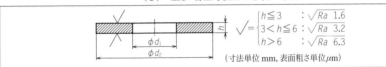

(寸法単位 mm, 表面粗さ単位 μm)

呼び径 (ねじの呼び径 d)	内径 d_1 基準寸法(最小)	最大	外径 d_2 基準寸法(最大)	最小	厚さ h 基準寸法	最大	最小
第1選択							
1.6	1.7	1.84	4	3.7	0.3	0.35	0.25
2	2.2	2.34	5	4.7	0.3	0.35	0.25
2.5	2.7	2.84	6	5.7	0.5	0.55	0.45
3	3.2	3.38	7	6.64	0.5	0.55	0.45
4	4.3	4.48	9	8.64	0.8	0.9	0.7
5	5.3	5.48	10	9.64	1	1.1	0.9
6	6.4	6.62	12	11.57	1.6	1.8	1.4
8	8.4	8.62	16	15.57	1.6	1.8	1.4
10	10.5	10.77	20	19.48	2	2.2	1.8
12	13	13.27	24	23.48	2.5	2.7	2.3
16	17	17.27	30	29.48	3	3.3	2.7
20	21	21.33	37	36.38	3	3.3	2.7
24	25	25.33	44	43.38	4	4.3	3.7
30	31	31.39	56	55.26	4	4.3	3.7
36	37	37.62	66	64.8	5	5.6	4.4
42	45.00	45.62	78.0	76.8	8	9	7
48	52.00	52.74	92.0	90.6	8	9	7
56	62.00	62.74	105.0	103.6	10	11	9
64	70.00	70.74	115.0	113.6	10	11	9

[注] 第2選択 (呼び径 3.5, 14, 18, 22, 27, 33, 39, 45, 52, 60) は省略.

付表3·8 ばね座金（JIS B 1251：2018 抜粋，一般用）

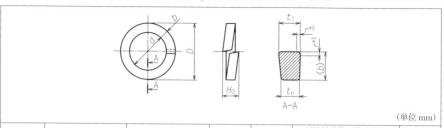

(単位 mm)

呼び[*1]	内径 d [*2] 基準寸法	内径 d [*2] 許容差	断面寸法（最小）幅 b	断面寸法（最小）厚さ t [*3]	外形 D （最大）	自由高さ H_0 （約 $2t$）	圧縮試験後の自由高さ H_f（最小）[*4] 鋼製	圧縮試験後の自由高さ H_f（最小）[*4] ステンレス鋼製	試験力（荷重）(kN)
2	2.1	+0.25 / 0	0.9	0.5	4.4	1.0	0.85	0.75	0.42
2.5	2.6	+0.3 / 0	1.0	0.6	5.2	1.2	1.00	0.90	0.69
3	3.1	+0.3 / 0	1.1	0.7	5.9	1.4	1.20	1.05	1.03
(3.5)	3.6	+0.3 / 0	1.2	0.8	6.6	1.6	1.35	1.20	1.37
4	4.1	+0.4 / 0	1.4	1.0	7.6	2.0	1.70	1.50	1.77
(4.5)	4.6	+0.4 / 0	1.5	1.2	8.3	2.4	2.00	1.80	2.26
5	5.1	+0.4 / 0	1.7	1.3	9.2	2.6	2.20	1.95	2.94
6	6.1	+0.4 / 0	2.7	1.5	12.2	3.0	2.50	2.25	4.12
(7)	7.1	+0.4 / 0	2.8	1.6	13.4	3.2	2.70	2.40	5.88
8	8.2	+0.5 / 0	3.2	2.0	15.4	4.0	3.35	3.00	7.45
10	10.2	+0.5 / 0	3.7	2.5	18.4	5.0	4.20	3.75	11.8
12	12.2	+0.6 / 0	4.2	3.0	21.5	6.0	5.00	4.50	17.7
(14)	14.2	+0.6 / 0	4.7	3.5	24.5	7.0	5.85	5.25	23.5
16	16.2	+0.8 / 0	5.2	4.0	28.0	8.0	6.70	6.00	32.4
(18)	18.2	+0.8 / 0	5.7	4.6	31.0	9.2	7.70	6.90	39.2
20	20.2	+0.8 / 0	6.1	5.1	33.8	10.2	8.50	7.65	49.0
(22)	22.5	+1.0 / 0	6.8	5.6	37.7	11.2	9.35	8.40	61.8
24	24.5	+1.0 / 0	7.1	5.9	40.3	11.8	9.85	8.85	71.6
(27)	27.5	+1.2 / 0	7.9	6.8	45.3	13.6	11.3	10.20	93.2
30	30.5	+1.2 / 0	8.7	7.5	49.9	15.0	12.5	11.25	118
(33)	33.5	+1.4 / 0	9.5	8.2	54.7	16.4	13.7	12.30	147
36	36.5	+1.4 / 0	10.2	9.0	59.1	18.0	15.0	13.50	167
(39)	39.5	+1.4 / 0	10.7	9.5	63.1	19.0	15.8	14.25	197

〔注〕 *1 呼びにかっこをつけたものは，なるべく使用しない．
*2 内径 d は指示された測定法（当該規格を参照）による最小値とする．
*3 $t = (t_e + t_i)/2$　この場合，$t_i - t_e$ は，0.064 b 以下とし，b はこの表で規定する最小値とする．
*4 試験内容は当該規格を参照．
*5 $r ≒ t/4$

付表3·9 すりわり付き小ねじ（JIS B 1101:2017）

(a) すりわり付きチーズ小ねじ

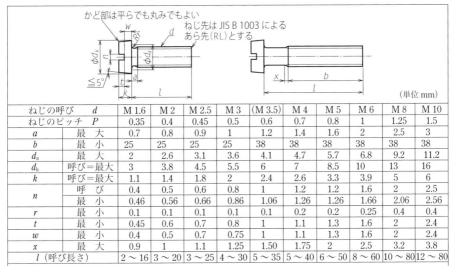

（単位 mm）

ねじの呼び d		M 1.6	M 2	M 2.5	M 3	(M 3.5)	M 4	M 5	M 6	M 8	M 10
ねじのピッチ P		0.35	0.4	0.45	0.5	0.6	0.7	0.8	1	1.25	1.5
a	最 大	0.7	0.8	0.9	1	1.2	1.4	1.6	2	2.5	3
b	最 小	25	25	25	25	38	38	38	38	38	38
d_a	最 大	2	2.6	3.1	3.6	4.1	4.7	5.7	6.8	9.2	11.2
d_k	呼び＝最大	3	3.8	4.5	5.5	6	7	8.5	10	13	16
k	呼び＝最大	1.1	1.4	1.8	2	2.4	2.6	3.3	3.9	5	6
n	呼 び	0.4	0.5	0.6	0.8	1	1.2	1.2	1.6	2	2.5
	最 小	0.46	0.56	0.66	0.86	1.06	1.26	1.26	1.66	2.06	2.56
r	最 小	0.1	0.1	0.1	0.1	0.1	0.2	0.2	0.25	0.4	0.4
t	最 小	0.45	0.6	0.7	0.8	1	1.1	1.3	1.6	2	2.4
w	最 小	0.4	0.5	0.7	0.75	1	1.1	1.3	1.6	2	2.4
x	最 大	0.9	1	1.1	1.25	1.50	1.75	2	2.5	3.2	3.8
l （呼び長さ）		2～16	3～20	3～25	4～30	5～35	5～40	6～50	8～60	10～80	12～80

〔備考〕
1. ねじの呼びにかっこをつけたものは、なるべく用いない．
2. ねじの呼びに対して推奨する呼び長さ（l）は、上表の範囲で次の値の中から選んで用いる．
 ただし、かっこをつけたものは、なるべく用いない．
 2, 3, 4, 5, 6, 8, 10, 12, (14), 16, 20, 25, 30, 35, 40, 45, 50, (55), 60, (65), 70, (75), 80

(b) すりわり付きなべ小ねじ

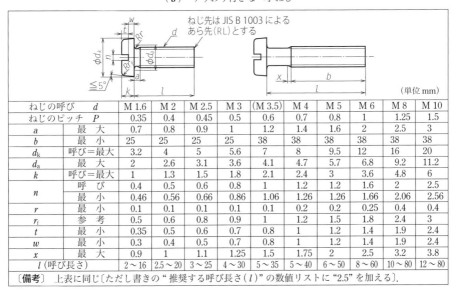

（単位 mm）

ねじの呼び d		M 1.6	M 2	M 2.5	M 3	(M 3.5)	M 4	M 5	M 6	M 8	M 10
ねじのピッチ P		0.35	0.4	0.45	0.5	0.6	0.7	0.8	1	1.25	1.5
a	最 大	0.7	0.8	0.9	1	1.2	1.4	1.6	2	2.5	3
b	最 小	25	25	25	25	38	38	38	38	38	38
d_k	呼び＝最大	3.2	4	5	5.6	7	8	9.5	12	16	20
d_a	最 大	2	2.6	3.1	3.6	4.1	4.7	5.7	6.8	9.2	11.2
k	呼び＝最大	1	1.3	1.5	1.8	2.1	2.4	3	3.6	4.8	6
n	呼 び	0.4	0.5	0.6	0.8	1	1.2	1.2	1.6	2	2.5
	最 小	0.46	0.56	0.66	0.86	1.06	1.26	1.26	1.66	2.06	2.56
r	最 小	0.1	0.1	0.1	0.1	0.1	0.2	0.2	0.25	0.4	0.4
r_f	参 考	0.5	0.6	0.8	0.9	1	1.2	1.5	1.8	2.4	3
t	最 小	0.35	0.5	0.6	0.7	0.8	1	1.2	1.4	1.9	2.4
w	最 小	0.3	0.4	0.5	0.7	0.8	1	1.2	1.4	1.9	2.4
x	最 大	0.9	1	1.1	1.25	1.50	1.75	2	2.5	3.2	3.8
l （呼び長さ）		2～16	2.5～20	3～25	4～30	5～35	5～40	6～50	8～60	10～80	12～80

〔備考〕 上表に同じ〔ただし書きの"推奨する呼び長さ（l）"の数値リストに"2.5"を加える〕．

付表3·10 十字穴付き小ねじ (JIS B 1111:2017)

(a) 十字穴付きなべ小ねじ

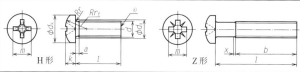

円筒部の径は，ほぼねじの有効径またはねじの外径とする．ただしねじの外径を超えてはならない．
[注] a) ねじ先は，JIS B 1003 によるあら先(RL)とする．
(単位 mm)

ねじの呼び d			M 1.6	M 2	M 2.5	M 3	(M 3.5)	M 4	M 5	M 6	M 8	M 10
ねじのピッチ P			0.35	0.4	0.45	0.5	0.6	0.7	0.8	1	1.25	1.5
a	最	大	0.7	0.8	0.9	1	1.2	1.4	1.6	2	2.5	3
b	最	小	25	25	25	25	38	38	38	38	38	38
d_a	最	大	2	2.6	3.1	3.6	4.1	4.7	5.7	6.8	9.2	11.2
d_k	呼び=最大		3.2	4	5	5.6	7	8	9.5	12	16	20
	最	小	2.9	3.7	4.7	5.3	6.64	7.64	9.14	11.57	15.57	19.48
k	呼び=最大		1.3	1.60	2.1	2.4	2.6	3.10	3.7	4.6	6	7.5
	最	小	1.16	1.46	1.96	2.26	2.46	2.92	3.52	4.3	5.7	7.14
r	最	小	0.1	0.1	0.1	0.1	0.1	0.2	0.2	0.25	0.4	0.4
r_1	約		2.5	3.2	4	5	6	6.5	8	10	13	16
x	最	大	0.9	1	1.10	1.25	1.5	1.75	2	2.50	3.20	3.8
十字穴の番号			0		1		2		3		4	
H形 十字穴	m	参考	1.7	1.9	2.7	3	3.9	4.4	4.9	6.9	9	10.1
	q	最小	0.7	0.9	1.15	1.4	1.4	1.9	2.4	3.1	4	5.2
		最大	0.95	1.2	1.55	1.8	1.9	2.4	2.9	3.6	4.6	5.8
Z型 十字穴	m	参考	1.6	2.1	2.6	2.8	3.9	4.3	4.7	6.7	8.8	9.9
	q	最小	0.65	1.17	1.25	1.5	1.48	1.89	2.29	3.03	4.05	5.24
		最大	0.9	1.42	1.50	1.75	1.93	2.34	2.74	3.46	4.5	5.69
l (呼び長さ)			3〜16	3〜20	3〜25	4〜30	5〜35	5〜40	6〜45	8〜60	10〜60	12〜60

[備考] 1. ねじの呼びにかっこをつけたものは，なるべく用いない．
2. ねじの呼びに対して推奨する呼び長さ (l) は，上表の範囲で次の値の中から選んで用いる．
ただし，かっこをつけたものは，なるべく用いない．
3, 4, 5, 6, 8, 10, 12, (14), 16, 20, 25, 30, 35, 40, 45, 50, (55), 60

(b) 十字穴付き丸皿小ねじ

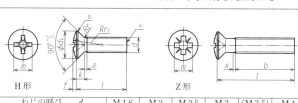

円筒部の系は，ほぼねじの有効径またはねじの外径とする．ただしねじの外径を超えてはならない．
[注] a) ねじ先は，JIS B 1003 によるあら先(RL)とする．
b) かど部は平らでも丸みでもよい．
(単位 mm)

ねじの呼び d			M 1.6	M 2	M 2.5	M 3	(M 3.5)	M 4	M 5	M 6	M 8	M 10
ねじのピッチ P			0.35	0.4	0.45	0.5	0.6	0.7	0.8	1	1.25	1.5
a	最	大	0.7	0.8	0.9	1.0	1.2	1.4	1.6	2	2.5	3
b	最	小	25	25	25	25	38	38	38	38	38	38
d_k	呼び=最大		3.0	3.8	4.7	5.5	7.3	8.4	9.3	11.3	15.8	18.3
	最	小	2.7	3.5	4.4	5.2	6.94	8.04	8.94	10.87	15.37	17.78
f	約		0.4	0.5	0.6	0.8	0.9	1	1.3	1.5	2	2.5
k	呼び=最大		1.	1.2	1.5	1.65	2.35	2.7	2.7	3.3	4.65	5
r	最	小	0.4	0.5	0.6	0.7	0.8	1	1.2	1.4	2	2.3
r_1	約		3	4	5	6	8.5	9.5	9.5	12	16.5	19.5
x	最	大	0.90	1	1.1	1.25	1.50	1.75	2.00	2.50	3.2	3.8
十字穴の番号			0		1		2		3		4	
H形 十字穴	m	参考	1.9	2.0	3.0	3.4	4.8	5.2	5.4	7.3	9.6	10.4
	q	最小	0.9	1.2	1.5	1.8	2.25	2.7	2.9	3.5	4.75	5.5
		最大	1.2	1.5	1.85	2.2	2.75	3.2	3.4	4	5.25	6
Z型 十字穴	m	参考	1.9	2.2	2.8	3.1	4.6	5.0	5.3	7.1	9.5	10.3
	q	最小	0.95	1.15	1.5	1.83	2.25	2.65	2.9	3.4	4.75	5.6
		最大	1.2	1.4	1.75	2.08	2.7	3.1	3.35	3.85	5.2	6.05

[備考] l (呼び長さ) 欄の数値を含め，(a) 表に同じ．

付表 3·11　Vプーリの溝部の形状・寸法（JIS B 1854：1987）

（単位 mm）

$r_1 = 0.2 \sim 0.5$ (mm)

〔注〕 *1 上図の直径 (d_m) をいい，溝の基準幅が l_0 をもつところの直径である.
*2 M形は原則として 1 本掛けとする.

Vベルトの種類	呼び径*1	α (°)	l_0	k	k_0	e	f	r_2	r_3
M	50以上　71以下	34	8.0	2.7	6.3	*2 —	9.5	0.5〜1.0	1〜2
	71を超え90以下	36							
	90を超えるもの	38							
A	71以上　100以下	34	9.2	4.5	8.0	15.0	10.0	0.5〜1.0	1〜2
	100を超え125以下	36							
	125を超えるもの	38							
B	125以上　160以下	34	12.5	5.5	9.5	19.0	12.5	0.5〜1.0	1〜2
	160を超え200以下	36							
	200を超えるもの	38							
C	200以上　250以下	34	16.9	7.0	12.0	25.5	17.0	1.0〜1.6	2〜3
	250を超え315以下	36							
	315を超えるもの	38							
D	355以上　450以下	36	24.6	9.5	15.5	37.0	24.0	1.6〜2.0	3〜4
	450を超えるもの	38							
E	500以上　630以下	36	28.7	12.7	19.3	44.5	29.0	1.6〜2.0	4〜5
	630を超えるもの	38							

付表 3·12　平プーリの形状・寸法（JIS B 1852：1980）

（単位 mm）

平プーリの構造例　一体形／割り形

外周面の形状　C／F

$$R \fallingdotseq \frac{B^2}{8h}$$

呼び幅 (B)	許容差	呼び径 (D)	許容差	クラウン (h)	呼び径 (D)	許容差	クラウン (h)
20	±1	40	±0.5	0.3	400	±4.0	1〜1.2
25		45	±0.6		450		
32		50			500		1〜1.5
40		56	±0.8		560	±5.0	
50		63			630		1〜2
63		71	±1.0		710		
71		80			800	±6.3	1〜2.5
80	±1.5	90	±1.2		900		
90		100			1000		1〜3
100		112			1120	±8.0	1.2〜3.5
112		125	±1.6	0.4	1250		1.2〜4
125		140			1400		1.5〜4
140		160	±2.0	0.5	1600	±10.0	1.5〜5
160	±2	180			1800		2〜5
180		200			2000		2〜6
200		224	±2.5	0.6			
224		250		0.8			
250		280	±3.2	1.0			
280		315					
315	±3	355					
355							
400							
450							
500							
560							
630							

〔注〕 クラウンとはプーリの丸みの高さをいう．垂直軸に用いる平プーリのクラウンは，上表より大きいほうが望ましい．

付表3・13 フランジ形固定軸継手 (JIS B 1451:1991)

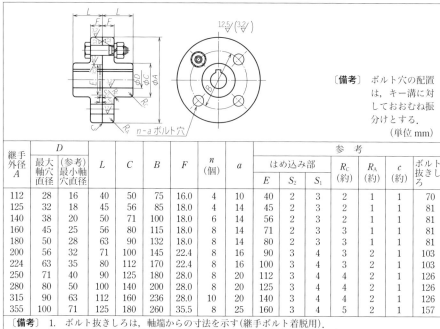

[備考] ボルト穴の配置は，キー溝に対しておおむね振分けとする．

(単位 mm)

継手外径 A	D 最大軸穴直径	(参考)最小軸穴直径	L	C	B	F	n (個)	a	はめ込み部 E	S_2	S_1	R_C (約)	R_A (約)	c (約)	ボルト抜きしろ
112	28	16	40	50	75	16.0	4	10	40	2	3	2	1	1	70
125	32	18	45	56	85	18.0	4	14	45	2	3	2	1	1	81
140	38	20	50	71	100	18.0	6	14	56	2	3	2	1	1	81
160	45	25	56	80	115	18.0	8	14	71	2	3	3	1	1	81
180	50	28	63	90	132	18.0	8	14	80	2	3	3	1	1	81
200	56	32	71	100	145	22.4	8	16	90	3	4	3	2	1	103
224	63	35	80	112	170	22.4	8	16	100	3	4	3	2	1	103
250	71	40	90	125	180	28.0	8	20	112	3	4	4	2	1	126
280	80	50	100	140	200	28.0	8	20	125	3	4	4	2	1	126
315	90	63	112	160	236	28.0	10	20	140	3	4	4	2	1	126
355	100	71	125	180	260	35.5	8	25	160	3	4	5	2	1	157

[備考] 1. ボルト抜きしろは，軸端からの寸法を示す(継手ボルト着脱用)．
2. 継手を軸から抜きやすくするためのねじ穴は，適宜設けても差し支えない．

付表3・14 フランジ形固定軸継手用継手ボルト (JIS B 1451:1991)

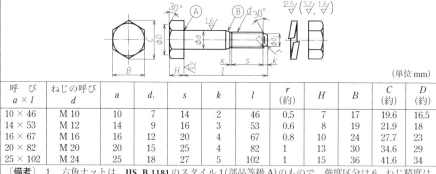

(単位 mm)

呼び $a \times l$	ねじの呼び d	a	d_1	s	k	l	r (約)	H	B	C (約)	D (約)
10 × 46	M 10	10	7	14	2	46	0.5	7	17	19.6	16.5
14 × 53	M 12	14	9	16	3	53	0.6	8	19	21.9	18
16 × 67	M 16	16	12	20	4	67	0.8	10	24	27.7	23
20 × 82	M 20	20	15	25	4	82	1	13	30	34.6	29
25 × 102	M 24	25	18	27	5	102	1	15	36	41.6	34

[備考] 1. 六角ナットは，JIS B 1181のスタイル1(部品等級A)のもので，強度区分は6，ねじ精度は6Hとする．
2. ばね座金は，JIS B 1251の2号Sによる．
3. 二面幅の寸法は，JIS B 1002によっている．その寸法許容差は2種による．
4. ねじ先の形状，寸法は，JIS B 1003の半棒先によっている．
5. ねじ部の精度は，JIS B 0209の6gによる．
6. Ⓐ部には研削用逃げを施してもよい．Ⓑ部はテーパでも段付きでもよい．
7. xは，不完全ねじ部でもねじ切り用逃げでもよい．ただし，不完全ねじ部のときは，その長さを約2山とする．

付表3·15 テーパピンの形状・寸法（JIS B 1352:1988）

〔注〕 * 1:50 は，基準円すいのテーパ比が1/50であることを示す．

(単位 mm)

	呼び径	0.6	0.8	1	1.2	1.5	2	2.5	3	4	5	6	8	10	12	16	20	25	30	40	50
d	基準寸法	0.6	0.8	1	1.2	1.5	2	2.5	3	4	5	6	8	10	12	16	20	25	30	40	50
	許容差 (h 10)	\multicolumn{7}{l	}{0 / −0.040}					\multicolumn{3}{l	}{0 / −0.048}	\multicolumn{2}{l	}{0 / −0.058}	\multicolumn{2}{l	}{0 / −0.070}	\multicolumn{2}{l	}{0 / −0.084}	\multicolumn{2}{l}{0 / −0.100}
a	約	0.08	0.1	0.12	0.16	0.2	0.25	0.3	0.4	0.5	0.63	0.8	1	1.2	1.6	2	2.5	3	4	5	6.3
l	呼び長さ	4〜8	5〜12	6〜16	6〜20	8〜24	10〜35	10〜35	12〜45	14〜55	18〜60	22〜90	22〜120	26〜160	32〜180	40〜200	45〜200	50〜200	55〜200	60〜200	65〜200

〔備考〕ピンの呼び径に対して推奨する呼び長さ（l）は，上表の範囲で次の数値から選んで用いる．
4, 5, 6, 8, 10, 12, 14, 16, 18, 20, 22, 24, 26, 28, 30, 32, 35, 40, 45, 50, 55, 60, 65, 70, 75, 80, 85, 90, 95, 100, 120, 140, 160, 180, 200

付表3·16 平行ピンの形状・寸法（JIS B 1354:2012）

〔注〕 端面の形状は，受渡当事者間の協定による．

(単位 mm)

	呼び径	0.6	0.8	1	1.2	1.5	2	2.5	3	4	5	6	8	10	12	16	20	25	30	40	50
d	公差域クラス m6 または h8	0.6	0.8	1	1.2	1.5	2	2.5	3	4	5	6	8	10	12	16	20	25	30	40	50
c	約	0.12	0.16	0.2	0.25	0.3	0.35	0.4	0.5	0.63	0.8	1.2	1.6	2	2.5	3	3.5	4	5	6.3	8
l	呼び長さ	2〜6	2〜8	4〜10	4〜12	4〜16	6〜20	6〜24	8〜30	8〜40	10〜50	12〜60	14〜80	18〜95	22〜140	26〜180	35〜200	50〜200	60〜200	80〜200	95〜200

〔備考〕
1. d の公差域クラス m6 および h8 は，**JIS B 0401 - 2** による．
なお，受渡当事者間の協定によって，他の公差域クラスを用いることができる．
2. ピンの呼び径に対して推奨する呼び長さ（l）は，上表の範囲で次の数値から選んで用いる．
2, 3, 4, 5, 6, 8, 10, 12, 14, 16, 18, 20, 22, 24, 26, 28, 30, 32, 35, 40, 45, 50, 55, 60, 65, 70, 75, 80, 85, 90, 95, 100, 120, 140, 160, 180, 200
なお，200 mm を超える呼び長さは，20 mm とびとする．

付表3·17　割りピンの形状・寸法（JIS B 1351:1987）

（とがり先）　（平先）　（単位 mm）

呼び径		0.6	0.8	1	1.2	1.6	2	2.5	3.2	4	5	6.3	8	10	13	16	20
d	基準寸法	0.5	0.7	0.9	1	1.4	1.8	2.3	2.9	3.7	4.6	5.9	7.5	9.5	12.4	15.4	19.3
	許容差	0 −0.1						0 −0.2					0 −0.3				
c	基準寸法	1	1.4	1.8	2	2.8	3.6	4.6	5.8	7.4	9.2	11.8	15	19	24.8	30.8	38.6
	許容差	0 −0.1		0 −0.2		0 −0.3	0 −0.4	0 −0.6	0 −0.7	0 −0.9	0 −1.2	0 −1.5	0 −1.9	0 −2.4	0 −3.1	0 −3.8	0 −4.8
b	約	2	2.4	3	3	3.2	4	5	6.4	8	10	12.6	16	20	26	32	40
a	最大	1.6	1.6	1.6	2.5	2.5	2.5	2.5	3.2	4	4	4	4	6.3	6.3	6.3	6.3
	最小	0.8	0.8	0.8	1.2	1.2	1.2	1.2	1.6	2	2	2	2	3.2	3.2	3.2	3.2
D^* Bo^*	を超え	—	2.5	3.5	4.5	5.5	7	9	11	14	20	27	39	56	80	120	170
	以下	2.5	3.5	4.5	5.5	7	9	11	14	20	27	39	56	80	120	170	—
Cl^*	を超え	–	2	3	4	5	6	8	9	12	17	23	29	44	69	110	160
	以下	2	3	4	5	6	8	9	12	17	23	29	44	69	110	160	—
ピン穴径（参考）		0.6	0.8	1	1.2	1.6	2	2.5	3.2	4	5	6.3	8	10	13	16	20
l		4〜12	5〜16	6〜20	8〜25	8〜32	10〜40	12〜50	14〜63	18〜80	22〜100	32〜125	40〜160	45〜200	71〜250	112〜280	160〜280
		±0.5						±0.8					±1.2		±2		

〔注〕　* D：運用するボルトおよびピンの径，Bo：ボルト，Cl：クレビスピンを表わす．
〔備考〕　ピンの呼び径に対して推奨する長さ（l）は，上表の範囲で次の数値から選んで用いる．
4, 5, 6, 8, 10, 12, 14, 16, 18, 20, 22, 25, 28, 32, 36, 40, 45, 50, 56, 63, 71, 80, 90, 100, 112, 125, 140, 160, 180, 200, 224, 250, 280

付表3·18　先割りテーパ ピンの形状・寸法（JIS B 1353:1990）

割込み部の偏肉

〔注〕　* $1:50$ は，基準円すいのテーパ比が1/50であることを示し，太い一点鎖線は，円すい公差の適用範囲を，l'はその長さを示す．

（単位 mm）

呼び径		2	2.5	3	4	5	6	8	10	12	16	20
d	呼び円すい直径	2.0	2.5	3.0	4.0	5.0	6.0	8.0	10	12	16	20
d'	基準寸法	2.08	2.60	3.12	4.16	5.20	6.24	8.32	10.40	12.48	16.64	20.80
	許容差	0 −0.040				0 −0.048		0 −0.058		0 −0.070		0 −0.084
n	最小	0.4				0.6		0.8		1.0		1.6
t	最小	3	3.5	4.5	6	7.5	9	12	15	18	24	30
	最大	4	5	6	8	10	12	16	20	24	32	40
a	約	0.25	0.3	0.4	0.5	0.63	0.8	1.0	1.2	1.6	2.0	2.5
A_1-A_2 B_1-B_2	最大	0.2				0.3		0.4		0.5		0.8
l	呼び長さ	10〜35	10〜35	12〜45	14〜55	18〜60	22〜90	22〜120	26〜160	32〜180	40〜100	45〜200

〔備考〕　ピンの呼び径に対して推奨する呼び長さ（l）は，上表の範囲で次の数値から選んで用いる．
10, 12, 14, 16, 18, 20, 22, 24, 26, 28, 30, 32, 35, 40, 45, 50, 55, 60, 65, 70, 80, 85, 90, 95, 100, 120, 140, 160, 180, 200

製図者に必要なJIS規格表 付録3 229

付表3·19 平行キーの形状・寸法 (JIS B 1301：1996)

$s_1 = b$ の公差 $\times \dfrac{1}{2}$　　$s_2 = h$ の公差 $\times \dfrac{1}{2}$

$f = l - 2b$

(単位 mm)

キーの呼び寸法 $b \times h$	キー本体						ねじ用穴			
	b		h		c^{*2}	l^{*1}	ねじの呼び d_1	d_2	d_3	g
	基準寸法	許容差 (h 9)	基準寸法	許容差						
2 × 2	2	0 −0.025	2	0 −0.025	0.16 ～0.25	6 ～ 20	—	—	—	—
3 × 3	3		3			6 ～ 36	—	—	—	—
4 × 4	4	0 −0.030	4	0 −0.030		8 ～ 45	—	—	—	—
5 × 5	5		5		h 9	10 ～ 56	—	—	—	—
6 × 6	6		6		0.25 ～0.40	14 ～ 70	—	—	—	—
(7 × 7)	7	0 −0.036	7	0 −0.036		16 ～ 80	—	—	—	—
8 × 7	8		7			18 ～ 90	M 3	6.0	3.4	2.3
10 × 8	10		8			22 ～ 110	M 3	6.0	3.4	2.3
12 × 8	12	0 −0.043	8	0 −0.090	0.40 ～0.60	28 ～ 140	M 4	8.0	4.5	3.0
14 × 9	14		9			36 ～ 160	M 5	10.0	5.5	3.7
(15 × 10)	15		10			40 ～ 180	M 5	10.0	5.5	3.7
16 × 10	16		10			45 ～ 180	M 5	10.0	5.5	3.7
18 × 11	18		11			50 ～ 200	M 6	11.5	6.6	4.3
20 × 12	20		12			56 ～ 220	M 6	11.5	6.6	4.3
22 × 14	22		14			63 ～ 250	M 6	11.5	6.6	4.3
(24 × 16)	24	0 −0.052	16	0 −0.110	0.60 ～0.80	70 ～ 280	M 8	15.0	9.0	5.7
25 × 14	25		14			70 ～ 280	M 8	15.0	9.0	5.7
28 × 16	28		16			80 ～ 320	M 10	17.5	11.0	10.8
32 × 18	32		18		h 11	90 ～ 360	M 10	17.5	11.0	10.8
(35 × 22)	35		22			100 ～ 400	M 10	17.5	11.0	10.8
36 × 20	36		20			—	M 12	20.0	14.0	13.0
(38 × 24)	38	0 −0.062	24	0 −0.130	1.00 ～1.20	—	M 10	17.5	11.0	10.8
40 × 22	40		22			—	M 12	20.0	14.0	13.0
(42 × 26)	42		26			—	M 10	17.5	11.0	10.8
45 × 25	45		25			—	M 12	20.0	14.0	13.0
50 × 28	50		28			—	M 12	20.0	14.0	13.0
56 × 32	56		32			—	M 12	20.0	14.0	13.0
63 × 32	63	0 −0.074	32	0 −0.160	1.60 ～2.00	—	M 12	20.0	14.0	13.0
70 × 36	70		36			—	M 16	26.0	18.0	17.5
80 × 40	80		40			—	M 16	26.0	18.0	17.5
90 × 45	90	0 −0.087	45		2.50 ～3.00	—	M 20	32.0	22.0	21.5
100 × 50	100		50			—	M 20	32.0	22.0	21.5

〔注〕 *1 l は，表の範囲内で，次の中から選ぶ．なお，l の寸法許容差は，h 12 とする．
　　　6, 8, 10, 12, 14, 16, 18, 20, 22, 25, 28, 32, 36, 40, 45, 50, 56, 63, 70, 80, 90,
　　　100, 110, 125, 140, 160, 180, 200, 220, 250, 280, 320, 360, 400
　　*2 45°面取り (c) の代わりに丸み (r) でもよい．
〔備考〕 かっこをつけた呼び寸法のものは，対応国際規格には規定されていないので，新設計には使用しない．

付録3　製図者に必要なJIS規格表

付表3·20　平行キー用のキー溝の形状・寸法　(JIS B 1301:1996)

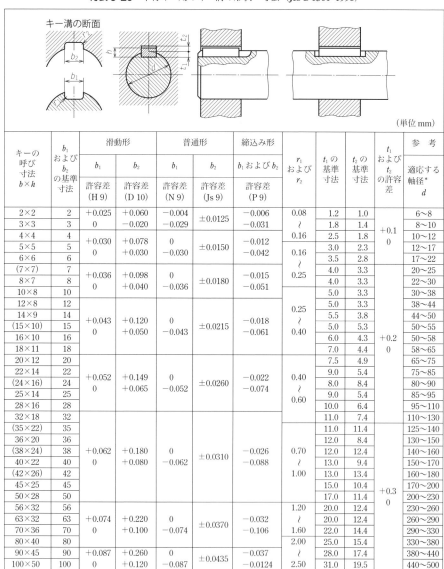

(単位 mm)

キーの呼び寸法 $b×h$	b_1およびb_2の基準寸法	滑動形 b_1 許容差(H 9)	滑動形 b_2 許容差(D 10)	普通形 b_1 許容差(N 9)	普通形 b_2 許容差(Js 9)	締込み形 b_1およびb_2 許容差(P 9)	r_1およびr_2	t_1の基準寸法	t_2の基準寸法	t_1およびt_2の許容差	参考 適応する軸径* d
2×2	2	+0.025 / 0	+0.060 / −0.020	−0.004 / −0.029	±0.0125	−0.006 / −0.031	0.08 〜 0.16	1.2	1.0	+0.1 / 0	6〜8
3×3	3							1.8	1.4		8〜10
4×4	4	+0.030 / 0	+0.078 / +0.030	0 / −0.030	±0.0150	−0.012 / −0.042		2.5	1.8		10〜12
5×5	5						0.16 〜 0.25	3.0	2.3		12〜17
6×6	6							3.5	2.8		17〜22
(7×7)	7	+0.036 / 0	+0.098 / +0.040	0 / −0.036	±0.0180	−0.015 / −0.051		4.0	3.3		20〜25
8×7	8							4.0	3.3		22〜30
10×8	10							5.0	3.3		30〜38
12×8	12						0.25 〜 0.40	5.0	3.3		38〜44
14×9	14	+0.043 / 0	+0.120 / +0.050	0 / −0.043	±0.0215	−0.018 / −0.061		5.5	3.8		44〜50
(15×10)	15							5.0	5.3		50〜55
16×10	16							6.0	4.3	+0.2 / 0	50〜58
18×11	18							7.0	4.4		58〜65
20×12	20							7.5	4.9		65〜75
22×14	22	+0.052 / 0	+0.149 / +0.065	0 / −0.052	±0.0260	−0.022 / −0.074	0.40 〜 0.60	9.0	5.4		75〜85
(24×16)	24							8.0	8.4		80〜90
25×14	25							9.0	5.4		85〜95
28×16	28							10.0	6.4		95〜110
32×18	32							11.0	7.4		110〜130
(35×22)	35							11.0	11.4		125〜140
36×20	36							12.0	8.4		130〜150
(38×24)	38	+0.062 / 0	+0.180 / +0.080	0 / −0.062	±0.0310	−0.026 / −0.088	0.70 〜 1.00	12.0	12.4		140〜160
40×22	40							13.0	9.4		150〜170
(42×26)	42							13.0	13.4		160〜180
45×25	45							15.0	10.4		170〜200
50×28	50							17.0	11.4	+0.3 / 0	200〜230
56×32	56						1.20 〜 1.60	20.0	12.4		230〜260
63×32	63	+0.074 / 0	+0.220 / +0.100	0 / −0.074	±0.0370	−0.032 / −0.106		20.0	12.4		260〜290
70×36	70							22.0	14.4		290〜330
80×40	80						2.00 〜 2.50	25.0	15.4		330〜380
90×45	90	+0.087 / 0	+0.260 / +0.120	0 / −0.087	±0.0435	−0.037 / −0.0124		28.0	17.4		380〜440
100×50	100							31.0	19.5		440〜500

〔注〕 * 適応する軸径は，キーの強さに対応するトルクから求められるものであって，一般用途の目安として示す．キーの大きさが伝達するトルクに対して適切な場合には，適応する軸径より太い軸を用いてもよい．その場合には，キーの側面が，軸およびハブに均等に当たるようにt_1およびt_2を修正するのがよい．適応する軸径より細い軸には用いないほうがよい．

〔備考〕 かっこをつけた呼び寸法のものは，対応国際規格には規定されていないので，新設計には使用しない．

付表 3·21　転がり軸受の取付け関係図表

(a) 転がり軸受取付け関係図(参考)　　基本形(開放形)

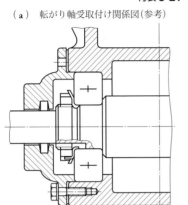
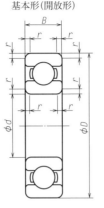

寸法系列 10				
呼び番号 (基本形)	主要寸法(mm)			
	d	D	B	$r_{s\,min}$
6013	65	100	18	1.1
6014	70	110	20	1.1
6015	75	115	20	1.1
6016	80	125	22	1.1
6017	85	130	22	1.1
6018	90	140	24	1.5
6019	95	145	24	1.5
6020	100	150	24	1.5
6021	105	160	26	2
6022	110	170	28	2
6024	120	180	28	2
6026	130	200	33	2
6028	140	210	33	2
6030	150	225	35	2.1
6032	160	240	38	2.1
6034	170	260	42	2.1
6036	180	280	46	2.1
6038	190	290	46	2.1
6040	200	310	51	2.1
6044	220	340	56	3
6048	240	360	56	3
6052	260	400	65	4
6056	280	420	65	4
6060	300	460	74	4
6064	320	480	74	4
6068	340	520	82	5
6072	360	540	82	5
6076	380	560	82	5
6080	400	600	90	5
6084	420	620	90	6
6088	440	650	94	6
6092	460	680	100	6
6096	480	700	100	6
60/500	500	720	100	6

(b) 転がり軸受(深溝玉軸受)の JIS 規格抜粋 (JIS B 1521：2012)

寸法系列 10					寸法系列 10				
呼び番号 (基本形)	主要寸法(mm)				呼び番号 (基本形)	主要寸法(mm)			
	d	D	B	$r_{s\,min}$		d	D	B	$r_{s\,min}$
603	3	9	3	0.15	6003	17	35	10	0.3
604	4	12	4	0.2	6004	20	42	12	0.6
605	5	14	5	0.2	6005	25	47	12	0.6
606	6	17	6	0.3	6006	30	55	13	1
607	7	19	6	0.3	6007	35	62	14	1
608	8	22	7	0.3	6008	40	68	15	1
609	9	24	7	0.3	6009	45	75	16	1
6000	10	26	8	0.3	6010	50	80	16	1
6001	12	28	8	0.3	6011	55	90	18	1.1
6002	15	32	9	0.3	6012	60	95	18	1.1

(b) 転がり軸受用ロックナットの JIS 規格抜粋 (JIS B 1554：2016)

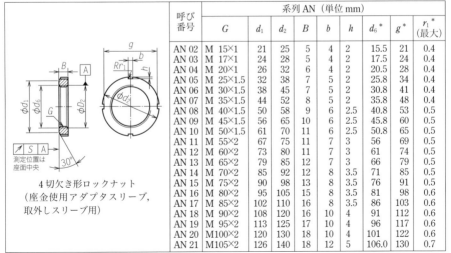

呼び番号	系列 AN (単位 mm)							
	G	d_1	d_2	B	b	h	d_6*	g*	r_1* (最大)
AN 02	M 15×1	21	25	5	4	2	15.5	21	0.4
AN 03	M 17×1	24	28	5	4	2	17.5	24	0.4
AN 04	M 20×1	26	32	6	4	2	20.5	28	0.4
AN 05	M 25×1.5	32	38	7	5	2	25.8	34	0.4
AN 06	M 30×1.5	38	45	7	5	2	30.8	41	0.4
AN 07	M 35×1.5	44	52	8	5	2	35.8	48	0.4
AN 08	M 40×1.5	50	58	9	6	2.5	40.8	53	0.5
AN 09	M 45×1.5	56	65	10	6	2.5	45.8	60	0.5
AN 10	M 50×1.5	61	70	11	6	2.5	50.8	65	0.5
AN 11	M 55×2	67	75	11	7	3	56	69	0.5
AN 12	M 60×2	73	80	11	7	3	61	74	0.5
AN 13	M 65×2	79	85	12	7	3	66	79	0.5
AN 14	M 70×2	85	92	12	8	3.5	71	85	0.5
AN 15	M 75×2	90	98	13	8	3.5	76	91	0.5
AN 16	M 80×2	95	105	15	8	3.5	81	98	0.6
AN 17	M 85×2	102	110	16	8	3.5	86	103	0.6
AN 18	M 90×2	108	120	16	10	4	91	112	0.6
AN 19	M 95×2	113	125	17	10	4	96	117	0.6
AN 20	M100×2	120	130	18	10	4	101	122	0.6
AN 21	M105×2	126	140	18	12	5	106.0	130	0.7

4 切欠き形ロックナット
(座金使用アダプタスリーブ，取外しスリーブ用)

(次ページに続く)

呼び番号	G	d_1	d_2	B	b	h	d_6 *	g *	r_1 *(最大)
AN 22	M110×2	133	145	19	12	5	111	135	0.7
AN 23	M115×2	137	150	19	12	5	116	140	0.7
AN 24	M120×2	138	155	20	12	5	121	145	0.7
AN 25	M125×2	148	160	21	12	5	126	150	0.7
AN 26	M130×2	149	165	21	12	5	131	155	0.7
AN 27	M135×2	160	175	22	14	6	136	163	0.7
AN 28	M140×2	160	180	22	14	6	141	168	0.7
AN 29	M145×2	171	190	24	14	6	146	178	0.7
AN 30	M150×2	171	195	24	14	6	151	183	0.7
AN 31	M155×3	182	200	25	16	7	156.5	186	0.7
AN 32	M160×3	182	210	25	16	7	161.5	196	0.7
AN 33	M165×3	193	210	26	16	7	66.5	196	0.7
AN 34	M170×3	193	220	26	16	7	171.5	206	0.7
AN 36	M180×3	203	230	27	18	8	181.5	214	0.7
AN 38	M190×3	214	240	28	18	8	191.5	224	0.7
AN 40	M200×3	226	250	29	18	8	201.5	234	0.7

（d） 転がり軸受用座金のJIS規格抜粋（JIS B 1554：2016 附属書A）

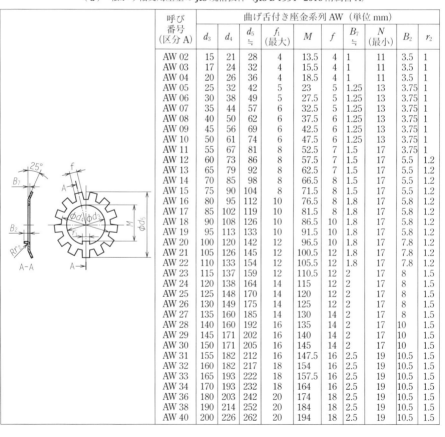

呼び番号(区分A)	d_3	d_4	d_5 ≒	f_1 (最大)	M	f	B_7 ≒	N (最小)	B_2	r_2
AW 02	15	21	28	4	13.5	4	1	11	3.5	1
AW 03	17	24	32	4	15.5	4	1	11	3.5	1
AW 04	20	26	36	4	18.5	4	1	11	3.5	1
AW 05	25	32	42	5	23	5	1.25	13	3.75	1
AW 06	30	38	49	6	27.5	5	1.25	13	3.75	1
AW 07	35	44	57	6	32.5	5	1.25	13	3.75	1
AW 08	40	50	62	6	37.5	6	1.25	13	3.75	1
AW 09	45	56	69	6	42.5	6	1.25	13	3.75	1
AW 10	50	61	74	6	47.5	6	1.25	13	3.75	1
AW 11	55	67	81	8	52.5	7	1.5	17	3.75	1
AW 12	60	73	86	8	57.5	7	1.5	17	5.5	1.2
AW 13	65	79	92	8	62.5	7	1.5	17	5.5	1.2
AW 14	70	85	98	8	66.5	8	1.5	17	5.5	1.2
AW 15	75	90	104	8	71.5	8	1.5	17	5.5	1.2
AW 16	80	95	112	10	76.5	8	1.8	17	5.8	1.2
AW 17	85	102	119	10	81.5	8	1.8	17	5.8	1.2
AW 18	90	108	126	10	86.5	10	1.8	17	5.8	1.2
AW 19	95	113	133	10	91.5	10	1.8	17	5.8	1.2
AW 20	100	120	142	12	96.5	10	1.8	17	7.8	1.2
AW 21	105	126	145	12	100.5	12	1.8	17	7.8	1.2
AW 22	110	133	154	12	105.5	12	1.8	17	7.8	1.2
AW 23	115	137	159	12	110.5	12	2	17	8	1.5
AW 24	120	138	164	14	115	12	2	17	8	1.5
AW 25	125	148	170	14	120	12	2	17	8	1.5
AW 26	130	149	175	14	125	12	2	17	8	1.5
AW 27	135	160	185	14	130	14	2	17	8	1.5
AW 28	140	160	192	16	135	14	2	17	10	1.5
AW 29	145	171	202	16	140	14	2	17	10	1.5
AW 30	150	171	205	16	145	14	2	17	10	1.5
AW 31	155	182	212	16	147.5	16	2.5	19	10.5	1.5
AW 32	160	182	217	18	154	16	2.5	19	10.5	1.5
AW 33	165	193	222	18	157.5	16	2.5	19	10.5	1.5
AW 34	170	193	232	18	164	16	2.5	19	10.5	1.5
AW 36	180	203	242	20	174	18	2.5	19	10.5	1.5
AW 38	190	214	252	20	184	18	2.5	19	10.5	1.5
AW 40	200	226	262	20	194	18	2.5	19	10.5	1.5

製品の幾何特性仕様 (GPS) (**JIS B 0401-1:2016**) について

　2016年3月，永年利用されてきた「寸法公差及びはめあいの方式 ― 第1部：公差，寸法差及びはめあいの基礎 (**JIS B 0401-1:1998**)」が全面的に改正された．新旧規格の内容を比べてみると，考え方および数値そのものにはまったく変わりがないが，使われている用語が下表のように大幅に改正されている．読者諸氏も，新たな用語を適切に活用されたい．

主な用語の新旧対比

新規格　　JIS B 0401-1:2016		旧規格　　JIS B 0401-1:1998	
製品の幾何特性仕様 (GPS) ― 長さに関わるサイズ公差のISO コード方式― 第1部：サイズ公差，サイズ差及びはめあいの基礎		寸法公差及びはめあいの方式― 第1部：公差，寸法差及びはめあいの基礎	
箇条番号	用　語	箇条番号	用　語
3.1.1	サイズ形体	―	―
3.1.2	図示外殻形体	―	―
3.2.1	**図示サイズ**	4.3.1	基準寸法
3.2.2	**当てはめサイズ**	4.3.2	実寸法
3.2.3	**許容限界サイズ**	4.3.3	許容限界寸法
3.2.3.1	**上の許容サイズ**	4.3.3.1	最大許容寸法
3.2.3.2	**下の許容サイズ**	4.3.3.2	最小許容寸法
3.2.4	**サイズ差**	4.6	寸法差
3.2.5.1	**上の許容差**	4.6.1.1	上の寸法許容差
3.2.5.2	**下の許容差**	4.6.1.2	下の寸法許容差
3.2.6	**基礎となる許容差**	4.6.2	基礎となる寸法許容差
3.2.7	Δ 値	―	―
3.2.8	**サイズ公差**	4.7	寸法公差
3.2.8.1	サイズ公差許容限界	―	―
3.2.8.2	**基本サイズ公差**	4.7.1	基本公差
3.2.8.3	**基本サイズ公差等級**	4.7.2	公差等級
3.2.8.4	**サイズ許容区間**	4.7.3	公差域
3.2.8.5	**公差クラス**	4.7.4	公差域クラス
3.3.4	**はめあい幅**	4.10.4	はめあいの変動量
3.4.1	**ISO はめあい方式**	4.11	はめあい方式
3.4.1.1	**穴基準はめあい方式**	4.11.2	穴基準はめあい
3.4.1.2	**軸基準はめあい方式**	4.11.1	軸基準はめあい
―	―	4.3.2.1	局部実寸法
―	―	4.4	寸法公差方式
―	―	4.5	基準線
―	―	4.7.5	公差単位

〔参考〕　(長さ,角度,位置の総称としての) 寸法　➡　寸法
　　　　(長さや直径を意味する) 寸法　➡　サイズ
　　　　(位置や距離を意味する) 寸法　➡　位置
　　　　(長さや直径の) 寸法公差　➡　サイズ公差 (長さや直径に限る)
　　　　(位置の) 寸法公差　➡　幾何公差 (位置に限る)
　　　　寸法線，寸法補助線，理論寸法 (理論的に正確な寸法) については変更なし

索引

［英数字］

ABC ねじ **136**
A 法 **33**

CAD 製図 **163**

E 法 **33**

IEC **10**
ISA **9**
ISO **10**
ISO はめあい方式 **79**
IT 基本サイズ公差 **84**

JIS **4**
JIS マーク JIS mark **7**

LMS **103**
LMC **102**

μm **52**
MMS **103**
MMC **102**

SI **52**

X 形用紙 **12**

Y 形用紙 **12**

16%ルール **111**

［あ行］

アーク溶接 arc welding **119**
圧縮コイルばね compression spring **145**
圧力角 pressure angle **152**
当てはめサイズ **82**
穴基準はめあい方式 basic bore system **82**
穴ゲージ plug gauge **80**
穴の寸法 **61**
穴の深さ **61**
油といし oilstone **198**
アメリカ式画法 **33**
粗さ曲線 **108**

イギリス式画法 **33**
板の厚さの記号 **58**
一条ねじ single threaded screw **138**
一点鎖線 long dashed short dashed line **16**
鋳ぬき穴 **64**
一般用メートルねじ **135**
インキング inking **197**
インチ系ねじ **135**
インチ寸法 **151**
インボリュート曲線 involute curve **25, 150**
インボリュート歯形 involute tooth **150**

植込みボルト stud bolt **144**
上の許容差 upper limit of variation **83**
上の許容サイズ upper limit of size **79**
ウォーム worm **150, 156**
ウォーム ギヤ対 worm gears **150**
ウォーム ホイール worm wheel **150, 156**
渦巻きばね spiral spring **148**
薄物の断面 **42**
打ぬき穴 punched hole **64**
うねり曲線 **108**

円弧 circular arc **59**
円弧の長さ **60**
円弧の半径 **59**
円周振れ **106**
円ピッチ circular pitch **151**

多く用いられるはめあい **89**
押えボルト tap bolt **144**
おねじ male screw **133**

［か行］

外径（ねじの） external diameter **133**

外形線　visible outline 16, 39
開先　beveling 120, 123
開先深さ 124
階段断面図　offset section 41
回転図示断面図　revolved section 40
回転投影図　revolved projection 38
角度寸法 52
重ね板ばね　lamellar spring 147
かさ歯車　bevel gear 150, 156
ガスパール・モンジュ Gaspard Monge 2
片側断面図　half sectional view 39
カットオフ値 111
下面図　bottom view 31
慣用図示法 46
関連形体　related feature 98

キー溝　key way 64
機械製図　mechanical draw-ing 5
幾何公差　geometrical tole-lances 54, 97
基準円　reference circle 154
基準線　datum line 83
基準長さ 111
基準ラック　basic rack 152
基礎円　base circle 151
起点記号　symbol for origin 53, 74
機能ゲージ　functional gauge 104
機能寸法　functional

dimen-sion 72, 93
基本折り 14
基本サイズ公差 84
基本サイズ公差等級 84
ギヤ　gears, toothed wheels 149
キャビネット図　cabinet axonometry 29
球面　sphere 57
球面の記号 57
曲線の寸法 60
局部投影図　local view 37
許容限界サイズ　limits of size 79
きり穴 62

管用（くだよう）テーパねじ 136
管用ねじ　pipe thread 136
管用平行ねじ 136
組立基準線 185
組立図　assembly drawing 4
繰返し図形　view of repetitive feature 45
黒丸 53

形体 97
ゲオルグ・アグリコーラ Georgius Agricola 2
削り代 116
決定設計図 3
限界ゲージ　limit gauge 79
限界ゲージ方式 79
現尺　full size, full scale 14
検図　check of drawing 171
原図　original drawing 197
建築製図　architectural drawing 183
弦の長さ 60

現場溶接　field welding 121

コイルばね　coiled spring, helical spring 145
工業標準化法 7
公差　tolerance 79
鋼材 70
公差域　tolerance zone 98
公差クラス 84
公差記入枠 99
工作図　working drawing 1, 3
格子参照方式 13
工場規格 4
こう配　grade, slope 68
国際単位系（SI） 52
国際標準化機構（ISO） 9
極太線　extra wide line 15
国家規格 4
転がり軸受　rolling bearing 158
ころ軸受　roller bearing 160
コントロール半径 57
コンパス　compasses 193

［さ行］

サイクロイド曲線　cycloid curve 25
サイズ公差　tolerance 79
最小実体状態　least material condition 102
最小実体サイズ 103
最小しめしろ 82
最小すきま 82
細線　narrow line 15
最大実体 102
最大実体状態　maximum

material condition *102*
最大実体サイズ *103*
最大しめしろ *82*
最大すきま *82*
最大高さ粗さ *109*
最大値ルール *111*
裁断マーク trimming mark *13*
サイン カーブ sine curve *25*
材料構造表示記号 *185*
作図線 *76*
ざぐり spot facing *62*
座標寸法記入法 dimensioning by coordinates *76*
皿ざぐり *62*
皿ばね *148*
三角定規 triangle *194*
三角ねじ triangular thread *133*
参考寸法 auxiliary dimension *72*
算術平均粗さ *109*
参照線 reference line *53*, *58*

軸基準はめあい方式 basic shaft system *82*
軸ゲージ snap gauge *80*
軸測投影 axonometric representation *28*
軸直角方式（はすば歯車の） *152*
下の許容差 lower limit of variation *83*
下の許容サイズ lower limit of size *79*
実効サイズ virtual size *103*
実線 continuous line *16*

実用データム形体 simulated datum feature *98*
しまりばめ close fit, inter-ference fit *81*
しめしろ interference *81*
尺度 scale *14*
斜体 *19*
斜投影 oblique axonometry *28*
縮尺 contraction scale *14*
十点平均粗さ *109*
主投影図 principal view *35*
照合番号 *167*
詳細図 detail drawing *4*
条数(ねじの) *138*
小歯車 pinion *149*
正面図 front view, front elevation *35*
除去加工 *107*
徐変する寸法 *69*
真円度 *105*

すきま clearance *81*
すきまばめ clearance fit *81*
すぐばかさ歯車 *150*
スケール *194*
スケッチ sketch *177*
図示サイズ *83*
筋目方向 *107*, *113*
スパー ギヤ *149*
図法幾何学 *23*
スマッジング smudging *43*
すみ肉 fillet *47*
すみ肉溶接 fillet weld *121*
図面の折り方 *14*
図面番号 drawing number *169*
スラスト軸受 thrust bearing *158*

寸法 dimension *51*
寸法線 dimension line *16*, *52*
寸法補助記号 symbol for dimensioning *55*
寸法補助線 extension line, projectoin line *16*, *52*

正弦曲線 sine curve *25*
製作図 manufacture drawing *1*, *2*
製図 drawing, drafting *1*
製図総則 *5*
製図者 *1*
製図方式 *4*
正投影 orthographic projection *28*
正方形の記号 *55*
設計 design *1*
設計者 designer *1*
設計図 design drawing *1*
接続図 connection diagram *188*
切断しないもの *44*
切断線 cutting line *39*
線 line *15*
旋削穴 *64*
全周溶接 *121*
センタ center *162*
センタ穴 center hole *162*
全断面図 full section *39*
線の種類 *15*

相貫 intersection *27*
相貫線 intersectional line *27*, *47*
相貫体 intersectional solid *27*
創成歯切り *153*

想像図 imaginary drawing *39*
想像線 imaginary line, fictitious outline *16*, *39*
側面図 side elevation, side view *31*

[た行]

第一角法 first angle system, first angle projection *2*, *32*
台形ねじ trapezoidal thread *136*
第三角法 third angle projection *32*
対称図形 symmetrical figure *45*
対称図示記号 *45*
対称度 *106*
ダイヤメトラル ピッチ diametral pitch *151*
だ円 ellipse *24*
竹の子ばね volute spring *147*
多条ねじ multiple thread screw *138*
玉軸受 ball bearing *158*
単独形体 single feature *98*
端末記号 *53*
断面曲線 *108*
断面図 sectional drawing, sectional view *39*

中間ばめ transition fit *81*
中心線 center line *16*
中心マーク centering mark *12*
重複寸法 *72*
直角度 *106*
直立体 *19*

直列寸法記入法 *73*
直径 diameter *55*
直径の記号 *55*

通過帯域 *111*
突合わせ継手 butt joint *119*

訂正欄 *171*
データム datum *98*
データム形体 datum feature *98*
データム三角記号 datum triangle *100*
テーパ taper *68*
テーパおねじ *137*
テーパ方式 *69*
テーパめねじ *137*
転位係数 addendum modifi-cation coefficient *153*
転位歯車 profile shifted gears *153*
転位量 *153*
展開図 development *26*, *38*
電気製図 electrical drawing *188*

投影画法 projection method *23*
投影法 projection method *28*
投影面 plane of projection *28*
等角投影 isometric axono-metry *28*
透視投影 perspective projection *29*
動的公差線図 dynamic tolerance diagram *104*

通しボルト through bolt *144*
通り側 go-end *80*
特別延長サイズ *11*
独立の原則 *102*
土木製図 civil engineering drawing *186*
止まり側 not-go end *80*

[な行]

ナット nut *133*, *142*
並目(一般用メートルねじ) *134*, *135*

肉盛 padding *121*
二点鎖線 long dashed double-short dashed line *17*
日本工業標準調査会 *7*
日本航空規格 *7*
日本産業規格(JIS) *4*, *7*
日本標準規格(JES) *4*, *7*

抜き取り部分 *111*

ねじ screw *133*
ねじの外径 external diameter of thread *133*
ねじの条数 number of thread *138*
ねじの谷の径 core diameter of thread *133*
ねじの等級 grade of screw thread *138*
ねじの呼び *136*
ねじ歯車 screw gear *150*, *155*
ねじりコイルばね torsion spring *146*
ねじれ角 helix angle *149*

索 引 **239**

［は行］

配管 pipe arrangement, piping *190*
配管図 piping diagram *190*
倍尺 enlarged scale *14*
配線図 wiring diagram *189*
ハイポイド ギヤ対 hypoid gear *150, 156*
歯車 toothed wheels *148*
歯先円 addendum circle *154*
はさみゲージ snap gauge *80*
歯すじ方向 tooth trace *154*
はすばかさ歯車 spiral bevel gear *150*
はすば歯車 helical gear *149, 155*
破線 dashed line *17*
破断線 break line *37*
歯直角方式（はすば歯車の）*152*
ハッチング hatching *16, 42*
歯底円 dedendum circle *154*
ばね spring *145*
はめあい fit, fitting *79*
はめあい寸法 *79*
パラメータ *107*
半径 radius *56*
半径の記号 *56*
万国規格統一協会 (ISA) *9*

比較目盛 metric reference graduation *13*
引出線 leader line *16, 53, 58*

非機能寸法 non-functional dimension *72*
左ねじ left-handed screw *139*
左巻きばね left-handed spring *146*
ピッチ（ねじの） pitch *133*
ピッチ円 pitch circle *154*
引張りコイルばね tension spring *146*
ピニオン pinion *149*
非比例寸法 *70*
評価長さ *111*
標準数 preferred number *173*
標準歯車 standard gears *153*
表題欄 title block *12, 168*
表面粗さ surface roughness *107*
表面性状 *107*
平歯車 spur gear *149, 155*

深ざぐり *62*
不完全ねじ部 *141*
普通幾何公差 *105*
普通公差 general tolerances *94*
不等角投影 trimetric projec-tion *28*
太線 wide line *15*
不必要な寸法 *73*
部品図 part drawing *4*
部品等級 *144*
部品欄 parts list *168*
部分拡大図 elements on larger scale *38, 59*
部分組立図 partial assembly drawing *4*
部分断面図 local sectional view *40*
部分投影図 partial view *37*

プラグ ゲージ plug gauge *80*
プラグ溶接 plug welding *121*

平均線 *111*
平行度 *106*
平行めねじ *137*
平面幾何画法 *23*
平面表示記号 *185*
平面図 plan, top view *31*
並列寸法記入法 parallel dimensioning *74*
ベベル ギヤ *150*
ヘリカル ギヤ *149*

方向マーク *13*
放物線 parabola *25*
ボーナス公差 *105*
補助投影図 auxiliary view *37*
細目（一般用メートルねじ）*135*
ボルト bolt *133, 143*

［ま行］

マイクロメータ micrometer *80*
まがりばかさ歯車 *150*

右ねじ right-handed screw *139*
ミニチュアねじ *134, 136*

明細表 *170*
メートル系ねじ *135*
めねじ female screw *133*
面取り beveling, chamfering *57*
面取りの記号 *57*

モールス テーパ　Morse
　　taper　*69*
文字　letter　*18*
モジュール　module　*151*

［や行］

矢示法　reference arrow
　　layout　*34*
矢印　arrow head　*53*
やまば歯車　double-helical
　　gear　*150, 155*

ユニファイ並目ねじ　*136*
ユニファイ細目ねじ　*136*

溶接　welding, weld　*119*
溶接記号　welding
　　symbols　*121*
溶接深さ　*120*
要目表　*156*
呼び(ねじの)　designation
　　136

［ら行］

ラジアル軸受　radial
　　bearing　*158*
らせん　helix　*133*
ラック　rack　*149*
ラテン文字　*20*

リード　lead　*138*
リーマ穴　*64*
理論的に正確な寸法
　　theoretically exact
　　dimension　*100*
輪郭　frame　*12*
輪郭曲線　*108*
輪郭線　border line　*12*

累進寸法記入法　*59, 74*

ルート間隔　*120*

レオナルド・ダ・ヴィンチ
　　Leonardo da Vinci　*2*
ローマ字　*20*
ローレット　knurling tool
　　49
六角ナット　hexagon nut
　　143
六角ボルト　hexagon
　　head bolt　*143*

- 本書の内容に関する質問は，オーム社ホームページの「サポート」から，「お問合せ」の「書籍に関するお問合せ」をご参照いただくか，または書状にてオーム社編集局宛にお願いします．お受けできる質問は本書で紹介した内容に限らせていただきます．なお，電話での質問にはお答えできませんので，あらかじめご了承ください．
- 万一，落丁・乱丁の場合は，送料当社負担でお取替えいたします．当社販売課宛にお送りください．
- 本書の一部の複写複製を希望される場合は，本書扉裏を参照してください．

JCOPY ＜出版者著作権管理機構 委託出版物＞

- 本書籍は，理工学社から発行されていた『JIS にもとづく 標準製図法』を改訂し，第15 全訂版としてオーム社から版数，刷数を継承して発行するものです．

JIS にもとづく 標準製図法（第 15 全訂版）

1952 年 7 月 5 日	第 1 版発行
1956 年 4 月 25 日	第 1 全訂版第 1 刷(通算 15 刷)発行
1960 年 3 月 21 日	第 2 全訂版第 1 刷(通算 24 刷)発行
1965 年 4 月 10 日	第 3 全訂版第 1 刷(通算 52 刷)発行
1968 年 11 月 25 日	第 4 全訂版第 1 刷(通算 66 刷)発行
1970 年 11 月 15 日	第 5 全訂版第 1 刷(通算 72 刷)発行
1974 年 3 月 10 日	第 6 全訂版第 1 刷(通算 79 刷)発行
1978 年 2 月 1 日	第 7 全訂版第 1 刷(通算 91 刷)発行
1984 年 10 月 30 日	第 8 全訂版第 1 刷(通算111 刷)発行
1991 年 10 月 15 日	第 9 全訂版第 1 刷(通算131 刷)発行
1995 年 1 月 25 日	第10全訂版第 1 刷(通算137 刷)発行
2000 年 2 月 1 日	第11全訂版第 1 刷(通算143 刷)発行
2008 年 2 月 1 日	第12全訂版第 1 刷(通算157 刷)発行
2010 年 7 月 15 日	第13全訂版第 1 刷(通算161 刷)発行
2017 年 11 月 20 日	第14全訂版第 1 刷(通算174 刷)発行
2019 年 8 月 15 日	第15全訂版第 1 刷(通算177 刷)発行
2025 年 1 月 20 日	第15全訂版第 8 刷(通算184 刷)発行

著　者　大西　　清
発行者　村上和夫
発行所　株式会社　オーム社
　　　　郵便番号　101-8460
　　　　東京都千代田区神田錦町 3-1
　　　　電話　03(3233)0641(代表)
　　　　URL　https://www.ohmsha.co.jp/

©大西清設計製図研究会 2019

印刷　精文堂印刷　製本　ブロケード
ISBN978-4-274-22416-4　Printed in Japan

● 好評既刊

JIS にもとづく 標準機械製図集 （第 8 版）　**最新刊**

工博 北郷　薫 閲序／工博 大柳　康・蓮見善久 共著　**B5** 判　並製　**144** 頁　本体 **1900** 円【税別】

JIS 機械製図の基礎知識を解説するとともに、厳選した製図課題 27 例を掲げ、機械製図の基本が身につくよう編集。今回の改訂では、令和元年 5 月改正の JIS B 0001：2019［機械製図］規格に対応するため、PART 1 では改正内容との整合・見直し、PART 2（機械製図集）では具体的な指示記号等の図例を刷新。大学・高専・工業高校の学生諸君、現場技術者の皆さんの製図手本として最適。

基礎製図 （第 6 版）

大西　清 著　**B5** 判　並製　**136** 頁　本体 **2100** 円【税別】

あらゆる技術者にとって、図面が正しく描けること、それを正しく読めることは必須の素養である。全頁にわたり、上段に図・表を、下段にそれに対応した解説を配して、なぜそう描き、なぜそう読むかを頁単位で理解できるよう配慮した。今回、2019 年の JIS B 0001［機械製図］改正を受け、内容の整合・見直しを行なった 。大学・高専・工業高校の教科書、企業内研修用テキストに絶好。

初学者のための 機械の要素 （第 4 版）

真保 吾一 著、長谷川 達也 改訂　**A5** 判　並製　**176** 頁　本体 **2000** 円【税別】

機械を構成する要素（ねじ、歯車、カム、軸受など）や、これらが実際に応用されている各種の機械、その機構についての基礎知識をまとめ、実体感が得られる写真や立体図を多用し、わかりやすく解説。第 4 版では最新の JIS 規格を反映するとともに、各章に掲載の［章末問題］と巻末に掲載の［解答・解説］を書き下ろし増補。初めて機械要素を学ぶ工業系の学生、若手技術者のための入門書です。

AutoCAD LT2019 機械製図

間瀬喜夫・土肥美波子 共著　**B5** 判　並製　**296** 頁　本体 **2800** 円【税別】

「AutoCAD LT2019」に対応した好評シリーズの最新版。機械要素や機械部品を題材にした豊富な演習課題 69 図によって、AutoCAD による機械製図が実用レベルまで習得できる。簡潔かつ正確に操作方法を伝えるため、煩雑な画面表示やアイコン表示を極力省いたシンプルな本文構成とし、CAD 操作により集中して学習できるよう工夫した。機械系学生のテキスト、初学者の独習書に最適。

3 日でわかる「AutoCAD」実務のキホン

土肥美波子 著　**B5** 判　並製　**152** 頁　本体 **2000** 円【税別】

本書は、仕事の現場で活かせる AutoCAD の［知っておくべき機能］［よく使うコマンド］を厳選し、CAD 操作をむりなく学べる入門書です。AutoCAD 特有の［モデル空間］での作図・修正から［レイアウト］での印刷・納品まで、現場で使える操作法が学べます。多機能・高機能な AutoCAD を、どう習得すればよいのか困っている初学者・独習者にとって最適な手引書です。

◎本体価格の変更、品切れが生じる場合もございますので、ご了承ください。
◎書店に商品がない場合または直接ご注文の場合は下記宛にご連絡ください。
TEL.03-3233-0643 FAX.03-3233-3440　https://www.ohmsha.co.jp/

● 機械工学入門シリーズ

生産管理入門 (第5版)
坂本碩也 著／細野泰彦 改訂　**最新刊**

A5 判 /232 頁
本体 2200 円【税別】

2022年、ISO改正を受け、JIS Z 8141「生産管理用語」が20年ぶりに刷新されました。また、情報通信技術の進歩、管理システムの発展、グローバル化の展開によって、生産管理に関する用語の国際的な使われ方との整合を図ることも重要になりました。第5版では、これら最新の知識を取り込みつつ、全体の見直しを行いました。管理業務の実務書として、企業内研修・学校教育用テキストとして最適です。

機械材料入門 (第3版)
佐々木雅人 著

A5 判 /232 頁
本体 2100 円【税別】

本書は、ものづくりに必要な、材料の製法、特性、加工性、用途など、機械材料全般の基本的知識を広く学ぶための入門テキストです。第3版では、材料技術の進展にともない新たに開発された新素材や新しい機械材料（合金鋼、希有金属、非金属材料、機能性材料等）について増補するとともに、JIS材料関係規格についても最新規格に準拠。企業内研修および学校教育用テキストとして最適です。

機械力学入門 (第3版)
堀野正俊 著

A5 判 /152 頁
本体 1800 円【税別】

材料力学入門 (第2版)
堀野正俊 著

A5 判 /176 頁
本体 2000 円【税別】

機械工学一般 (第3版)
大西 清 編著

A5 判 /184 頁
本体 1700 円【税別】

機械設計入門 (第4版)
大西 清 著

A5 判 /256 頁
本体 2300 円【税別】

要説 機械製図 (第3版)
大西 清 著

A5 判 /184 頁
本体 1700 円【税別】

機械工作入門
小林輝夫 著

A5 判 /240 頁
本体 2400 円【税別】

流体のエネルギーと流体機械
高橋 徹 著

A5 判 /184 頁
本体 2100 円【税別】

溶接技術入門 (第2版)
小林一清 著

A5 判 /208 頁
本体 2240 円【税別】

● 電子機械入門シリーズ

メカトロニクス (第2版)
鷹野英司 著

A5 判 /248 頁
本体 2500 円【税別】

センサの技術 (第2版)
鷹野英司・川嶌俊夫 共著

A5 判 /216 頁
本体 2400 円【税別】

アクチュエータの技術
鷹野英司・加藤光文 共著

A5 判 /176 頁
本体 2300 円【税別】

◎本体価格の変更、品切れが生じる場合もございますので、ご了承ください。
◎書店に商品がない場合または直接ご注文の場合は下記宛にご連絡ください。

TEL.03-3233-0643 FAX.03-3233-3440　https://www.ohmsha.co.jp/

● 好評既刊

JISにもとづく 機械設計製図便覧 第13版

すべてのエンジニア必携。あらゆる機械の設計・製図・製作に対応。

工学博士 津村利光 閲序／大西 清 著　　B6判 上製 720頁 本体4000円【税別】

主要目次
1 諸単位　2 数学　3 力学　4 材料力学　5 機械材料　6 機械設計製図者に必要な工作知識　7 幾何画法　8 締結用機械要素の設計　9 軸、軸継手およびクラッチの設計　10 軸受の設計　11 伝動用機械要素の設計　12 緩衝および制動用機械要素の設計　13 リベット継手、溶接継手の設計　14 配管および密封装置の設計　15 ジグおよび取付具の設計　16 寸法公差およびはめあい　17 機械製図　18 CAD製図　19 標準数　付録

JISにもとづく 機械製作図集 第8版

【最新刊】 JIS B 0001：2019 対応。製図手本としてさらに充実!!

大西 清 著　　B5判 並製 168頁 本体2200円【税別】

3Dでみる メカニズム図典
見てわかる、機械を動かす「しくみ」

関口相三／平野重雄 編著

A5判 並製 264頁 本体2500円【税別】

「わかったつもり」になっている、機械を動かす「しくみ」200点を厳選！

アタマの中で2次元／3次元を行き来することで、メカニズムを生み出す思索のヒントに！

身の回りにある機械は、各種機構の「しくみ」と、そのしくみの組合せによって動いています。本書は、機械設計に必要となる各種機械要素・機構を「3Dモデリング図」と「2D図」で同一ページ上に展開し、学習者が、その「しくみ」を、より具体的な形で「見てわかる」ように構成・解説しています。機械系の学生、若手機械設計技術者におすすめです。

◎本体価格の変更、品切れが生じる場合もございますので、ご了承ください。
◎書店に商品がない場合または直接ご注文の場合は下記宛にご連絡ください。
TEL.03-3233-0643 FAX.03-3233-3440　https://www.ohmsha.co.jp/